지반아칭

홍원표의 지반공학 강좌　토질공학편 3

지반아칭

지반 내부에 변형으로 인하여 지반아칭이 발달하는 경우는 크게 두 가지의 기본적인 경우로 구분할 수 있다. 하나는 지반 내부에서 공동굴착 등으로 인한 응력해방에 의해 흙 입자 사이에서 발생하는 지반아칭현상이고, 또 하나는 지반과 구조물 사이의 마찰과 같은 상호작용에 의해 발생하는 지반아칭현상이다. 전자는 터널굴착을 실시할 경우 지반 내 응력해방으로 인해 발생하는 응력과 변형의 영향을 주변 지반으로 전달하는 과정에서 발생하는 지반아칭을 생각할 수 있으며, 후자는 단단한 물체 사이를 흙 입자가 빠져나가는 과정에서 지반과 구조물 사이에 발생하는 지반아칭을 생각할 수 있다.

홍원표 저

중앙대학교 명예교수
홍원표지반연구소 소장

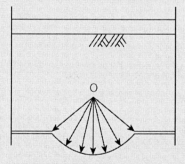

트랩도어에서의 흙 입자 원심이동에 의한
지반아칭(벽면마찰 불고려 시)

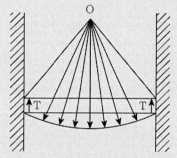

트렌치 내에서의 흙 입자 평행이동에 의한
지반아칭(벽면마찰 고려 시)

씨아이알

'홍원표의 지반공학 강좌'를 시작하면서

2015년 8월 말 필자는 퇴임강연으로 퇴임식을 대신하면서 34년간의 대학교수직을 마감하였다. 이후 대학교수 시절의 연구업적과 강의노트를 서적으로 남겨놓는 작업을 시작하였다. 퇴임 당시 주변에서 이제부터는 편안히 시간을 보내면서 즐기라는 권유도 많이 받았고 새로운 직장을 권유받기도 하였다. 여러 가지로 부족한 필자의 여생을 편안하게 보내도록 진심어린 마음으로 해준 조언도 분에 넘치게 고마웠고 새로운 직장을 권하는 사람들도 더 없이 고마웠다. 그분들의 고마운 권유에도 귀를 기울이지 않고 신림동에 마련한 자그마한 사무실에서 막상 집필 작업에 들어가니 황량한 벌판에 외롭게 홀로 내팽겨진 쓸쓸함과 정작 집필을 수행할 수 있을까 하는 두려운 마음이 들었다.

그때 필자는 자신의 선택과 앞으로의 작업에 대해 많은 생각을 하였다. '과연 나에게 허락된 남은 귀중한 시간을 무엇을 하는 데 써야 행복할까?' 하는 질문을 수없이 되새겨보았다. 이제 드디어 나에게 진정한 자유가 허락된 것인가? 자유란 무엇인가? 자신에게 반문하였다. 여기서 필자는 "진정한 자유란 자기가 좋아하는 것을 하는 것이며 행복이란 지금의 일을 좋아하는 것"이라고 한 어느 글에서 해답을 찾을 수 있었다. 그 결과 퇴임 후 계획하였던 집필작업을 차질 없이 진행해오고 있다. 지금 돌이켜보면 대학교수직을 퇴임한 것은 새로운 출발을 위한 아름다운 마무리에 해당한 것이라고 스스로에게 말할 수 있게 되었다. 지금도 힘들고 어려우면 초심을 돌아보면서 다짐을 새롭게 하고 마지막에 느낄 기쁨을 생각하면서 혼자 즐거워한다. 지금부터의 세상은 평생직장의 시대가 아니고 평생직업의 시대라고 한다. 필자에게 집필은 평생직업이 된 셈이다.

이러한 평생직업을 가질 수 있는 준비작업은 교수 재직 중 만난 수많은 석·박사 제자들과의 연구에서부터 출발하였다고 생각한다. 그들의 성실하고 꾸준한 노력이 없었다면 오늘 이런 집필작업은 꿈도 꾸지 못하였을 것이다. 그 과정에서 때론 크게 격려하기도 하고 나무라기도 하였던 점이 모두 주마등처럼 지나가고 있다. 그러나 그들과의 동고동락하던 시기가 내 인생 최고의 시기였음을 이 지면에서 자신 있게 분명히 말할 수 있고 늦게나마 스승으로서보다는 연구동반자로 고마움을 표하는 바이다.

신이 허락한다는 전제 조건하에서 100세 시대의 내 인생 생애주기를 세 구간으로 나누면 제1구간은 탄생에서 30년까지로 성장과 활동의 시기였고, 제2구간인 30세에서 60세까지는 노후 집필의 준비시기였으며, 제3구간인 60세 이상에서는 평생직업을 갖는 인생 마무리 주기로 정하고 싶다. 이 제3구간의 시기에 필자는 즐기면서 지나온 기록을 정리하고 있다. 프랑스 작가 시몬드 보부아르는 "노년에는 글쓰기가 가장 행복한 일"이라고 하였다. 이 또한 필자가 매일 느끼는 행복과 일치하는 말이다. 또한 김형석 연세대 명예교수도 "인생에서 60세부터 75세까지가 가장 황금시대"라고 언급하였다. 필자 또한 원고를 정리하다 보면 과거 연구가 잘못된 점도 발견할 수 있어 늦게나마 바로 잡을 수 있어 즐겁고, 연구가 미흡하여 계속 연구를 더 할 필요가 있는 사항을 종종 발견하기도 한다. 지금이라도 가능하다면 더 계속 진행하고 싶으나 사정이 여의치 않아 아쉬운 감이 들 때도 많다. 어찌하였든 지금까지 이렇게 한발한발 자신의 생각을 정리할 수 있다는 것은 내 인생 생애주기 중 제3구간을 즐겁고 보람되게 누릴 수 있다는 것이 더없는 영광이다.

우리나라에서 지반공학 분야 연구를 수행하면서 참고할 서적이나 사례가 없어 힘든 경우도 있었지만 그럴 때마다 "길이 없으면 만들며 간다"라는 신용호 교보문고 창립자의 말을 생각하면서 묵묵히 연구를 계속하였다. 필자의 집필작업뿐만 아니라 세상의 모든 일을 성공적으로 달성하기 위해서는 불광불급(不狂不及)의 자세가 필요하다고 한다. 미치지(狂) 않으면 미치지(及) 못한다고 하니 필자도 이 집필작업에 여한이 없도록 미쳐보고 싶다. 비록 필자가 이 작업에 미쳐 완성한 서적이 독자들 눈에 차지 못할지라도 그것은 필자에게는 더없이 소중한 성과일 것이다.

지반공학 분야의 서적을 기획집필하기에 앞서 이 서적의 성격을 우선 정하고자 한다. 우리 현실에서 이론 중심의 책보다는 강의 중심의 책이 기술자에게 필요할 것 같아 이름을 '지반공학 강좌'로 정하였고 일본에서 발간된 여러 시리즈 서적물과 구분하기 위해 필자의 이름을 넣어 '홍원표의 지반공학 강좌'로 정하였다. 강의의 목적은 단순한 정보전달이어서는 안 된다고 생각한다. 강의는 생각을 고취하고 자극해야 한다. 많은 지반공학도들이 본 강좌서적을 활용하여 새로운 아이디어, 연구테마 및 설계·시공안을 마련하기 바란다. 앞으로 이 강좌에서는 「말뚝공학편」, 「기초공학편」, 「토질역학편」, 「건설사례편」 등 여러 분야의 강좌가 계속될 것이다. 주로 필자의 강의노트, 연구논문, 연구프로젝트보고서, 현장자문기록, 필자가 지도한 석·박사 학위논문 등을 정리하여 서적으로 구성하였고 지반공학도 및 설계·시공기술자에게 도움이 될 수 있는 상태로 구상하였다. 처음 시도하는 작업이다 보니 조심스러운 마음이 많다. 옛 선현의 말에 "눈길을 걸어갈 때 어지러이 걷지 마라. 오늘 남긴 내 발자국이 뒷사람의 길이 된다"라고 하였기에 조심 조심의 마음으로 눈 내린 벌판에 발자국을 남기는 자세로 진행할 예정이다. 부디 필자가 남긴 발자국이 많은 후학들의 길 찾기에 초석이 되길 바란다.

2015년 9월 '홍원표지반연구소'에서

저자 **홍원표**

「토질역학편」 강좌
서 문

 '홍원표의 지반공학 강좌'의 첫 번째 강좌인 「말뚝공학편」 강좌에 이어 두 번째 강좌인 「기초공학편」 강좌를 작년 말에 마칠 수 있었다. 『수평하중말뚝』, 『산사태억지말뚝』, 『흙막이말뚝』, 『성토지지말뚝』, 『연직하중말뚝』의 다섯 권으로 구성된 첫 번째 강좌인 「말뚝공학편」 강좌에 이어 두 번째 강좌인 「기초공학편」 강좌에서는 『얕은기초』, 『사면안정』, 『흙막이굴착』, 『지반보강』, 『깊은기초』의 내용을 취급하여 기초공학 분야의 많은 부분을 취급할 수 있었다.

 이어서 세 번째 강좌인 「토질공학편」 강좌를 시작하였다. 「토질공학편」 강좌에서는 『토질역학특론』, 『흙의 전단강도론』, 『지반아칭』, 『흙의 레오로지』, 『지반의 지역적 특성』을 취급하게 될 것이다. 「토질공학편」 강좌에서는 토질역학 분야의 양대 산맥인 '압밀특성'과 '전단특성'을 위주로 이들 이론과 실제에 대해 상세히 설명할 예정이다. 「토질공학편」 강좌에는 대학 재직 중 대학원생들에게 강의하면서 집중적으로 강조하였던 부분을 많이 포함시켰다.

 「토질공학편」 강좌의 첫 번째 주제인 『토질역학특론』에서는 흙의 물리적 특성과 역학적 특성에 대해 설명하였다. 특히 여기서는 두 가지 특이 사항을 새로이 취급하여 체계적으로 설명하였다. 하나는 '흙의 구성 모델'이고 다른 하나는 '최신 토질시험기'이다. 먼저 구성 모델로는 Cam Clay 모델, 등방단일경화구성 모델 및 이동경화구성 모델을 설명하여 흙의 거동을 예측하는 모델을 설명하였다.

 다음으로 최신 토질시험기로는 중간주응력의 영향을 관찰할 수 있는 입방체형 삼축시험과 주응력회전효과를 고려할 수 있는 비틀림전단시험을 설명하였다. 다음으로 두 번째 주제인 『흙의 전단강도론』에서는 지반전단강도의 기본 개념과 파괴 규준, 전단강도측정법, 사질토와 점성토의 전단강도 특성을 설명하였다. 그런 후 입방체형 삼축시험과 비틀림전단시험의 시험 결과를 설명하였다. 이 두 시험에 대해서는『토질역학특론』에서 이미 설명한 부분과 중복되는 부분이 있다. 끝으로 기반암과 토사층 사이 경계면에서의 전단강도에 대해 설명하여 사면안정 등 암반층과 토사층이 교호하는 풍화대 지층에서의 전단강도 적용 방법을 설명하였다. 세 번째 주제인『지반아칭』에서는 입상체 흙 입자로 조성된 지반에서 발달하는 지반아칭현상에 대한 제반 사항을 설명하고 '지반아칭'현상 해석을 실시한 몇몇 사례를 설명하였다. 네 번째 주제인『흙의 레오로지』에서는 '점탄성 지반'에 적용할 수 있는 레오로지 이론의 설명과 몇몇 적용 사례를 설명하였다. 끝으로 다섯 번째 주제인『지반의 지역적 특성』에 대해 필자가 경험한 국내외 사례 현장을 중심으로 지반의 지역적 특성(lacality)에 대해 설명하였다. 토질별로는 삼면이 바다인 우리나라 해안에 조성된 해성점토의 특성, 내륙지반의 동결심도, 쓰레기매립지의 특성을 설명하고 몇몇 지역의 지역적 지반특성에 대해 설명하였다.

원래 지반공학 분야에서는 토질역학과 기초공학이 주축이다. 굳이 구분한다면 토질역학은 기초학문이고 기초공학은 응용 분야의 학문이라 할 수 있다. 만약 이런 구분이 가능하다면 토질역학 강좌를 먼저하고 기초공학 강좌를 나중에 실시하는 것이 순서이나 필자가 관심을 갖고 평생 연구한 분야가 기초공학 분야가 많다 보니 순서가 다소 바뀐 느낌이 든다.

그러나 중요한 것은 필자가 독자들에게 무엇을 먼저 빨리 전달하고 싶은가가 더 중요하다는 느낌이 들어「말뚝공학편」강좌와「기초공학편」강좌를 먼저 실시하고「토질공학편」강좌를 세 번째 강좌로 선택하게 되었다. 특히 첫 번째 강좌인「말뚝공학편」의 주제인『수평하중말뚝』,『산사태억지말뚝』,『흙막이말뚝』,『성토지지말뚝』,『연직하중말뚝』의 다섯 권의 내용은 필자가 연구한 내용이 주로 포함되어 있다.

두 번째 강좌까지 마치고 나니 피로감이 와서 올해 전반기에는 집필을 멈추고 동해안 양양의 처가댁 근처에서 휴식을 취하면서 에너지를 재충전하였다. 마침 전 세계적으로 '코로나 19' 방역으로 우울한 시기를 지내고 있는 관계로 필자도 더불어 휴식을 취할 수 있었다. 사실 은퇴 후 집필에만 전념하다 보니 번아웃(burn out) 증상이 나타나기 시작하여 휴식이 절실히 필요한 시기임을 직감하였다. 이제 새롭게 에너지를 충전하여 힘차게 집필을 다시 시작하게 되니 기쁜 마음을 금할 수가 없다.

인생은 끝이 있는 유한한 존재이지만 그 사이 무엇을 선택할지는 우리가 정할 수 있다 하였다. 이 목적을 달성하기 위해 역시 휴식은 절대적으로 필요하다. 휴식은 분명 다음 일보 전진을 위한 필수불가결의 요소인 듯하다. 그래서 문 없는 벽은 무너진다 하였던 모양이다.

집필이란 모름지기 남에게 인정받기 위해 하는 게 아니다. 필자의 경우 지식과 경험의 활자화를 완성하여 후학들에게 전달하기 위해 스스로 정한 목적을 달성하도록 자신과의 투쟁으로 수행하는 고난의 작업이다.

셰익스피어는 "산은 올라가는 사람에게만 정복된다"라고 하였다. 나의 집필의욕이 사라지지 않는 한 기필코 산을 정복하겠다는 집념으로 정진하기를 다시 한번 스스로 다짐하는 바이다.

지금의 이 집필작업은 분명 후일 내가 알지 못하는 독자들에게 도움이 될 것이란 기대로 열심히 과거의 기억을 되살려 집필하고 있다. 지금도 집필 중에 후일 알지 못하는 어느 독자가 내가 지금까지 의도하거나 느낀 사항을 공감할 것이라 생각하고 그 장면을 연상해보면서 슬며시 기뻐하는 마음으로 혼자서 빙그레 웃고는 한다. 이 보람된 일에 동참해준 제자, 출판사 여러분들에게 감사의 뜻을 전하는 바이다.

2021년 8월 '홍원표 지반연구소'에서

저자 **홍원표**

『지반아칭』
머리말

2020년 기준 한국인의 기대수명은 83.5세이고 건강수명은 66.3세라 한다. 2021년 12월 1일 통계청이 발표한 '2020년 생명표'에 의하면 한국 남성의 기대수명은 80.3세이고 건강수명은 65.6세이며 유병기간은 14.9년이라 한다.

오늘 이 통계를 굳이 인용함에는 이유가 있다. 지난주 시골에 다녀올 일이 있어 시골에 갔다가 '급성뇨폐쇄증'으로 오줌이 배출되지 않아 무척 고생하였다. 지방병원에서 간단한 처치와 처방을 받고 아내의 서두름으로 아내와 함께 서울로 급히 돌아왔다. 서울에 도착하여 중앙대학교 병원의 담당의사에게 진찰을 받은 결과 증상이 그다지 심하지는 않다고 하여 2주 간의 처방을 받고 안심하고 있으나 앞으론 건강에 더욱 조심해야겠다고 생각하게 되었다.

지금까지 하나님으로부터 건강에 큰 은혜를 받아 배뇨 및 배설에는 아무 문제없이 살아오다가 갑자기 이런 일을 당하니 황당하여 건강을 다시금 생각하게 되었다.

2015년 8월 말 은퇴 후 전문서적 집필에 전념하겠다는 인생 제2의 목표를 세우고 아침 9시에 출근하여 저녁 5시까지 하루 종일 의자에 앉아 집필에 전념하였다. 매일의 이런 집필 생활을 주 5일을 동일하게 10년 가깝게 하다 보니 건강에 이상 징후가 나타나기 시작하였다.

지금이 내가 스스로 정한 집필 작업의 반을 달성한 시기라 앞으로도 갈 길이 멀어 걱정이다. 그동안 부지런히 집필에 열중한 덕에 큰 작업은 무사히 마치고 나머지 작업 계획을 착착 이행하고 있어 다행이다. 그러나 계획을 수행하기 위해서는 앞으로의 생활은 수정해야 할 것 같다. 갈 길은 아직 먼데 해가 지고 있는 일모도원(日暮途遠)의 기분이다.

'홍원표의 지반공학 강좌'의 세 번째 강좌인 「토질공학편」 강좌에서는 토질역학 분야의 양대 산맥인 '압밀특성'과 '전단특성'을 위주로 이들 이론과 실제에 대하여 상세히 설명하였다.

'압밀특성'과 '전단특성'의 주제는 필자가 대학 재직 중 대학원생들에게 강의하면서 집중적으로 설명하고 그 중요도를 여러 번 강조하였던 사항이다.

원래 토질역학은 흙의 응력과 변형률 사이의 거동에 관한 사항을 취급하는 학문이다. 이에 「토질공학편」 강좌에서 첫 번째와 두 번째 주제로 『토질역학특론』과 『흙의 전단강도론』을 택하였다. 흙을 재료로 하여 응력과 변형률을 다루는 학문에는 어떤 종류의 역학이론을 적용하는가에 따라서 다양하게 구분될 수 있다. 흙에 적용하는 역학이론은 흙을 조립토와 세립토로 구분하여 역학이론을 적용할 수도 있다. 이에 「토질공학편」 강좌에서 세 번째와 네 번째 주제로 『지반아칭』과 『흙의 레오로지』를 택하였다. 우선 『지반아칭』은 입상체 지반에 주로 발생하는 거동을 해석하기 위해 적용되는 이론이며 『흙의 레오로지』는 점성토 지반에 주로 발생하는 거동을 해석하기 위해 적용되는 점탄성해석이론이다. 조립토의 경우는 지반에 변형이 발생하였을 때 입자들 사이의 마찰에 의하여 지반 속에 지반아칭이라는 현상이 발생하므로 토질역학의 여러 분야에 '지반아칭' 이론을 적용하여 해석을 실시한다. 한편 점성토 지반에서는 변형과 유동을 다룰 수 있는 역학이론을 적용할 수 있다. 이 변형과 유동을 함께 다룰 수 있는 역학이론은 점탄성해석 이론으로 '유변학'으로 부르기도 하는 '레오로지(Rheology)'이다.

「토질공학편」 강좌의 세 번째 주제인 『지반아칭』에서는 지반 속에 발달하는 지반아칭 현상을 크게 트랩도어와 트렌치에서 발달하는 현상의 두 가지로 구분하였다. 즉, 지중에 터널과 같은 공동이 발생하였을 때 흙 입자들이 그 공동을 메꾸려고 그 공동의 중심 방향으로 동시에 이동하는 구심이동 시에 입상체 지반에 발달하는 지반아칭과 트렌치 내에서의 흙 입자의 평행이동 시에 발달하는 지반아칭으로 구분할 수 있다. 통상적으로 흙 입자의 구심이동은 트랩도어의 하강으로 지반 속에 발달하는 지반아칭 현상을 재현시킬 수 있다.

『지반아칭』은 전체가 12장으로 구성되어 있다. 먼저 제1장에서는 지반아칭의 종류에 대하여 현장 응용사례와 함께 구분·설명한다. 다음으로 제2장과 제3장에서는 각각 트랩도어와 트렌치 속에서 흙 입자의 구심이동과 평행이동 시에 발달하는 지반아칭 현상을 모형실험과 연계하여 설명한다. 제4장에서 제12장까지는 지반아칭 현상에 대한 해석 적용 사례를 설명한다.

즉, 제4장에서 제8장까지는 트랩도어에서 발생하는 흙 입자의 구심이동에 의한 지반아칭 이론을 적용한 사례를 중심으로 설명하였고, 제9장에서 제12장까지는 트렌치 내에서의 흙 입자의 평행이동에 의한 지반아칭 이론을 적용한 사례를 중심으로 설명하였다.

제2장, 제3장, 제7장 및 제12장은 트랩도어와 트렌치에서의 연구로, 주로 모형실험으로 관

찰하였다. 이들 연구는 석사과정의 캄보디아 유학생이었던 Chim Neatha 군과 Bov Meang Leang 군, 김현명 군의 기여가 컸다. 그 밖에도 억지말뚝 연구에는 송영석 군의 기여가 컸으며, 흙막이 엄지말뚝 연구에서는 권우용 군과 고정상 군의 기여가 컸음을 밝히는 바이다. 또한 성토지지말뚝과 후팅기초의 연구는 이재호, 전성권, 이광우, 구운배 군의 기여가 컸다. 마지막으로 지하구조물의 연구는 최기출, 최정희 및 성명용 군의 기여가 컸다. 이 자리에서 졸업한 제자들의 기여 내용를 소개하며 그들 모두의 협력에 깊이 감사의 마음을 표하는 바이다. 이들 모두의 연구 주제는 통상 우리 주변에서 수행되는 지반 기초공사와 밀접한 관련성이 많았던 연구 분야이다. 부디 이들 분야의 설계 시공에 본 서적의 내용이 도움이 되기를 기원하는 바이다.

끝으로 본 서적이 세상의 빛을 볼 수 있게 된 데는 도서출판 씨아이알의 김성배 사장의 도움이 가장 컸다. 이에 고마운 마음을 여기에 표하는 바이다. 그 밖에도 도서출판 씨아이알의 박영지 편집장의 친절하고 성실한 도움은 무엇보다 큰 힘이 되었기에 깊이 감사드리는 바이다.

2022년 7월 '홍원표 지반연구소'에서
저자 **홍원표**

목 차

Chapter 01 개 설

Chapter 02 트랩도어에서 흙 입자의 원심이동에 의한 지반아칭

Chapter 10 높은 지하수위 속에 설치된 지중연속벽 주변의 지반아칭

Chapter 11 지하구조물 주변의 지반아칭

Chapter 12 트렌치 내 지반아칭

Chapter

01

개 설

지반은 불연속 흙 입자들의 집합체이다. 이러한 지반 속에서 변형이 발생하면 구성 흙 입자들이 이동하면서 입자들 사이의 마찰 상호작용에 의하여 지반 내부에서 지반아칭(soil arching)이 발달한다. 이 지반아칭은 흙 입자들 사이의 마찰에 의한 전단저항에 의하여 발달하게 된다. 지반아칭이 지반 내부에서 발달하는 동안 지반 스스로 안정을 찾을 수 있도록 응력전달과 입자재배열이 자연스럽게 발생한다.[29]

토질역학에서 지반아칭이 차지하는 부분이 상당히 큼에도 불구하고 지반아칭현상의 메커니즘은 아직 체계적으로 규명되어 있지 못한 실정이다. 다만 단편적으로 필요한 분야에 일부 활용되고 있어[1-5] 지반아칭 메커니즘을 체계적으로 규명할 필요가 있다. 그런 후 규명된 지반아칭 메커니즘을 여러 분야에 적용할 수 있다면 토질역학의 발전에 크게 기여할 수 있을 것이다.

제1장에서는 입상체 흙 입자로 구성된 지반 속에 변형이 발생할 때 입자들 사이의 마찰에 의한 상호작용으로 발달되는 지반아칭의 발생 메커니즘을 체계적으로 분류·규명하고 지반공학 분야에서 다루는 각종 흙 구조물에 작용하는 토압의 해석 및 설계에 필요한 이론적 근거를 마련하는 데 있다.

1.1 입상체 흙 입자로 구성된 지반

입상체 흙 입자로 구성된 지반 속에서의 지반아칭현상을 이론적으로 해석하기 위해서는 어떤 근거가 마련되어야 할 것인가는 한마디로 설명하기가 어렵다. 왜냐하면 지반아칭은 지반 구성 재료인 입상체 흙 입자들 사이의 상호작용에 의하여 발생되기도 하지만, 지반 속에 있는 여러 가지 지중구조물과 흙 입자 사이의 상호작용에 의하여 발생되기도 하기 때문이다.[29] 따라서 가능한 여러 가지 상황에서 다양하게 발생하는 지반아칭현상을 관찰·정리하고 이들 경우에 대한 지반아칭 메커니즘을 체계적으로 접근할 필요가 있다.

현재 토질역학에서는 지반 내부에 변형으로 인하여 지반아칭이 발달하는 경우는 그림 1.1에 도시한 바와 같이 크게 두 가지 기본적인 경우로 구분할 수 있다. 하나는 지반 내부에서 공동굴착 등으로 인한 응력해방에 의해 흙 입자 사이에서 발생되는 지반아칭현상이고 또 하나는 지반과 구조물 사이의 마찰과 같은 상호작용에 의하여 발생되는 지반아칭현상이다.

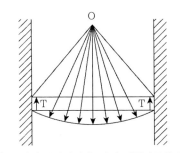

(a) 트랩도어에서의 흙 입자 원심이동에 의한 지반아칭(벽면마찰 불고려 시)

(b) 트렌치 내에서의 흙 입자 평행이동에 의한 지반아칭(벽면마찰 고려 시)

그림 1.1 지반아칭현상

전자의 경우는, 예를 들면 터널굴착을 실시할 경우 지반 내 토사굴착에 의한 응력해방으로 인하여 발생되는 응력과 변형의 영향을 주변지반으로 전달하는 과정에서 발생되는 지반아칭을 생각할 수 있다. 이 경우는 그림 1.1(a)에 도시된 바와 같이 토조 하부 바닥에 트랩도어를 마련하고 흙 입자들이 이 트랩도어를 통해 빠져나가는 경우 흙 입자들 사이에 발휘되는 마찰에 의한 지반아칭도 포함되고 있다. 토조의 바닥에 설치된 트랩도어의 두께는 얇아 이곳에서 벽면마찰은 발생하지 않고 지반 내부의 흙 입자들 사이에서만 마찰이 발생한다. 따라서 이 흙 입자들 사이의 마찰에 의해 지반아칭이 발달하게 된다.

한편 후자의 경우는 단단한 물체 사이를 흙 입자가 빠져나가는 과정에서 흙입자와 구조물 사이에 발생되는 지반아칭을 생각할 수 있다. 예를 들면, 억지말뚝 주변지반에서 발생되는 지반아칭, 말뚝으로 지지된 성토지반 속에 발생되는 지반아칭, 흙막이 셀(cell) 구조 내 채움 토사 속에 발생되는 지반아칭을 예로들 수 있다. 이 경우의 대표적인 예로는 그림 1.1(b)에 도시된 바와 같은 트렌치 내 지반이 변형할 때 흙 입자들과 단단한 벽면 사이의 좁은 공간에 발달하는 마찰에 의한 영향을 고려하는 경우를 들 수 있다.

그 밖에도 후자의 경우의 사례로는 옹벽이나 지하박스 등 단단한 구조물에 변위가 발생되 므로 인하여 인접해 있던 입상체 지반 속에 발생되는 지반아칭도 생각할 수 있다.

이상과 같은 지반아칭 메커니즘 규명은 토질역학의 내용을 한층 발전시키는 데 크게 역할 을 할 수 있을 정도로 꼭 필요하며 중요한 것으로 생각된다.

1.2 지반아칭의 종류

Terzaghi(1943)는 지반아칭현상을 "흙의 파괴영역에서 주변지역으로의 하중전달"이라고 정 의한 후 지반아칭효과를 터널설계에 적용하였다.[63] 터널굴착이 실시되었을 때 지반 속에서 지반아칭효과에 의하여 지반의 응력과 변형이 재배열 내지 재분배되는 영역이 존재하게 되 고 이 영역을 이완영역으로 취급하였다.

지반아칭효과는 주변보다 과도한 변위를 받는 흙 입자가 주변으로 응력을 전달함에 의해 전체적인 응력이 재분배됨으로써 결과적으로 과도한 변위를 받는 흙 입자의 응력 수준이 낮 아지는 현상이다. 실재 Terzaghi는 트랩도어의 모형실험을 통하여 지반아칭이 발생함을 밝힌 바 있다.[63] 최근 홍원표 & 김현명(2014)은 트랩도어 모형실험으로 트랩도어로 흙 입자가 빠져 나올 때 트랩도어 상부에 발생되는 이완영역의 범위를 예측할 수 있는 실험식을 제안한 바 있다.[22]

Handy(1985)는 옹벽의 변위로 배면 뒤채움재 내의 흙 입자들의 이동이 초래되며 이로 인 하여 뒤채움토사 내에 지반아칭을 유발한다고 설명하고 이 지반아칭효과를 고려하여 옹벽에 작용하고 토압을 유도한 바 있다.[29] 그 후 이러한 지반아칭효과를 고려하여 옹벽에 작용하는 토압산정에 대한 연구는 국내외 여러 학자들에 의하여 계속되었다.[1-5,30]

한편 Ito & Matsui(1975)는 사면 토사가 억지말뚝 사이로 유동할 때 억지말뚝 사이의 지반 에 지반아칭현상이 발생됨을 처음으로 설명하고 지반아칭효과를 고려하여 억지말뚝에 작용하는 토압산정식을 유도하였다.[44] 이후 Matsui, Hong & Ito(1982)는 모형실험을 통하여 지반아칭영역을 관찰할 수 있었다.[53] 최근 홍원표 & 송영석(2004)은 구공동확장이론을 도입하여 지반아칭현상에 의하여 억지말뚝에 작용하는 측방토압을 규명한 바 있다.[17]

한편 Hewlet & Randolph(1988)는 말뚝으로 지지된 성토지반 속에 지반아칭이 발생됨을 설명하여 성토지지말뚝에 작용하는 연직하중을 산정할 수 있는 실마리를 제공하였다.[31] 국내에서도 홍원표 등(2000)에 의하여 성토지지말뚝에 작용하는 연직하중을 산정하는 이론해석을 실시함에 있어 지반아칭효과를 고려하였다.[13]

이와 같이 지반아칭은 입상체 흙 입자로 구성된 지반 속에서는 언제 어디서나 발생할 수 있는 현상이다. 따라서 토질역학에서 다루는 여러 종류의 구조물에 작용하는 토압은 지반아칭효과에 의하여 발생되는 결과라고 하여도 과언이 아닐 정도이다.[4,5,24] 그러나 지반아칭의 메커니즘을 규명하는 방법은 구조물에 따라서 각각 별개로 적용하고 있어 이를 체계적으로 정리할 수 있다면 토질역학에서 현재 사용하고 있는 각종 이론을 한 단계 더 발전시킬 수 있을 것으로 생각된다.[25]

1.2.1 트랩도어에서의 흙 입자이동에 의한 지반아칭

앞에서 설명한 대로 지반 속에서 발달하는 지반아칭의 발생현상은 흙 입자들의 이동 방향에 따라 구분할 수 있다. 흙 입자들의 이동 방향은 원심이동[17]과 평행이동[24]의 두 가지로 구분할 수 있다. 이들 흙 입자의 이동 거동을 조사하는 데는 트랩도어(trap door)[63]와 트렌치굴착[17]을 생각할 수 있다.

먼저 트랩도어의 경우는 흙을 채운 토조 바닥에 트랩도어를 설치하면 흙 입자들이 트랩도어를 통해 한꺼번에 빠져나가려고 할 때 흙 입자들이 트랩도어 위의 한 중심으로부터 원심 방향으로 이동하려 하므로 그림 1.1(a)에 도시된 바와 같이 트랩도어 아래로 볼록한 형태의 지반변형이 발생한다. 이런 경우의 입자이동을 원심이동이라 한다. 즉, 흙 입자들이 트랩도어를 통하여 빠져나가려 할 때 흙 입자들 사이에 마찰저항이 발달하며 이때 지반아칭이 발달하게 된다. 결국 흙 입자들은 트랩도어 위의 어느 한 점으로부터 멀어지는 원심 방향으로 이동하는 형태가 된다. 트랩도어를 통한 흙 입자의 이동의 대표적인 예는 Terzaghi(1943)가 실시한 트랩도어실험에서 볼 수 있다.[63]

트랩도어의 모형실험은 토조 바닥 중 일부분인 트랩도어를 유압잭으로 조절하는 피스톤에 연결된 재하판으로 사용하고 이를 막은 상태에서 토조에 모래를 채워 모형지반을 조성한 후 피스톤을 서서히 내리면서 모래지반 내에 지반변형으로 인한 지반아칭을 유도하여 지반아칭의 발달과정을 관찰한다.

홍원표 & 김현명(2014)은 트랩도어에서 흙 입자들의 원심이동을 하는 경우에 발달하는 지반아칭을 모형실험으로 조사·관찰하여 지반아칭의 발생 메커니즘을 규명하였고 트랩도어 위에 발달하는 이완영역을 관찰하였다.[22]

이러한 흙 입자들 사이의 마찰에 의한 지반아칭현상은 터널굴착 시에도 발생될 수 있으며, 성토지지말뚝 위의 성토지반 속에서도 발생될 수 있다. 그 밖에도 억지말뚝 사이로 토사가 빠져나올 때도 발생됨이 보고되기도 하였다. 홍원표 & 송영석(2004)은 측방변형지반 속 줄말뚝에 작용하는 토압을 산정하기 위해 구공동확장이론을 적용하여 이론해석을 실시하였다.[17]

1.2.2 트렌치 내에서의 흙 입자이동에 의한 지반아칭

한편 트렌치 굴착 후 트렌치 바닥에 매설물을 설치하고 이 매설물 위 트렌치 내에 토사를 되메움한다. 트렌치를 다 굴착한 후 흙을 되메울 때 일반적으로 되메움 흙은 느슨한 상태의 입상체로 되메움하므로 트렌치 내에서 되메움 토사는 침하하게 된다. 이때 트렌치 바닥에 작용하는 연직토압은 트렌치 양측벽에서 발휘되는 마찰저항의 영향을 받으며 되메움 토사 내에서는 지반아칭이 발생한다.[39] 이때 트렌치 내의 입상체 흙 입자들은 트렌치 벽체 사이의 트렌치 토사 되메움 부분에서 평행하게 아래로 이동하려 한다.

이때 그림 1.1(b)에 도시한 바와 같이 굴착부 되메움토사와 트렌치의 양 측벽면 사이에서 마찰이 발생하여 지반아칭이 발달하게 된다. 이때의 흙 입자는 평행하게 하방향으로 이동하나 트렌치 중앙부에서는 벽체와의 마찰영향을 안 받거나 제일 적게 받으므로 흙 입자 이동량이 많아지고 벽체에 근접할수록 흙 입자 이동량이 작아져 실제로는 그림 1.1(b)에서 보는 바와 같이 아래로 볼록한 형태의 지반변형이 발생한다.

Hong, Bov & Kim(2016)은 이러한 트렌치 내에 발달하는 지반아칭의 형상을 모형실험으로 관찰하고 지반아칭의 발생 메커니즘을 해석적으로 접근하는 방법을 마련함으로써 지반공학 분야에서 취급되는 각종 구조물과 지반 사이의 상호작용을 설명할 수 있는 근거를 제시하고

자 하였다.[39]

입상체 흙 입자들이 트렌치 내에서 평행 방향으로 이동할 수 있도록 유도할 수 있는 토조와 재하장치를 제작하여 실내에서 모형실험을 실시할 수 있다.

이 모형실험에서 지반아칭의 발생영역과 형상을 관찰하여 지반아칭의 발생 메커니즘을 규명하였다. 이때 재하판에 작용하는 하중과 재하판 옆의 토조 바닥에 작용하는 연직하중을 측정하여 변위에 따른 연직하중의 변화도 조사하고 지반아칭이 발달함에 따라 지중응력이 파괴영역에서 주변영역으로 전달되는 메커니즘도 조사하였다.

홍원표 연구팀[6-26]은 이렇게 마련된 실험적 및 이론적 결과를 실제 지반공학 분야에서 취급하는 각종 구조물의 설계에 필요한 하중, 전단저항력, 지지력, 토압 등의 해석에 적용하여 토질역학의 내용을 한 단계 발전시켰다.

다음으로 지반아칭 발생 메커니즘에 영향을 미치는 요소를 규명하였다. 이들 요소로는 지반과 재하판에 관련된 요소로 구분할 수 있다. 즉, 지반을 구성하는 토질의 전단특성과 재하판의 폭이 주요 영향 요소임을 확인하고 영향요소 고려 방법도 조사하였다. 또한 다수의 재하판이 일정 간격으로 마련되어 있을 때 발생되는 지반아칭의 간섭효과도 관찰하였다.

트렌치 내에서 흙 입자의 평행 방향 운동에 의한 지반아칭과 유사한 예로는 사일로에 곡물을 채울 때 사일로 속 곡물 입자들 사이에서 발달되는 아칭현상을 생각할 수 있다.[45] 즉, 사일로 벽면과 곡물입자들 사이에 마찰로 인하여 사일로 벽면에서의 곡물 변위가 사일로 중심에서의 변위와 차이가 발생한다. 이로 인하여 곡물입자들 사이에 마찰이 발달하여 아칭현상이 발달한다.

최근 해안 지역에서 대구경 강제셀을 연속적으로 설치한 후 흙을 셀 내부에 채워 가물막이 흙막이벽으로 활용할 때도 이와 유사한 지반아칭현상이 강제셀 내부에 발생할 수 있다.

흙 입자의 평행 방향 운동의 경우는 평행한 두 벽체 사이로 흙 입자를 이동시킬 때 발달되는 지반아칭의 발달상황과 형상을 모형실험을 통하여 관찰할 수 있다. 따라서 흙 입자가 평행 방향으로 움직일 수 있도록 유도할 수 있는 토조와 재하장치를 제작하여 모형실험을 실시하였다.

이 모형실험기는 두 벽체 사이의 바닥을 유압잭으로 조절하는 피스톤에 연결된 재하판으로 막은 상태에서 모래를 채워 모형지반을 조성한 후 피스톤을 서서히 아래로 움직여서 모래지반 내에 지반변형을 유발시켜 지반아칭이 발달하는 과정을 관찰할 수 있다.

이 모형실험에서는 지반아칭의 발생 영역과 형상을 관찰하여 지반아칭의 발생 메커니즘을 규명한다. 이때 바닥의 여러 곳에서 재하판에 작용하는 연직하중을 측정하여 트렌치 바닥변위에 따른 연직하중의 변화도 조사하고 지반아칭이 발달함에 따라 연직하중의 분포에 대한 변화를 조사한다.

다음으로 지반아칭 발생 메커니즘에 영향을 미치는 요소를 규명한다. 이들 요소로는 지반과 재하판에 관련된 요소로 구분할 수 있다. 즉, 지반을 구성하는 토질의 전단특성과 재하판의 폭이 주요 영향 요소임을 확인하고 영향요소 고려 방법도 조사하였다.

특히 모형실험에서는 두 벽체 사이의 간격을 변화시켜 지반아칭의 영향범위를 조사하고, 극단적으로 간격이 넓은 경우는 하나의 벽체에 해당하는 모형실험을 실시하였다.

또한 이 모형실험에서는 벽체의 마찰저항의 영향을 조사하기 위하여 다양한 마찰계수를 가지는 벽면을 조성하여 모형실험을 실시하였다. 지반아칭형상에 미치는 영향을 이 벽면마찰저항의 관찰을 통하여 실시할 수 있다.

그 밖에도 벽체 사이의 흙 입자의 이동 방향을 하향뿐만 아니라 상향으로도 작용시켜 상하 방향의 영향을 함께 조사하였다. 이는 벽면마찰저항력의 방향을 상향과 하향 모두 가능하게 하는 시도로 생각할 수 있다. 즉, 벽체 내부를 흙 입자로 채울 경우는 벽면마찰의 방향이 상향으로 발휘되므로 이에 따른 지반아칭이 발달하게 된다. 그러나 만약 벽체가 위로 인발이 될 경우는 지반아칭이 어떤 형상으로 발달이 될 것인가를 실험으로 관찰하고자 하였다.

마지막으로 모형실험으로 밝혀진 지반아칭의 형상에 근거하여 이론해석을 실시하였다. 이 경우의 이론해석에서는 지반 내의 주응력의 회전효과를 고려해보도록 하였다. 이 이론해석에 의한 예측치를 모형실험에서 측정된 실험치와 비교하여 이론식의 신뢰성을 검증하였다.

1.3 현장 응용 사례

제1.3절에서는 흙 입자의 원심이동 및 평행이동에 의한 지반아칭의 발생 메커니즘을 활용하여 실제 몇몇 지반구조물 해석에 지반아칭의 원리를 적용시켜보고자 한다.

(1) 성토지지말뚝의 지지력 산정[14-16,18,19,27,28,32-37]

연약지반에 말뚝을 설치하고 양질의 흙으로 성토를 실시하면 성토지반 내에 지반아칭이 발달하여 연약지반에 작용할 성토하중이 지반아칭에 의하여 말뚝으로 전달하게 된다.[55-61] 이 경우 흙 입자의 원심 방향 이동에 의한 지반아칭의 발생 메커니즘 결과를 활용하여 접근할 수 있다.[46]

즉, 원심 방향으로 흙 입자가 이동하려 할 때 발달되는 지반아칭에 관한 결과를 적용하여 말뚝에 전달되는 성토하중을 산정할 수 있다.

(2) 억지말뚝 작용토압[6-12]

사면에 억지말뚝이 일정간격으로 설치되어 있으면 억지말뚝주변 토사가 이들 억지말뚝 사이로 통과하여 빠져나가려 하며, 이때 억지말뚝 주변에 지반아칭이 발생하게 된다. 따라서 억지말뚝에 작용하게 되는 측방토압을 산정할 수 있다. 기존에 억지말뚝에 작용하는 토압을 산정하기 위한 접근방법과 비교·검토할 수 있다.

(3) 엄지말뚝 작용토압[23,67]

지반에 말뚝을 일정간격으로 설치하고 굴착을 실시하면 엄지말뚝 사이의 토사가 빠져나오려 하고, 이때 지반 속에 지반아칭이 발달하게 된다. 따라서 이 지반아칭 메커니즘을 활용하여 흙막이벽에 작용하는 토압을 산정할 수 있을 것이다.

(4) 지하구조물 작용토압[1-5]

두 벽체 사이에서 평행한 방향으로 흙 입자가 이동하는 경우의 지반아칭현상은 지반을 굴착하여 지하구조물을 축조한 후 되메우기를 실시할 때 지하구조물에 작용하는 토압을 산정할 수 있다.[26,40-43,47] 이때 지반아칭 발생 메커니즘을 활용하였다. 이 경우는 사일로에 곡물을 채워 넣을 때 벽면에 작용하는 압력을 산정하는 것과 유사하므로 사일로 벽체에 작용하는 토압을 산정한다.[45] 그리고 현장계측을 통하여 얻는 자료를 활용하여 이론해석식의 신뢰성을 검증한다.

일반적으로 우리나라의 지구조물설계에 적용되는 토압은 삼각형 분포의 정지토압이 작용하는 것으로 취급하고 있다. 반면에 일본에서는 정지토압 대신 삼각형 분포의 주동토압이 작용하는 것으로 설계되고 있다. 그러나 실제 측정된 토압은 삼각형 분포의 정지토압과 차이가 있음이 많이 보고되고 있다. 또한 토압의 크기도 정지토압보다는 작은 것으로 측정되고 있다.

따라서 지반굴착 후 되메우기에 의하여 구조물이나 매설관에 작용하는 토압을 뒤채움토사 내 발달하는 지반아칭 메커니즘을 적용하여 해석하면 보다 실제에 근접한 토압이 산정될 수 있을 것으로 생각된다.[48-52,54,62-66]

(5) 옹벽에 작용토압 산정[1-5,29]

옹벽이나 케이슨벽체, 교대 등의 구조물은 설치 후 양질의 입상체 흙으로 뒤채움을 실시하게 된다. 이때 뒤채움토사 내에 지반아칭이 발달할 수 있다.

따라서 평행 방향 흙 입자 이동에 따른 지반아칭 발생 메커니즘을 활용할 수 있을 것이다. 다만 이 경우는 평행한 벽체가 아니라 하나의 벽면만 존재하므로 두 평행한 벽체의 극단적인 경우로 취급할 수 있을 것이다. 결국 지반아칭 메커니즘 연구 결과를 활용하면 지반아칭 메커니즘을 활용한 토압산정식의 유도가 가능할 것이다.

(6) 모래지반 속 팩마이크로파일의 저항력 산정[20,21,38]

모래 및 사질토 지반 속에 팩마이크로파일이 설치되어 있을 경우 토목섬유 내 압력을 가하여 주변지반에 팽창력이 작용하면 모래지반 속에서는 흙 입자의 재배열이 발생되며 이로 인한 지반아칭현상이 발생될 수 있다. 따라서 모래지반 속 말뚝의 마찰저항력 산정에 지반아칭 발생 메커니즘을 활용할 수 있을 것이다.

이는 말뚝을 인발하거나 압축하려고 할 때 지반 속에 파괴면이 발달하고, 이 파괴면에서의 저항에 의하여 말뚝의 저항력이 발휘된다. 이 파괴영역 내에서도 지반아칭의 발생이 예상되므로 지반아칭 메커니즘을 적용한 인발저항력 산정식을 도출할 수 있을 것이다.

(7) 기타

그 밖에도 직접기초지반 속에서의 지반아칭, 터널굴착 시의 지반아칭 등을 고려할 수 있을 것이다.

| 참고문헌 |

(1) 백규호(2003), '평행이동하는 강성옹벽에 작용하는 비선형 주동토압: I. 정식화', 한국지반공학회논문집, 제19권, 제1호, pp.181-189.

(2) 백규호(2003), '평행이동하는 강성옹벽에 작용하는 비선형 주동토압: II. 적용성', 한국지반공학회논문집, 제19권, 제1호, pp.191-199.

(3) 백규호(2004), '저점을 중심으로 회전하는 강성옹벽에 작용하는 주동토압', 한국지반공학회논문집, 제20권, 제8호, pp.1-11.

(4) 백규호(2006a), '사석과 모래로 뒤채움된 케이슨에 작용하는 주동토압(1): 정식화', 한국지반공학회논문집, 제22권, 제1호, pp.63-72.

(5) 백규호(2006b), '사석과 모래로 뒤채움된 케이슨에 작용하는 주동토압(1i): 검증과 적용', 한국지반공학회논문집, 제22권, 제2호, pp.29-39.

(6) 홍원표(1982), '점토지반 속의 말뚝에 작용하는 측방토압', 대한토목학회논문집, 제2권, 제1호, pp.45-52.

(7) 홍원표(1983), '모래지반 속의 말뚝에 작용하는 측방토압', 대한토목학회논문집, 제3권, 제3호, pp.63-69.

(8) 홍원표(1984), '측방변형지반 속의 줄말뚝에 작용하는 토압', 대한토목학회논문집, 제4권, 제1호, pp.59-68.

(9) 홍원표(1984), '수동말뚝에 작용하는 측방토압', 대한토목학회논문집, 제4권, 제2호, pp.77-88.

(10) 홍원표(1985), '주열식 흙막이벽의 설계에 관한 연구', 대한토목학회논문집, 제5권, 제2호, pp.11-18.

(11) 홍원표·박래웅(1987), '단일주동말뚝의 극한수평저항력', 대한토질공학회지, 제3권, 제3호, pp.21-30.

(12) 홍원표(1991), '말뚝을 사용한 산사태 억지공법', 한국지반공학회지, 제7권, 제4호, pp.75-87.

(13) 홍원표·이재호·전성권(2000), '성토지지말뚝에 작용하는 연직하중의 이론해석', 한국지반공학회지, 제16권, 제1호, pp.131-143.

(14) 홍원표·강승인(2000), '성토지지말뚝에 작용하는 연직하중에 대한 모형실험', 한국지반공학회지, 제16권, 제4호, pp.171-182 .

(15) 이승현·이영남·홍원표·이광우(2001), '성토지지말뚝에 작용하는 연직하중에 대한 현장실험', 한국지반공학회논문집, 제17권, 제4호, pp.221-230.

(16) 홍원표·이광우(2002), '성토지지말뚝의 연직하중 분담효과에 관한 연구', 한국지반공학회논문집, 제18권, 제4호, pp.285-294.

(17) 홍원표·송영석(2004), '측방변형지반 속 줄말뚝에 작용하는 토압의 산정법', 한국지반공학회논문집, 제20권, 제3호, pp.13-22.

(18) 홍원표·이재호(2007), '말뚝과 토목섬유로 지지된 성토지반의 아칭효과', 한국지반공학회논문집,

제23권, 제6호, pp.53-66.

(19) 홍원표 · 이재호(2008), '토목섬유보강 성토지지말뚝시스템의 지반아칭에 관한 이론해석', 대한토목학회논문집, 제28권, 2C, pp.133-141.

(20) 홍원표 · 홍성원 · 이충민(2010), '모래지반 속 마이크로파일의 인발저항력에 관한 모형실험', 중앙대학교 방재연구소논문집, pp.11-26.

(21) 홍원표 · 김해동 · 이준우(2011), '다양한 형태의 마이크로파일에 대한 인발정항력 평가', 중앙대학교 방재연구소논문집, 제3권, pp.11-24.

(22) 홍원표 · 김현명(2014), '입상체 흙 입자로 구성된 지반 속에 발생하는 지반아칭과 이완영역에 관한 모형실험', 한국지반공학회논문집, 제30권, 제8호, pp.13-24.

(23) 김재홍 · 홍원표(2014), '성토지지말뚝의 지하매설관 측방이동 방지효과', 한국지반공학회논문집, 제30권, 제12호, pp.63-72.

(24) 홍원표 · 침니타(2014), '높은 지하수위 지반 속에 설치된 지중연속벽의 인발저항력', 한국지반공학회논문집, 제30권, 제9호, pp.5-17.

(25) 홍원표(2015), '입상체 흙 입자로 구성된 지반 속에 발생되는 지반아칭의 규명과 활용', 한국연구재단.

(26) Bulson, P.S.(1985), Buried structures: static and dynamic strength, Chapman and Hall, New York.

(27) Guido, V.A., Knueppel, J.D. and Sweeney, M.A.(1987), "Plate loading tests on geogrid-reinforced earth slabs", Proc., Geosynthetics '87 Conf., Industrial Fabrics Association International, Roseville, MN, pp.216-225.

(28) Han, J. and Gabr, M.A.(2002), "Numerical analysis of geosyntheticre in forced and pile-supported earth platforms over soft soil", J. Geotech. Geoenviron. Eng., 10.1061/(ASCE)1090-0241(2002) 128:1(44), pp.44-53.

(29) Handy, R.L.(1985), "The arch in soil arching", J. Geotech. Engrg., ASCE, Vol.111, No.3, pp.302-318, DOI: 10.1061/(ASCE)0733-9410(1985)111:3(302).

(30) Harrop-Williams, K.O.(1989), "Geostatic wall pressures", J. Geotech. Engr. Div., 115(9): pp.1321-1325.

(31) Hewlett, W.J. and Randolph, M.F.(1988), "Analysis of piled embankments", Ground Engineering, London Eng1and, Vol.21, No.3, pp.12-18.

(32) Hong, W.P.(2009), "Load Transfer in Embankments Supported by Piles with Cap Beams", Keynote Lecture, Proceeding of the 8th Korea/japan joint seminar on geotechnical engineering, Nov. 6-7, 2009, Korea Institute of Geoscience and Mineral Resources, Daeieon, Korea, pp.1-24.

(33) Hong, W.P.(2014), "Embankments Founded on Piled Beams on Soft Grounds", Keynote Lecture 2, ITC 2014, International Technical Conference, Intergrative Technology for Safety and Protections of

Human Life and Society, Chung- Ang University, Nov.87-19, 2014.

(34) Hong, W.P., Hong, S. and Song, J.S.(2011), "Load transfer by punching shear in pile-supported embankment on soft grounds." Mar. Georesour. Geotechnol., 29(4), pp.279-298.

(35) Hong, W.P., Lee, K.W. and Lee, J.H.(2007), "Load transfer by soil arching In pile-supported embankments", Soils and Foundations, Vol.47, No.5, pp.833-843.

(36) Hong, W.P. and Chim, N.(2013), "Prediction of uplift capacity of a micropile embedded in soil", KSCE Journal of Civil Engineering, Vol.19, No.1, pp.116-126, DOI: 10.1007/s12205-013-0357-2.

(37) Hong, W.P., Lee, J.H. and Hong, S.(2014), "Full-Scale Tests on Embankments Founded on Piled Beams", Journal of Geotechnical and Geoenvironmental Engineering, ASCE, ISSN 1090-0241.04014067(8), DOI: 10.1061/(ASCE)GT. 1943-5606.0001145.

(38) Hong, W.P. and Chim, N.(2015), "Prediction of uplift capacity of a micropile embadedded in soil", Marine Georesources & Geotechnology, PISSN 1226-7988, EISSN 1976-3808, DOI: 10.1007/s12205-013-0357-2, pp.116-126.

(39) Hong, W.P., Bov, M.L. and Kim, H.-M.(2016), "Prediction of vertical pressure in a trench as influenced by soil arching", KSCE Journal of Civil Engineering, DOI: 10.1007/s12205.016.0120-6, pp.1-8.

(40) Hong, W.P. and Hong, S.(2016), "Piled embankment to prevent damage to pipe buried in soft grounds undergoing lateral flow", Marine Georesources and Geotechnology, http://dx.doi.org/10.1080/1064119x.2013.1227406.

(41) Hong, W.P., Hong, S. and Kang, Thomas H.K.(2016), "Lateral earth pressure on a pipe buried in soft grounds undergoing lateral movement", Journal of Structural Integrity and Maintenance, Vol.1, No.3, DOI: 10.1080/24705314. 2016.1211238.

(42) Horgan, G.J., Sarsby, R.W.(2002), "The arching effect of soils over voids and piles in corporating geosyntheticre in forcement", Proc., 7th Int.Conf.on geosynthetics, Balkema, Rotterdam, Netherlands, pp.373-378.

(43) Huang, J., Han, J. and Oztoprak, S.(2009), "Coupled mechanical and hydraulic modeling of geosynthetic-reinforced column-supported embankments", J.Geotech.Geoenviron. Eng., DOI: 10.1061/(ASCE)GT. 1943-5606.0000026, 1011-1021.

(44) Ito, T. and Matsui, T.(1975), "Methods to Estimate Lateral Force Acting on Stabilizing Piles", Soils Found. 15(4): 43-59.

(45) Janssen, H.A.(2006), "Experiments on corn pressure in silo cells-translation and comment of Janssen's paper from 1895", Granular Mater, Vol.8, pp.59-65.

(46) Jones, C.J.F.P., Lawson, C.R. and Ayres, D.J.(1990), "Geotextilere inforced piled embankment", Proc.,

4th Int.Conf. on Geotextile, eomembranes and Related Products, Balkema, Rotterdam, Netherlands, pp.155-160.

(47) Kellog, C.G.(1993), "Vertical earth loads on buried engineered works", Journal of Geotechnical Engineering, ASCE, Vol.119, No.3, pp.487-506.

(48) Kempfert, H.G., Göbel, C., Alexiew, D. and Heitz, C.(2004), "German recommendations for reinforced embankments on pile-similar elements", Proc., EuroGeo3: 3rd European Geosynthetics Conf., German Geotechnical Society(DGGT), Essen, Germany, pp.279-284.

(49) Krynine, D.P.(1945), "Discussion on 'Stability and stiffness of cellular cofferdams", by Karl Terzaghi. Trans. Am. Soc. Civ. Eng., pp.1175-1178.

(50) Low, B.K., Tang, S.K. and Choa, V.(1994), "Archinginpiled mbankments", J. Geotech. Engrg., DOI: 10.1061/(ASCE)0733-9410(1994)120: 11(1917), 1917-1938.

(51) Marston, A.(1930), "The theory of external loads on closed conduits in the light of the latest experiments", Proc. Highway Research Board, Vol.9, pp.138-170.

(52) Marston, A. and Anderson, A.O.(1913), "The theory of loads on pipes in ditches and tests of cement and clay drain tile and sewer pipe", Bulletin 31, Iowa Engineering Experiments Station, Ames, Iowa.

(53) Matsui, T., Hong, W.P. and Ito, T.(1982), "Earth pressures on piles in a row due to lateral soil movements", Soils and Foundations, Vol.22, No.2, pp.71-81.

(54) Moser, A.P.(1990), Buried pipe design, McGraw-Hill, New York.

(55) Pirapakaran, K. and Sivakugan, N.(2007a), "Arching within hydraulic fill stopes", Geotech. Geol. Eng., Vol.25, pp.25-35, DOI: 10.1007/s10706-006-0003-6.

(56) Pirapakaran, K. and Sivakugan, N.(2007b), "A laboratory model to study arching within a hydraulic fill stope", Geotech. Test. J., Vol.30, No.6, pp.496-503.

(57) Prakash, S. and Sharma, H.D.(1990), "Pile Foundations in Engineering Practice", John Wiley & Sons, Inc., USA.

(58) Rogbeck, Y., Gustavsson, S., Sodergren, I. and Lindquist, D.(1998), "Reinforced piled embankments in Sweden: Design aspects", Proc., 6th Int. Conf. on Geosynthetics, Industrial Fabrics Association International, Roseville, MN, 755-762.

(59) Russell, D. and Pierpoint, N.(1997), "An assessment of design methods for piled embankments", Ground Eng., 30(11), pp.39-44.

(60) Singh, S. Sivakugan, N. and Shukla, S.K.(2010), "Can soil arching be insensitive to?", Int. J. Geomech., ASCE, Vol.10, No.3, pp.124-128, DOI: 10.1061/(ASCE)GM.1943-5622.0000047.

(61) Song, Y.S., Hong, W.P. and Woo, K.S.(2012), "Behavior and analysis of stabilizing piles installed in a cut slope during heavy rainfall", Engineering Geology, Vol.129-130, pp.56-67, DOI: 10.1016/j.enggeo. 2012.01.012.

(62) Song, Y,S. Bov, M.L., Hong, W.P. and Hong, S.(2015), "Behavior of vertical pressure imposed on the bottom of a trench", Marine Georesources & Geotechnology, ISSN 1064-119X, DOI: 10.1080/1064119X. 2015.1076912, pp.3-11.

(63) Terzaghi, K.(1943), "Theoretical Soil Mechanics, John Wiley and Sons", New York, pp.66-76.

(64) Van Eekelen, S. J.M., Bezuijen, A. and Van Tol, A. F.(2013), "An analytical model for arching in piled embankments", J. Geotext. Geomembr., 39(Jan), pp.78-102.

(65) Wachman, G.S., Biolzi, L. and Labuz, J.F.(2010), "Structural behavior of a pile-supported embankment", J. Geotech. Geoenviron. Eng., 10.1061/(ASCE)GT. 1943-5606. 0000180, pp.26-34.

(66) Yoshikoshi, W.(1976), "Vertical earth pressure on a pipe in the ground", Soils and Foundations, Vol.16, No.2, pp.31-41.

(67) 洪元杓, 伊藤富雄, 松井保(1980), "塑性變形地盤中の 列杭に 作用する 側方土壓", Keihanronso, Vol.5, pp.57-66.

트랩도어에서
흙 입자의 원심이동에 의한
지반아칭

트랩도어에서 흙 입자의 원심이동에 의한 지반아칭

2.1 서 론

입상체 흙 입자지반은 불연속 흙 입자들의 집합체이다. 이러한 지반 속에 공동이 발생하면 구성 흙 입자들은 공동을 메우려고 공동의 중심을 향해 동시에 이동을 하게 된다. 터널굴착을 실시할 경우 지반 내에서는 토사굴착에 의한 응력해방으로 인하여 발생되는 응력과 변형의 영향을 주변지반으로 전달하는 과정에서 지반아칭을 생각할 수 있다.

지반 속에 공동을 발생시키는 터널굴착을 실내에서 재현하는 데는 트랩도어를 활용한다. 그림 1.1(a)에 도시된 바와 같이 토조 하부 바닥에 트랩도어를 마련하고 흙 입자들이 이 트랩 도어를 통하여 빠져나가는 것으로 터널굴착을 실험실 내에서 재현시킬 수 있다. 이때 흙 입자 들은 트랩도어 위의 한 점에서 원심 방향으로 빠져나가는 거동의 원심이동을 하여 아래로 불룩한 형태의 지반변형이 발생한다. 토조의 바닥에 설치된 트랩도어의 두께는 얇아 이곳에 서 벽면마찰은 발생하지 않고 지반 내부의 흙 입자들 사이에서만 마찰이 발생한다.

이 원심이동 과정에서 입자들 사이의 마찰, 즉 상호작용에 의하여 지반 내부에서 지반아칭 (soil arching)이 발달하게 된다. 지반아칭이 지반 내부에서 발달하는 동안 지반 스스로 안정을 찾을 수 있도록 응력재분배와 입자재배열이 발생하게 된다.

현재 토질역학 분야에서 지반아칭현상이 차지하는 부분이 상당히 큼에도 불구하고 이러 한 지반아칭현상에 대한 규명이 아직 잘 파악되어 있지 못한 실정이다. 다만 단편적으로 필요 한 분야에 일부 활용되고 있어 지반아칭현상 메커니즘을 체계적으로 규명할 필요가 있다. 지 반 속에 발달하는 지반아칭의 특성을 만약 잘 파악·정리할 수 있다면 경제적이고 안전한 지

중구조물의 설계와 시공이 가능할 것이다.[9,12-14,23]

제2장에서는 지중공동 발생을 트랩도어판을 하강시키는 시험장치로 재현시켜 지반 속에 지반변형을 초래하였을 경우 발생하는 지반아칭 발달 시 변화하는 지중응력을 이론해석과 실내모형실험을 통하여 비교·분석하고 지반아칭현상 메커니즘을 여러 분야에 적용할 수 있게 하고자 한다. 먼저 지반아칭에 관한 현재까지의 연구의 고찰을 통하여 지중에 발달하는 지반아칭의 거동을 알아본다. 기존의 여러 가지 접근방식의 검토로부터 지반아칭 발달 시 발생되는 응력재분배현상을 규명하기 위한 계획을 세울 수 있을 것이다.

다음으로 트랩도어 모형실험기를 제작하여 모래지반 하부 토조 바닥에 마련된 트랩도어를 하강시켜 지반 변형을 유발시켰을 때 발달하는 지반아칭의 형상과 응력의 변화를 관찰 및 측정한다. 트랩도어 모형실험으로 모래지반 속에 발달하는 응력을 원주공동확장이론으로 해석할 수 있다.[21] 이러한 이론해석의 적용 가능성을 모형실험 결과로 검토한다. 끝으로 모형실험으로 지반 내 이완영역을 관찰하여 제7장에서 다룰 이완영역의 규명에 대한 실험적 발판을 마련할 수 있게 한다.

터널굴착 등으로 지중에 공동이 생기거나 지반변형이 발생하면 지반아칭은 흙 입자들 사이에 마찰에 의한 전단저항에 의하여 발생하게 된다.[5] 또한 지반아칭이 지반 내부에서 발달하는 동안 지반 스스로 안정을 찾을 수 있도록 응력재분배와 입자재배열이 자연스럽게 발생하게 된다. 이러한 지반아칭현상을 규명하고 활용할 수 있도록 기존에 연구된 관련 문헌들을 수집하여 정리하고 고찰하여 필요한 기본 지식과 이론을 습득한다. 즉, 관련 문헌을 통하여 습득한 기본 지식과 이론을 바탕으로 정리하였다.

2.2 지반아칭의 기존 연구

Terzaghi(1943)는 지반아칭현상을 흙의 파괴영역에서 주변지역으로의 하중전달이라고 정의했다.[20] 토조 바닥에 작은 트랩도어를 가지고 있는 토조 속에 모래를 채웠을 때 이 트랩도어판을 아래로 조금씩 하향 이동시키면 트랩도어에 작용하는 압력은 감소하는 반면 인접 부근의 압력이 증가하는 경향이 나타나게 된다.

이러한 현상은 정적 상태의 모래덩어리와 트랩도어 부근 모래의 이동으로 인해 인접부에 위치한 이동이 없는 모래층의 압력이 증가함으로써 두 상태의 경계면을 따라 전단력이 작용하여 트랩도어상의 총압력은 전단저항력만큼 줄어들게 된다.

즉, 트랩도어의 압력이 인접부의 모래지반으로 이동하였음을 보여주는 것이며 이러한 현상을 Terzaghi는 '지반아칭현상'이라고 불렀다.[20]

Terzaghi가 지반아칭현상을 정의한 이후에, 터널, 사면 등 지반공학 분야에서 지반아칭이론을 이용하여 많은 이론들이 제안되었다.[1,2,4,8,10,11,15-20] Terzaghi(1936)의 연구[19] 이후 지반아칭에 대한 기존의 연구를 정리하면 다음과 같다.

2.2.1 Terzaghi(1943) 연구

Terzaghi(1936)는 트랩도어 모형실험에서 모래가 담긴 토조 바닥에 마련한 트랩도어를 밑으로 하향 이동시킬 때 모형토조 바닥에 작용하는 연직하중과 연직변위를 측정하였다.

Terzaghi는 이 모형실험에서 트랩도어 위의 여러 높이에 대한 수평응력 및 연직응력을 마찰테이프(friction tape)를 사용하여 간접적으로 측정하였다.[19,20]

Terzaghi의 모형실험기구는 그림 2.1에서 보는 바와 같다. 즉, Terzaghi(1943)는 31cm 깊이의 토조의 바닥에 폭(B)이 7.3cm이고, 길이(L)가 46.3m인 트랩도어를 마련하였다.

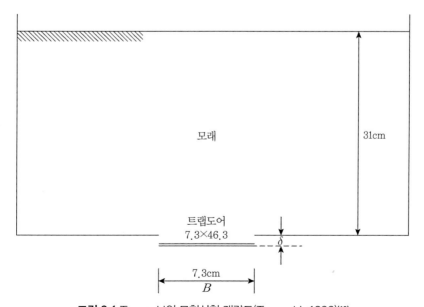

그림 2.1 Terzaghi의 모형실험 개략도(Terzaghi, 1936)[19]

그림 2.2는 트랩도어 모형실험으로 나타난 결과를 보여주고 있다. 그림 2.2의 종축에는 트랩도어에 작용하는 하중을 변위 발생 전의 초기하중(상재압에 해당)으로 나누어 정규화하여 도시하였다.[19]

그림 2.2에서 정규화된 종축의 하중은 횡축의 트랩도어의 변위가 트랩도어 폭의 1%에 해당하는 하향변위가 발생하였을 때 최소치를 나타내었다. 그림 2.2에서 보는 바와 같이 종축에 도시된 하중의 최소치는 상재압의 10% 미만이었는데, 조밀한 모래의 경우 6%였고 느슨한 모래의 경우 9.6%였다.

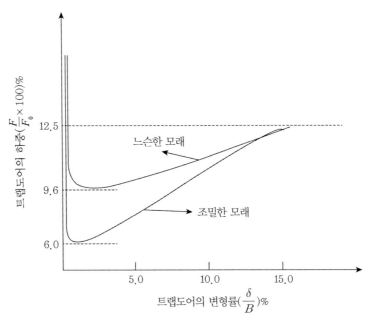

그림 2.2 Terzaghi의 실험 결과: 트랩도어의 연직하중과 변위

트랩도어의 하향변위가 계속됨에 따라 모래 속에 발달된 입상체의 구조가 붕괴되면서 하중비가 증가하다가 트랩도어에 작용하는 하중은 상재압의 12.5%가 되는 일정한 값으로 수렴하였다. 이 수렴값은 트랩도어 폭의 10% 이상 변위가 발생했을 때 얻어진 값이 된다. 또한 조밀한 모래와 느슨한 모래 모두 트랩도어 압력비의 최종 수렴치는 동일한 값을 나타내었다.[19]

그림 2.3은 트랩도어 상부 모래지반에서 측정한 연직응력을 나타낸 그림이다. 트랩도어가 하강하는 순간 연직응력은 감소하였다.

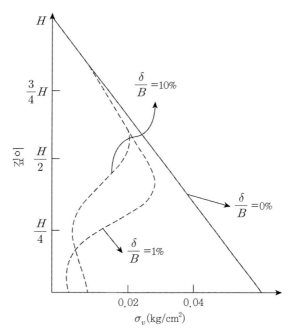

그림 2.3 깊이별 연직응력(Terzaghi, 1936)[19]

트랩도어판의 변위가 0%일 경우는 깊이별 토피압을 나타내고 1%와 10%인 경우에 응력이 급격히 줄어드는 구간이 발생하는데, 이 구간을 이완영역이라 한다. 이완영역에서는 연직응력이 측벽 측으로 전이되어 트랩도어 상부에서 받는 응력은 토피압보다 현저히 작은 값이 된다.

Terzaghi(1943)는 지반아칭효과를 흙의 파괴영역에서 주변지역으로의 하중전달이라고 정의하였다.[20] 작은 트랩도어를 가지고 있는 판 위에 모래를 채웠을 때 트랩도어를 아래로 조금씩 이동시키면 트랩도어에 작용하는 압력은 감소하는 반면 인접부의 압력이 증가하게 된다.

이러한 현상은 정지상태의 모래덩어리와 이동하려는 모래덩어리 사이의 경계면을 따라 전단력이 작용하여 트랩도어상의 총압력은 전단저항력만큼 줄어들게 됨을 의미한다.

평면변형률 항복상태하에서 토조 바닥면에 작용하는 연직응력 p 는 식 (2.1)로 표현된다.[20]

$$p = \frac{\gamma_{ave}D}{2K\tan\phi}(1 - e^{-2k\tan\phi H/D}) \tag{2.1}$$

여기서, γ와 ϕ = 각각 성토재의 단위체적중량과 내부마찰각

H = 성토고

D = 트랩도어의 폭

K = 수평토압계수

트랩도어판의 하향이동에 의하여 트랩도어상 지반 속에 발생한 파괴형태는 그림 2.4와 같다(Terzaghi, 1943).[20]

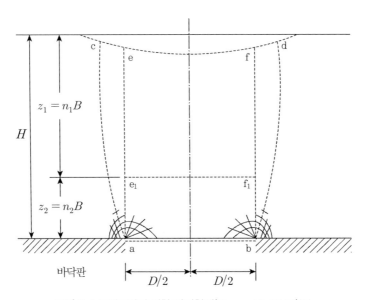

그림 2.4 트랩도어에 의한 파괴형태(Terzaghi, 1943)[20]

2.2.2 Carlsson 연구

Carlsson(1987)은 성토지지말뚝을 시공한 현장에서 지반아칭에 의하여 연약지반 및 토목섬유 보강재에 작용하는 하중을 산정할 수 있는 방법으로서, 그림 2.5에 도시한 지반아칭 해석 간편법을 제시하였다.[7]

이 방법은 말뚝순간격을 밑변으로 하고 중심각이 30°인 흙쐐기가 연약지반에 하중으로 작용하게 하는 방법이다. 이와 같이 가정함으로써 이론적인 근거는 없는 방법이다.

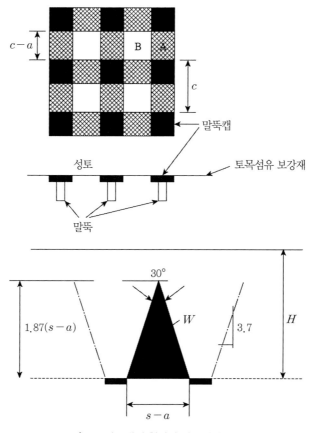

그림 2.5 말뚝캡의 형상과 하중전달 영역[7]

그림 2.5에 나타나 있듯이 삼각형 쐐기의 밑변 폭은 $(s-a)$가 되며, 높이는 $1.87(s-a)$로 가정하여 단위길이당 하중 W_T를 식 (2.2)와 같이 제안하였다.

그림 2.5를 참조하면, 이 방법은 본질적으로 쐐기의 높이를 $1.87(s-a)$라고 가정하므로 만약 성토고가 이 높이보다 낮을 경우는 하중값을 크게 예측하게 되는 단점이 있다.

$$W_T = \left(\frac{s-a}{2}\right)\left(\frac{s-a}{2\tan15°}\right)\gamma = \frac{(s-a)^2}{4\tan15°}\gamma \tag{2.2}$$

여기서, γ = 성토재의 단위체적중량

ϕ = 성토재의 내부마찰각

a = 말뚝캡의 폭

s =말뚝중심 간 간격

2.2.3 Guido 연구

Guido(1987)는 그림 2.6과 같이 성토지지말뚝을 설치한 현장에서 삼각형 쐐기 피라미드의 중심각이 직각인 흙쐐기 자중이 연약지반 및 토목섬유 보강재에 작용한다는 지반아칭해석의 간편법을 제안하였다.[1] 이 방법은 Carlsson 방법과 유사한 간편법으로 흙쐐기의 각도만이 차이가 난다.

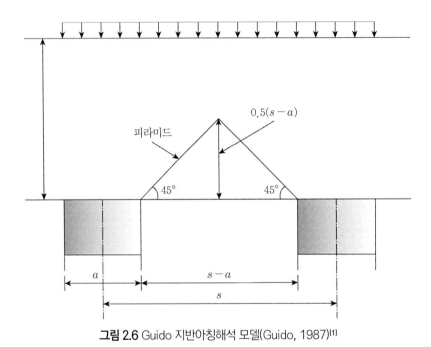

그림 2.6 Guido 지반아칭해석 모델(Guido, 1987)[1]

Guido 법은 지반아칭이 기하학적으로만 결정되므로 성토재의 종류에 관계없이 지반아칭 효과가 동일하게 예측된다. 또한 피라미드의 정점이 상당히 저성토에 해당되기 때문에 성토 상부에 작용하는 상재하중의 영향이 고려되지 않는다.

따라서 Guido 법은 토목섬유 보강재에 작용하는 응력을 과소평가할 우려가 있어 토목섬유 선정에 주의해야 할 것으로 평가된다. 한편 본 방법으로 예측되는 3차원 응력감소비는 식 (2.3)과 같다.

$$S_{3D} = \frac{(s-a)}{3\sqrt{2H}} \tag{2.3}$$

2.2.4 Hewlett & Randolph 연구

Hewlett & Randolph(1988)는 실내모형실험 결과에 근거하여 성토지반 속 지반아칭을 가정하였다.[10]

지반아칭의 형상은 그림 2.7에 도시된 바와 같이 외부아치와 내부아치로 구성되어 있으며, 3차원 평면변형률 조건에서 외부아치는 지름이 말뚝중심간격 s 이고, 내부아치는 말뚝캡 사이의 순간격 $(s-a)$를 지름으로 하는 반원으로 가정하였다.

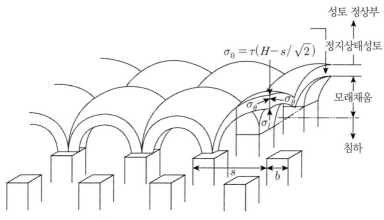

그림 2.7 Hewlett & Randolph 지반아칭 모델[10]

지반아치의 폭은 말뚝캡 폭의 절반이 된다. 지반아치 내의 요소를 해석하기 위하여 극좌표의 평형방정식을 사용하였다. 연약지반에 작용하는 응력 σ_s 는 말뚝캡 사이의 원형 아치영역에서의 한계평형을 고려함으로써 식 (2.4)와 같이 결정된다.

$$\sigma_s = \gamma\left(H - \frac{s}{2}\right)\left(\frac{s-a}{s}\right)^{K_p - 1} \tag{2.4}$$

여기서, γ = 성토재의 단위체적중량

ϕ = 성토재의 내부마찰각

a = 말뚝캡의 폭

$(s-a)$ = 말뚝캡 사이의 순간격

2.2.5 Low et al. 연구

Low et al.(1994)은 2차원 성토지지말뚝의 모형실험을 통하여 연약지반상에 작용하는 하중을 그림 2.8과 같이 산정하였다.[16]

여기서 지반아칭의 형상은 Hewlett & Randolph(1988)가 가정한 폭이 말뚝캡폭의 1/2인 지반아치를 동일하게 적용하였다.[10]

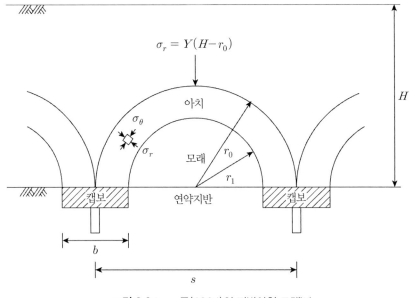

$$\sigma_r = Y(H-r_0)$$

그림 2.8 Low 등(1994)의 지반아칭 모델[16]

다른 점은 평면변형률 해석의 평형방정식에서 지반의 물체력을 고려한 것이 차이가 난다. 연약지반 작용응력 σ_s는 식 (2.5)와 같이 나타나며, 연약지반에 작용하는 불균일한 응력을 보정하기 위하여 보정계수 $\alpha\,(=0.8)$를 도입하였다.

$$\frac{\sigma_s}{\gamma H} = \frac{(K_p - 1)(1 - \delta)s}{2H(K_p - 2)} + (1 - \delta)^{K_p - 1}\left[1 - \frac{s}{2H} - \frac{s}{2H(K_p - 2)}\right] \tag{2.5}$$

여기서, δ = 면적비(area ratio)로서($\delta = a/s$)의 값

$\quad\quad K_p$ = 수동토압계수

$\quad\quad \alpha\,(= 0.8)$ = 보정계수

2.2.6 BS 8006 기준

BS 8006에 포함된 성토지지말뚝에 관한 이론식은 Jones 등(1990)에 의해 처음 제안되었다.[6] Jones 등은 단독캡을 사용한 성토지지말뚝의 3차원 지반아칭현상으로 인하여 말뚝캡 상부에 작용하게 되는 하중산정 방정식을 지하에 매설된 암거에 대한 Marston의 공식(Spangler 등, 1973)을 응용하여 제시하였다.[17] 또한 제방 표면에서의 국부적인 부등변형이 발생되지 않도록 하기 위해 제방고와 말뚝캡 간격 사이의 상호관계를 다음과 같이 유지할 것을 제안하였다.

$$H \geq 0.7(s - a) \tag{2.6}$$

여기서, a = 말뚝캡의 크기

$\quad\quad s$ = 인접한 말뚝 사이의 중심거리

$\quad\quad H$ = 성토고

말뚝캡에 작용하는 연직응력과 연약지반기초에 작용하는 평균 연직응력의 비(P'_c/σ'_v)는 다음과 같다.

$$\frac{P'_c}{\sigma'_v} = \left(\frac{C_c a}{H}\right)^2 \tag{2.7}$$

여기서, C_c = 아칭계수(표 2.1 참조)

표 2.1 성토지지말뚝으로 보강된 기초에 대한 지반아칭계수

말뚝배열	아칭계수
선단지지말뚝(견고한)	$C_c = 1.95H/a - 0.18$
마찰말뚝 또는 다른 말뚝(통상적인)	$C_c = 1.5H/a - 0.07$

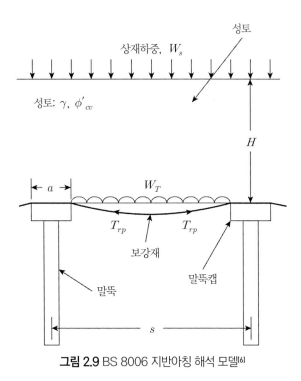

그림 2.9 BS 8006 지반아칭 해석 모델[6]

말뚝캡 사이의 보강재에 작용하는 하중(W_T)은 식 (2.8) 및 (2.9)로부터 결정된다.

$H > 1.4(s-a)$인 경우

$$W_T = \frac{1.4s\gamma(s-a)}{s^2 - a^2}\left[s^2 - a^2\frac{P_c^{'}}{\sigma_v^{'}}\right]$$

(2.8)

$0.7(s-a) \leq H \leq 1.4(s-a)$인 경우

$$W_T = \frac{s\left(\gamma H + W_S\right)}{s^2 - a^2}\left[s^2 - a^2 \frac{P_c{}'}{\sigma_v{}'}\right]$$

(2.9)

2.2.7 신영완 등의 연구

Wong & Kaiser(1988)는 지반아칭의 원리를 원형 수직구벽체에 작용하는 토압산정이론에도 적용할 수 있다.[22] 또한 신영완 등(2004)은 원형 수직구벽체에 작용하는 토압산정이론을 해석하였다.[1]

그림 2.10과 같이 흙을 담은 토조의 바닥에 설치된 트랩도어판이 아래로 이동하면 판 위에 있는 흙 또한 아래로 이동하게 된다. 이때 상자에 담긴 흙의 강도가 충분히 크다면 판과 함께 아래로 이동하는 흙과 주위의 안정한 흙 사이에 마찰이 발생하며, 이 마찰력에 의해 아래로 이동하는 흙의 자중 중 일부가 안정한 흙으로 전달된다. 결국 아래로 이동하는 판의 주변에 있는 흙에 작용하는 연직응력은 증가하는 반면, 판 위에 존재하는 흙에 작용하는 연직응력은 감소하게 된다.

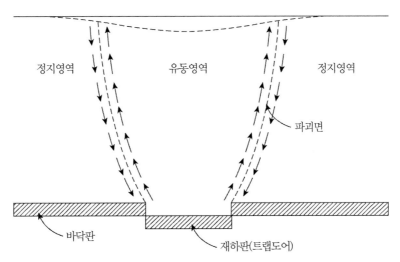

그림 2.10 아칭효과에 의한 응력 재분배(신영완, 2004)[1]

지반의 파괴면이나 벽면마찰에 의한 연직 방향 아칭이 발달하게 되면 하중이 안정된 지반이나 벽체로 전이되면서 하부에서의 하향 연직응력이 감소하고 따라서 벽체에 작용하는 수평토압은 감소하게 된다.

지속적인 응력이완이 발생하면 탄소성 거동을 일으키고, 이때 접선 방향 응력은 탄성영역에서는 더욱 증가하고 소성영역에서는 다시 감소하게 됨을 수학적으로 증명하였다.

2.3 트랩도어 모형실험[3]

2.3.1 모형실험장치[3]

모래를 채운 토조 바닥에 트랩도어를 설치하고 이 트랩도어를 서서히 아래로 내려 모래지반 내에 하향 지반변형을 발생시키면 지중에서 지반아칭이 발달하게 된다. 이 지반아칭이 발달할 때 지반변형영역, 지반아칭형상 및 응력재분배현상을 관찰하기 위해 그림 2.11의 조감도에 도시된 모형실험장치를 제작하였다. 모형실험장치는 모형토조, 지반변형제어장치 및 계측장치의 세 부분으로 구성되어 있다.

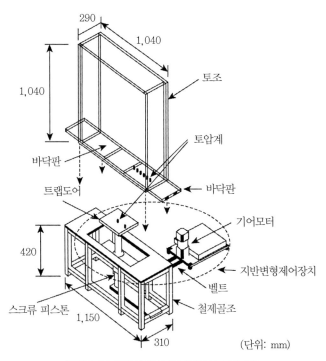

그림 2.11 지반아칭 모형실험기의 조감도[3]

(1) 모형토조와 지반변형제어장치

그림 2.12는 모형토조와 지반변형제어장치의 개략도이다. 우선 모형토조의 바닥중앙부에 트랩도어를 마련하고 스크류피스톤과 트랩도어를 일정한 속도로 서서히 하향으로 움직여 토조 속에 지반변형을 유도할 수 있게 제작하였다. 모형토조의 전면은 그림 2.12(a)에서 보는 바와 같이 길이가 100cm, 높이가 100cm인 20mm 두께의 투명한 아크릴판으로 제작하였다. 이 모형토조의 측면은 그림 2.12(b)에서 보는 바와 같이 폭을 25cm로 얇게 제작하고 토조 내부의 벽면마찰을 제거함으로써 측면 방향으로 지반이 평면변형률(plain strain) 상태에 있게 하였다. 토조 속에 모래는 90cm 높이까지 채울 수 있게 하였다.

모형토조는 그림 2.12(a) 및 (b)에서 보는 바와 같이 트랩도어의 폭을 10, 20, 30cm의 3종류로 조절할 수 있게 제작하였다. 트랩도어의 바닥판은 그림 2.12(c)의 토조 바닥부 평면도에서 보는 바와 같이 바닥판(bottom plate)을 수평으로 트랩도어의 폭에 맞게 양쪽에서 밀어 넣어 조절할 수 있게 하였다.

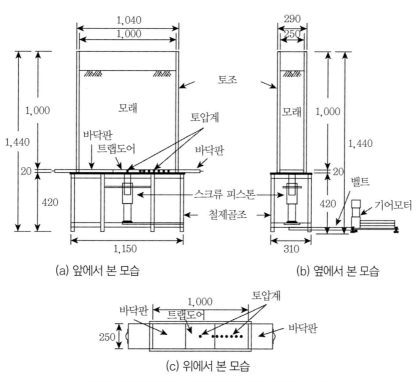

(a) 앞에서 본 모습   (b) 옆에서 본 모습

(c) 위에서 본 모습

그림 2.12 지반아칭 모형실험기의 개략도(단위: mm)[3]

트랩도어는 강판으로 제작하여 298kN·m 용량의 기어모터로 1~4mm/min의 속도로 작동되는 스크류피스톤에 연결하였다. 이때 기어모터는 스크류피스톤에서 충분히 떨어져 있는 위치의 방진매트 위에 설치함으로써 모터의 진동이 모형토조에 전달되지 않도록 안전하게 설치하였다.

이 모형토조는 그림 2.12(a)와 (b)에서 보는 바와 같이 강재골재지지대 위에 올려놓을 수 있게 하였다. 그리고 이 지지대 속에 지반변형제어장치를 넣고 고정시킬 수 있게 하였다. 골조지지대의 높이는 40cm로 하였으므로 지반변형제어장치의 높이도 40cm로 하였다. 트랩도어의 최대하강변위는 10cm까지로 하였다.

(2) 계측 및 기록장치

본 모형실험에서는 트랩도어의 변위와 토조 바닥에 작용하는 연직토압을 함께 측정하였다. 트랩도어를 2mm/min의 일정한 속도로 하강시키면서 모형실험을 실시하므로 시간을 측정하여 트랩도어의 변위를 산정할 수 있었다. 연직토압은 트랩도어와 토조 바닥판에 설치된 토압계로 측정하였다.

토압계(제작사: SSK Sokki, 모델명: P306V)는 직경 1.0cm, 높이 0.7cm의 초소형 사이즈로서 최대 $0.5kgf/cm^2$까지의 토압을 측정할 수 있다. 이 토압계를 트랩도어와 토조 바닥판에 미리 정해진 위치에 설치하여 실시간으로 토압을 측정할 수 있게 하였다.

토압계 설치 위치는 그림 2.13에서 보는 바와 같이 트랩도어의 중앙과 끝 부분 그리고 바닥판의 단부에서부터 일정한 간격으로 설치하였다.

토압계를 이용하여 측정된 토압은 데이터로더(Data loader, UCAM-20PC)를 통하여 컴퓨터에 자동 저장된다.

그림 2.13에서 보는 바와 같이 트랩도어 폭이 10, 20, 30cm인 경우의 토압계 설치위치 평면도는 그림 2.13(a), (b) 및 (c)와 같으며 토압계의 단면도는 그림 2.14와 같다. 즉, 위에서 설명한 대로 토압계 설치 위치는 그림 2.13과 같이 트랩도어 플레이트 중앙과 끝 그리고 슬라이딩 플레이트 끝에서부터 일정한 간격으로 설치하였다.

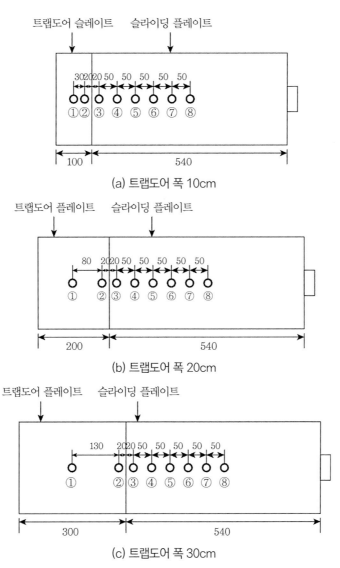

(a) 트랩도어 폭 10cm

(b) 트랩도어 폭 20cm

(c) 트랩도어 폭 30cm

그림 2.13 토압계 설치 위치 평면도(단위: mm)

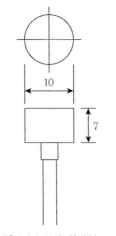

그림 2.14 토압계(단위: mm)

(3) 모형지반

모형실험에서는 북한강모래를 시료로 사용하였다.[3] 사용시료의 비중은 2.55이며 입도D10, D30, D60에서의 입경은 각각 0.23, 0.51, 1.18mm로 나타났다. 균등계수와 곡률계수는 각각 5.13 및 0.96이다. KS F2345에 의하여 구한 최대건조밀도와 최소건조밀도는 각각 17.0kN/m³와 15.4kN/m³로 나타났다.

느슨한 밀도 지반, 중간 밀도 지반 및 조밀한 밀도 지반 조건에서의 지반아칭현상을 비교·분석하기 위해 상대밀도(D_r)가 각각 40, 60, 80%가 되도록 세 종류의 상대밀도를 가지는 모형지반을 조성하였다. 느슨한 밀도 지반과 중간 밀도 지반을 나타내는 상대밀도 40%와 60%인 지반은 각각 50cm와 96cm 높이에서 공중낙하법(air-pluviation)으로 모래를 낙하시켜 모형지반을 조성하였다. 그러나 상대밀도 80%의 경우는 공중낙하법으로 조성되지 않아 단위체적중량에 맞추어 중량을 계량한 후 층별 다짐을 실시하여 조성하였다.

2.3.2 모형실험계획

모형실험은 지반의 밀도와 트랩도어의 폭을 변화시킨 경우를 대상으로 실시하여 지반밀도와 트랩도어 폭의 영향을 조사할 수 있도록 실험계획을 짰다.

지반은 느슨한 밀도 지반, 중간 밀도 지반, 조밀한 밀도 지반의 세 종류의 지반을 나타낼 수 있도록 상대밀도를 각각 40, 60, 80%인 경우를 대상으로 하였고 트랩도어의 폭은 10, 20,

30cm의 세 경우에 대하여 실험을 실시하였다. 결국 이들 세 종류의 지반에 세 가지 트랩도어 폭에 대한 실험으로 표 2.2에 정리된 바와 같이 모두 9가지 경우의 모형실험이 가능하였다.

표 2.2에 기술된 실험 번호의 두 번째 숫자는 지반밀도를 의미하고 세 번째 숫자는 트랩도어 폭을 의미한다. 예를 들어, 시험번호 T41은 상대밀도 40% 지반에서 트랩도어 폭이 10cm인 경우를 의미한다.

표 2.2 모형실험계획[3]

실험 번호	모래의 상대밀도 D_r(%)	트랩도어 폭 B(m)	모래 단위무게 γ(kN/m³)	Remarks
T41		0.1		
T42	40	0.2	15.7	느슨한 모래
T43		0.3		
T61		0.1		
T62	60	0.2	16.0	중간 밀도 모래
T63		0.3		
T81		0.1		
T82	80	0.2	16.3	조밀한 모래
T83		0.3		

실험은 개략적으로 다음 순서로 실시하였다.

① 토조와 지반시료 사이의 토조벽면마찰을 제거하기 위해 토조 내부벽면에 오일을 바른 후 얇은 비닐랩을 부착시킨다.

② 토압계를 트랩도어와 토조 바닥판에 설치한 후 데이터로더와 기록장치에 연결하고 토압계의 영점을 조절한다.

③ 토조를 강제지지대 위에 설치한다.

④ 지반변형제어장치를 강재지지대 속으로 밀어 넣는다.

⑤ 토조 바닥판을 양쪽에서 밀어 넣어 정해진 트랩도어의 폭을 조절한다.

⑥ 정해진 상대밀도에 따라 모형지반을 조성한다.

⑦ 지반변형제어장치를 2mm/min의 속도(변형제어방식)로 작동하여 트랩도어를 연직하 방향으로 하강시킨다. 이 변형속도는 일반적인 토질시험에서의 전단속도에 해당한다.

⑧ 트랩도어의 변위와 연직토압을 측정한다.

2.4 모형실험 결과[3]

2.4.1 트랩도어판 위의 토압 변화

　그림 2.15, 그림 2.16, 그림 2.17은 각각 상대밀도가 40%, 60%, 80%인 지반에서 트랩도어 폭이 10cm, 20cm, 30cm인 경우 트랩도어상에 설치된 1번 토압계와 2번 토압계의 측정 결과를 분석한 그림이다.

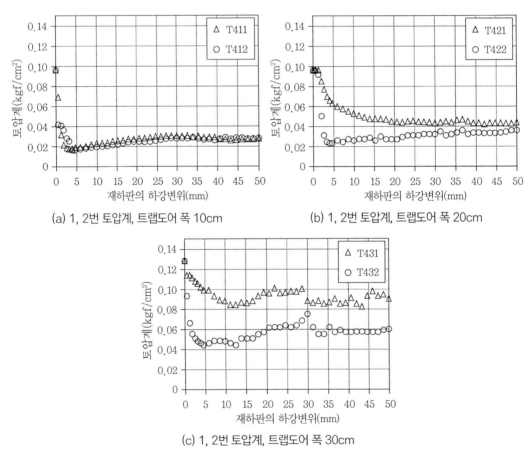

(a) 1, 2번 토압계, 트랩도어 폭 10cm

(b) 1, 2번 토압계, 트랩도어 폭 20cm

(c) 1, 2번 토압계, 트랩도어 폭 30cm

그림 2.15 트랩도어 폭과 재하 변위에 따른 토압의 변화(1, 2번 토압계)(D_r =40%)

그림 2.15, 그림 2.16, 그림 2.17(a)에서 보는 바와 같이 트랩도어 폭이 10cm일 때는 상대밀도에 상관없이 1번 토압계와 2번 토압계로 측정된 두 토압의 변화는 비슷한 거동을 보인다.

하지만 트랩도어 폭이 20cm인 2.17(b)의 경우는 1번 토압계와 2번 토압계로 측정된 두 토압의 거동에는 점차 차이가 났다. 또한 2.17(c)의 경우는 트랩도어 중앙의 1번 토압계는 트랩도어 양단부의 2번 토압계보다 토압이 작은 것을 확인할 수 있다.

그 이유는 트랩도어를 하강시킴에 따라 지반 속에 지반아칭의 발생으로 트랩도어 양단부의 토압이 크게 줄어들었기 때문이다.

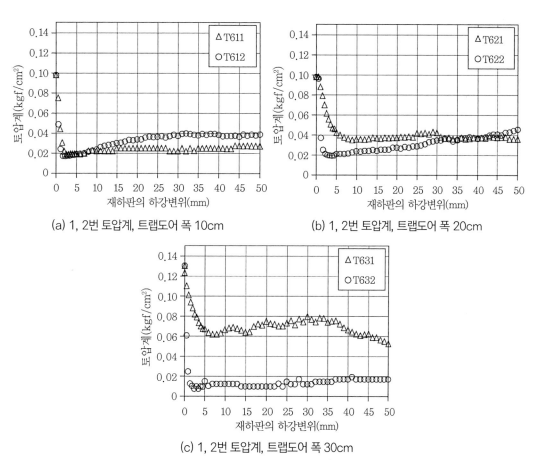

(a) 1, 2번 토압계, 트랩도어 폭 10cm

(b) 1, 2번 토압계, 트랩도어 폭 20cm

(c) 1, 2번 토압계, 트랩도어 폭 30cm

그림 2.16 트랩도어 폭과 재하 변위에 따른 토압의 변화(1, 2번 토압계)(D_r =60%)

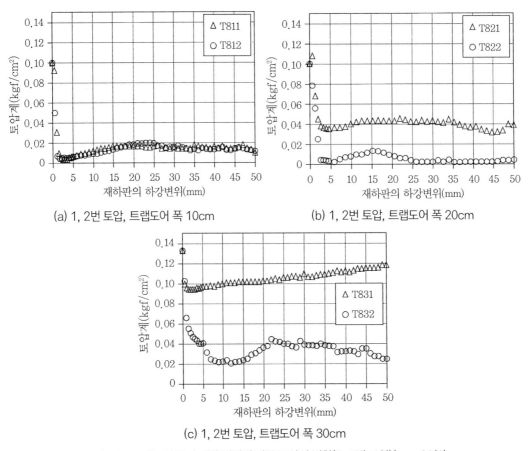

(a) 1, 2번 토압, 트랩도어 폭 10cm

(b) 1, 2번 토압, 트랩도어 폭 20cm

(c) 1, 2번 토압, 트랩도어 폭 30cm

그림 2.17 트랩도어 폭과 재하 변위에 따른 토압의 변화(1, 2번 토압)($D_r = 80\%$)

2.4.2 지반아칭에 의한 응력전이 현상

그림 2.18, 2.19, 2.20은 상대밀도가 각각 40, 60, 80%인 지반에서 트랩도어 폭이 10, 20, 30cm인 경우 트랩도어 양단부에 설치된 2번 토압계와 트랩도어 인접 외측부에 설치된 3번 토압계로 측정한 토압의 변화를 분석한 그림이다.

각 (a) 그림과 같이 트랩도어 폭이 10cm일 때는 상대밀도가 40, 60, 80%인 지반에서의 두 토압의 변화를 살펴보면 2번 토압계의 토압은 줄어들지만 인접부에 설치된 3번 토압계의 토압은 증가하는 거동을 보인다.

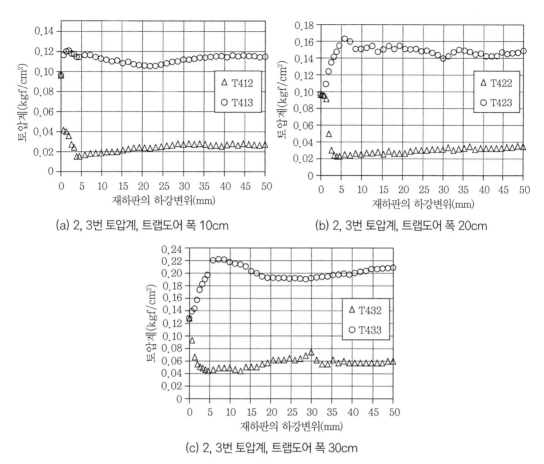

(a) 2, 3번 토압계, 트랩도어 폭 10cm   (b) 2, 3번 토압계, 트랩도어 폭 20cm

(c) 2, 3번 토압계, 트랩도어 폭 30cm

그림 2.18 트랩도어 폭과 재하판 변위에 따른 토압의 변화(2, 3번 토압)(D_r = 40%)

한편 각 (b) 그림과 같이 트랩도어 폭이 20cm일 때는 점차 두 토압의 차이가 크게 벌어지며, 각 (c) 그림에서와 같이 트랩도어 폭이 30cm일 때는 3번 토압계의 토압은 확연히 증가하는 거동을 확인할 수 있다.

이와 같이 인접한 두 토압의 차이가 나는 이유는 트랩도어를 하강시킴에 따라 지반아칭현상이 발생하면서 하중전이가 발생함에 따라 트랩도어 양단부의 토압은 크게 감소하지만 트랩도어 인접부에 작용하는 토압은 지반아칭현상을 유지하기 위해 토압이 증가하였기 때문이다.

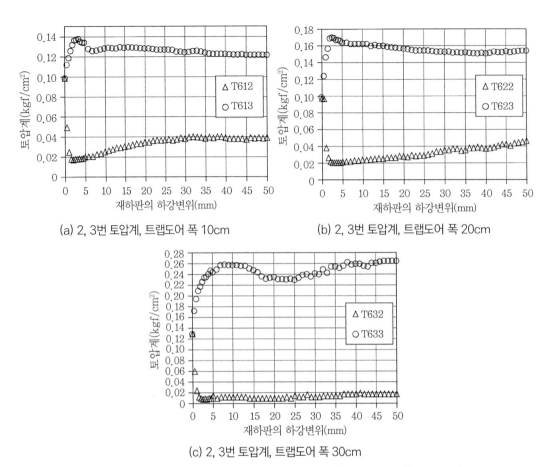

(a) 2, 3번 토압계, 트랩도어 폭 10cm

(b) 2, 3번 토압계, 트랩도어 폭 20cm

(c) 2, 3번 토압계, 트랩도어 폭 30cm

그림 2.19 트랩도어 폭과 재하 변위에 따른 토압의 변화(2, 3번 토압계)(D_r=60%)

그림 2.21은 지반아칭 모형실험 시 트랩도어판 양단부 토압이 최저점일 때의 슬라이드바에 설치된 3번 토압계의 토압값을 상대밀도별로 분석한 결과이다.

우선 트랩도어판 폭이 10cm인 경우는 상대밀도가 증가할수록 토압이 증가하는 경향을 보인 후 상대밀도 80%에서는 상대밀도 60%에서와 같은 토압을 보인다.

한편 트랩도어판 폭이 20cm인 경우도 상대밀도가 증가할수록 토압이 증가하는 경향을 보인 후 상대밀도 80%에서는 상대밀도 40%에서보다 토압이 낮은 경향을 보였다.

그러나 트랩도어판 폭이 30cm인 경우는 트랩도어판 폭이 20cm인 경우와 동일하게 상대밀도가 증가할수록 토압이 증가하는 경향을 보인 후 상대밀도 80%에서는 상대밀도 40%보다 토압이 낮은 경향을 보이게 되었다.

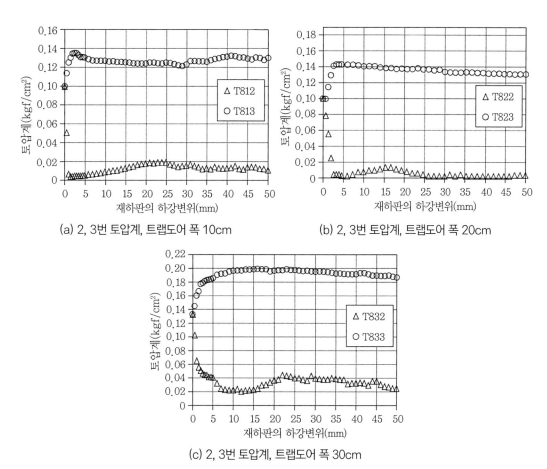

(a) 2, 3번 토압계, 트랩도어 폭 10cm

(b) 2, 3번 토압계, 트랩도어 폭 20cm

(c) 2, 3번 토압계, 트랩도어 폭 30cm

그림 2.20 트랩도어 폭과 재하변위에 따른 토압의 변화(2, 3번 토압)(D_r =80%)

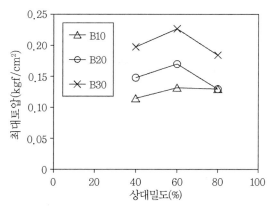

그림 2.21 2번 측점위치에서의 토압이 최저일 때 3번 측점에서의 토압

그림 2.22는 지반아칭 실험 시 트랩도어판이 5mm 하강할 때 양단부 토압이 최저점일 때의 토압과 슬라이드바에 설치된 3번 토압계의 토압값을 상대밀도별로 분석한 결과이다.

트랩도어판 폭이 10cm인 경우 상대밀도가 증가할수록 2번 측점에서의 토압은 감소하는 반면 상대적으로 3번 측점에서의 토압은 증가하는 경향을 보인다.

반면에 트랩도어판 폭이 20cm인 경우에도 상대밀도가 증가할수록 2번 측점에서의 토압은 감소하지만 3번 측점에서의 토압은 증가하는 경향을 보인다.

끝으로 트랩도어판 폭이 30cm인 경우는 2번 측점에서의 토압의 경우는 상대밀도의 차이 영향은 별로 없지만 3번 측점에서의 토압은 상대밀도가 증가할수록 증가하는 경향을 보인다.

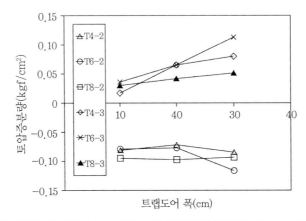

그림 2.22 2번 측점과 3번 측점에서의 토압증분(트랩도어판 5mm 하강 시)

이 결과는 Ladanyi & Hoyaux(1969)[15]이 언급한 것처럼 유동영역에서의 토압이 줄어드는 반면에 정지영역에서는 토압이 증가하므로 이는 이완영역에서의 하중을 정지영역으로 전이시키는 거동을 나타내고 있음을 의미한다. 따라서 지반아칭에 의한 응력전이 현상을 모형실험으로 확인할 수 있었다.

2.4.3 트랩도어 판 외측 토압변화

그림 2.23(a), 그림 2.24(a) 및 그림 2.25(a)는 각각 상대밀도가 40, 60, 80%인 지반에서 트랩도어 폭이 10cm로 좁은 경우일 때 토조 바닥에 설치한 4번 토압계와 5번 토압계 위치에서 측정한 토압거동을 비교·분석한 결과이다.

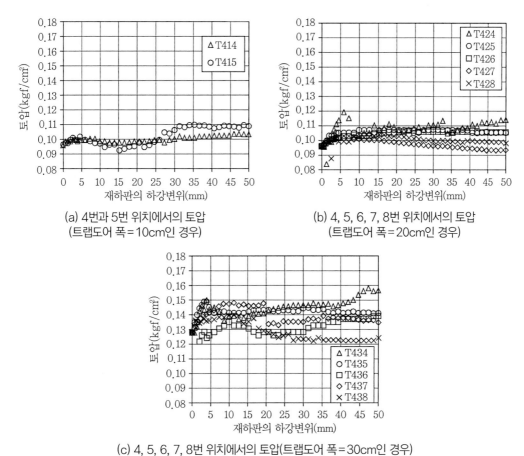

(a) 4번과 5번 위치에서의 토압
(트랩도어 폭＝10cm인 경우)

(b) 4, 5, 6, 7, 8번 위치에서의 토압
(트랩도어 폭＝20cm인 경우)

(c) 4, 5, 6, 7, 8번 위치에서의 토압(트랩도어 폭＝30cm인 경우)

그림 2.23 트랩도어 폭과 재하판 변위에 따른 토압의 변화($D_r = 40\%$)

　즉, 이들 그림은 트랩도어판이 하강 이동할 때 트랩도어판 외측 토조 바닥판에 작용하는 토압은 어떤 거동을 하는가 관찰하기 위해 실시한 모형실험 결과를 정리한 그림이다.

　반면에 그림 2.23과 그림 2.24(b)와 2.24(c)는 상대밀도가 40, 60, 80%인 지반에서 트랩도어 폭이 각각 20cm와 30cm인 경우일 때 토조 바닥에 설치한 4, 5, 6, 7, 8번 토압계 위치에서 측정한 토압의 변화를 분석한 결과이다.

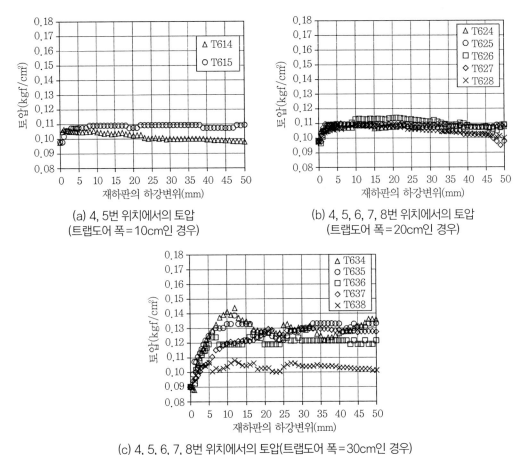

(a) 4, 5번 위치에서의 토압
(트랩도어 폭＝10cm인 경우)

(b) 4, 5, 6, 7, 8번 위치에서의 토압
(트랩도어 폭＝20cm인 경우)

(c) 4, 5, 6, 7, 8번 위치에서의 토압(트랩도어 폭＝30cm인 경우)

그림 2.24 트랩도어 폭과 재하판 변위에 따른 토압의 변화(D_r＝60%)

전체적인 거동을 분석한 결과 앞서 측정한 1번 토압계, 2번 토압계 및 3번 토압계 위치에서의 토압의 거동과는 다르게 4번 토압계, 5번 토압계, 6번 토압계, 7번 토압계 및 8번 토압계 위치에서의 토압의 거동은 그 변화가 매우 작은 것을 확인할 수 있었다.

또한 트랩도어 폭의 변화에 따라 토압의 거동이 조금씩 다르게 변화하는 것을 확인할 수 있었다. 즉, 트랩도어 폭이 10cm인 경우는 토압의 변화량이 최대 0.02kgf/cm²로 매우 작은 변화량을 보였지만 트랩도어 폭이 30cm인 경우는 토압의 변화량이 최대 0.06kgf/cm²로 변화하는 것을 확인할 수 있었다. 이는 트랩도어의 폭이 증가할수록 지반아칭현상 발달 시 작용하는 토압은 지반아칭의 영향범위가 증가함으로 인해 지반아칭영역 밖의 정지영역에서의 하중도 조금씩 증가하는 것을 의미한다.

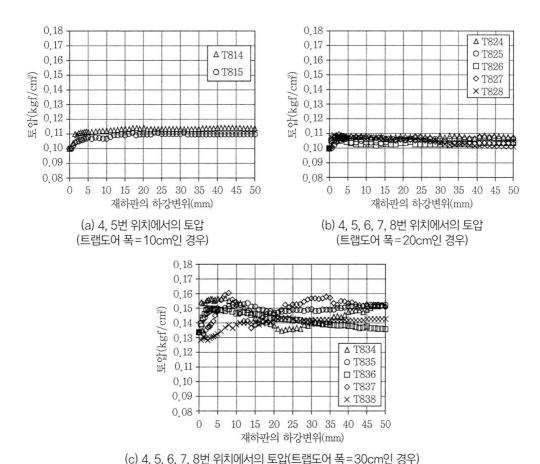

(a) 4, 5번 위치에서의 토압
(트랩도어 폭＝10cm인 경우)

(b) 4, 5, 6, 7, 8번 위치에서의 토압
(트랩도어 폭＝20cm인 경우)

(c) 4, 5, 6, 7, 8번 위치에서의 토압(트랩도어 폭＝30cm인 경우)

그림 2.25 트랩도어 폭과 재하판 변위에 따른 토압의 변화(D_r ＝80%)

이상의 모형실험 결과의 고찰을 통해 트랩도어판을 하강시키면 트랩도어판 위의 유동영역에서는 토압이 감소하고 트랩도어판 외측 정지영역에서의 토압은 증가하여 지반아칭현상 발달에 의한 응력전이가 발생하였음을 알 수 있다.

| 참고문헌 |

(1) 신영완(2004), '사질토 지반에 설치된 원형수직구의 흙막이벽에 작용하는 토압', 한양대학교 박사학위논문.

(2) 홍원표·송영석(2004), '측방변형지반속 줄말뚝에 작용하는 토압의 산정법', 한국지반공학회논문집, 제20권, 제3호, pp.13-22.

(3) 홍원표·김현명(2014), '입상체로 구성된 지반 속에 발생하는 지반아칭과 이완영역에 관한 모형실험', 한국지반공학회논문집, 제30권, 제8호, pp.13-24.

(4) Atkinson, J.H. and Potts, D.M.(1977), "Stability of a shallow circular tunnel in cohesionless soil", *Geotechnique*, Vol.27, No.2, pp.203-215.

(5) Balla, A.(1963), "Rock pressure determined from shearing resistance", *Proceeding. Int. Conf. Soil Mechanics*, Budapest, p.461.

(6) British Standard Institution(1995), "BS 8006 ; Code of practice for strengthened/reinforced soils and other fills", London.

(7) Carlsson, B.(1987), "Almerad jord-berakning sprinciper for-bankar påpå1ar", Rerranova, Distr, SGI Linkoping.

(8) Handy, R.L.(1985), "The arch in soil arching", *Journal of Geotechnical Engineering*, ASCE, Vol.111, No.3, pp.302-318.

(9) Harris, G.W.(1974), "A sandbox model used to examine the stress distribution around a simulated longwall coal-face", *International Journal of Rock Mechanics, Miming Sciences and Geomechnical Abstracts, Pergamon Press*, Vol.11, pp.325-335.

(10) Hewlett, W.J. and Randolph, M.F.(1988), "Analysis of piled embankments", *Ground Engineering*, London Eng1and, Vol.21, No.3, pp.12-18.

(11) Hong, W.P., Lee, K.W. and Lee, J.H.(2007), "Load transfer by soil arching In pile-supported embankments", *Soils and Foundations*, Vol.47, No.5, pp.833-843.

(12) Janssen, H.A.(2006), "Experiments on corn pressure in silo cells-translation and comment of Janssen's paper from 1895", *Granular Mater*, Vol.8, pp.59-65.

(13) Kellog, C.G.(1993), "Vertical earth loads on buried engineered works", *Journal of Geotechnical Engineering*, ASCE, Vol.119, No.3, pp.487-506.

(14) Kingsley, O.H.W.(1989), "Geostatic wall pressures", *Journal of Geotechnical Engineering*, ASCE, Vol.115, No.9, pp.1321-1325.

(15) Ladanyi, B. and Hoyaux, B.(1969), "A study of the Trap door problem in a granular mass", *Canadian Geotechnical Journal*, Vol.6, No.1, pp.1-14.

(16) Low, B.K. Tang, S.K and Choa, V.(1994), "Arching in piled embankments", Journal of Geotechnical Engineering, ASCE, Vol.120, No.11 pp.1917-1937.

(17) Marston, A. and Anderson, A. O.(1913), "The theory of loads on pipes in ditches and tests of cement and clay drain tile and sewer pipe", *Bulletin 31, Iowa Engineering Experiments Station*, Ames, Iowa.

(18) Matsui, T., Hong, W.P. and Ito, T.(1982), "Earth pressures on piles in a row due to lateral soil movements", *Soils and Foundations*, Vol.22, No.2, pp.71-81.

(19) Terzaghi, K.(1936), "Stress distribution in dry and in saturted sand above a yielding trap-door", *Proceedings of First International Conference on Soil Mechanics and Foundation Engineering*, Cambridge, Massachusetts, pp.307-311.

(20) Terzaghi, K.(1943), *Theoretical Soil Mechanics*, John Wiley and Sons, New York, pp.66-76.

(21) Timoshenko, S.P., Goodier, J.N.(1970), Theory of Elasticity, McGraw-Hill, New York.

(22) Wong, R.C.K. and Kaiser, P.K.(1988), "Design and performance evaluation of vertical shafts: rational shaft design method and verification of design method", *Canadian Geotechnical Journal*, Vol.25, No.2, pp.320-337.

(23) Yoshikoshi, W.(1976), "Vertical earth pressure on a pipe in the ground", *Soils and Foundations*, Vol.16, No.2, pp.31-41.

Chapter

03

트렌치 내에서
흙 입자의 평행이동에 의한
지반아칭

트렌치 내에서 흙 입자의 평행이동에 의한 지반아칭

Chapter 03

3.1 서 론

지중에 매설관을 설치할 때 주로 트렌치를 굴착하고 관을 매설한다. 이처럼 현대사회에서는 하수, 가스, 상수, 통신선 및 교통 환기 목적의 각종 도시공급시설용 매설관이 지중에 많이 설치된다.

이들 매설관을 도시 내에서 설치할 때 트렌치를 굴착하게 되고 매설관 설치 후에는 트렌치 내에 양질의 토사를 채워 뒤채움 매립을 한다. 이때 매설관을 안전하게 설치하기 위해서는 매설관에 작용하는 연직토압을 올바르게 산정해야 된다. 그러나 매설관에 작용하는 연직토압은 트렌치 내의 되메움 토사의 침하와 트렌치 벽면 사이의 마찰에 의해 발달하는 지반아칭현상에 영향을 받아 결정된다.[17,32,33]

현재 가장 많이 사용되는 방법은 Marston[21,22]의 방법이다. 트렌치 되메움 토사 속에서 발달하는 지반아칭은 현재 가장 많이 알려진 현상으로 뒤채움 매립영역에서 주변지반으로의 응력이 전이되는 현상으로 여겨지고 있다.[31] 지금까지 여러 학자들에 의해 이 지반아칭 연구가 진행되었다.[7,12-14,23]

Janssen(1895)은 곡물 저장 사일로 설계에 지반아칭 원리에 근거한 접근을 시도한 바 있다.[16] 이는 곡물이 입상체 흙과 유사한 재료로서 사일로에 채워져 있을 때 지반아칭이 발달할 수 있으며, 이때 사일로 벽체에 압력(곡물압력)이 가해지기 때문이다. 이 '사일로이론'은 Handy (1985)[9]에 의해 지반아칭으로 옹벽에 작용하는 토압연구에 응용되었다.[1]

이러한 지반아칭에 관한 연구는 최근 Hong et al.(2007)에 의해 말뚝으로 지지된 성토 내에 발달한 지반아칭으로 성토하중이 말뚝에 전달되는 연구에 응용되기도 하였다.[7,12-15] 또한 억지말뚝 해석에 지반아칭의 원리가 적용되기도 하였다.[2,23] 그 밖에도 터널 위에 작용하는 연직응력도 지반아칭의 또 다른 현상에 의한 결과라고 할 수 있다.[3-4,31]

Marson(1930),[21] Christensen(1967)[8] 및 Handy(1985)[9]는 트렌치 뒤채움 시 매설관에 작용하는 연직하중에 미치는 지반아칭 효과를 조사하였다. 트렌치 뒤채움 시 흙 입자는 하방향으로 이동하려 한다. 그러나 흙 입자가 하방향으로 이동하려할 때 트렌치 벽면에서는 전단저항이 발생한다. 이 벽면마찰은 트렌치 바닥에 작용할 연직토압을 감소시킨다. Marson(1930)[21]은 입상체 내 수평단면에 작용하는 연직압을 산정할 수 있도록 Janssen의 사일로 접근법[16]을 처음으로 지반공학에 접목시켰다.

제3장에서는 제2장의 트랩도어 연구[20,24,30]에 이어 트렌치에 대한 일련의 모형실험을 실시하여 트렌치 바닥에 작용하는 연직토압을 관찰하였다.[29] 특히 이들 모형실험에서는 벽면마찰, 뒤채움토사의 단위중량, 트렌치 폭의 영향에 대하여 집중적으로 조사·관찰하였다.

3.2 기존 연구 검토

지반아칭은 뒤채움토사의 하중의 일부를 수평 방향으로 전이시키는 현상이다.[28] 이에 대한 여러 연구를 통하여 트렌치 내의 연직토압을 주변으로 전이시키는 방법을 규명하였다. 그 밖에도 지중의 터널이나 옹벽에 작용하는 토압을 산정하는 데도 지반아칭의 원리를 활용하였다.[1,5]

Marson(1930)은 트렌치 내 뒤채움 시 흙 입자들 사이에 발달하는 연직토압을 예측하기 위해 Janssen의 사일로 접근법[16]을 처음으로 지반공학에 적용하였다.[6] 구조물에 적용하는 최대 하중만을 고려하기 위하여 흙 입자의 접착력 c는 고려하지 않았다. 원래 겉보기점착력은 강우에 의해 발휘되므로 고려하지 않았다.

그림 3.1에서 보는 바와 같이 Marson(1930)은 트렌치 뒤채움토사 내부 프리즘 요소의 연직 평형 조건으로부터 식 (3.1)을 구했다.[21]

$$B(\sigma_v + d\sigma_v) = B\sigma_v + \gamma Bdh - 2K\mu\sigma_v dh \tag{3.1}$$

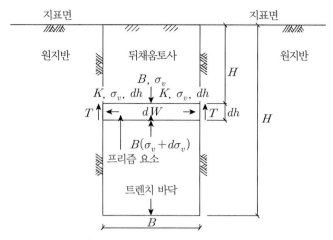

그림 3.1 Marson(1930)의 프리즘 요소[21]

미분방정식 (3.1)의 일반해는 식 (3.2)와 같이 구해지며 이 식이 Marson의 식이 된다.

$$\sigma_v = \frac{\gamma B}{2K\mu}\left[1 - \exp\left(-2K\mu\frac{h}{B}\right)\right] \tag{3.2}$$

여기서, γ, B 및 h는 각각 뒤채움토사의 단위체적중량, 트렌치 폭 및 뒤채움토사의 높이이다. $\mu = \tan\delta$는 트렌치 벽면(원지반 벽면)과 뒤채움토사 사이의 벽마찰계수이다. δ는 벽면과 뒤채움토사 사이의 마찰각이고 K는 토압계수이다. Rankine 주동토압계수 K_a는 식 (3.3)과 같다.

$$K_a = \tan^2\left(45° - \frac{\phi}{2}\right) \tag{3.3}$$

여기서, ϕ는 트렌치 뒤채움토사의 내부마찰각이다.

한편 Terzaghi(1943)는 그림 3.2에 도시된 바와 같이 뒤채움토사의 점착력 c와 지표면에 상재하중 q를 고려하여 Marson 식을 발전시켰다.[15,31]

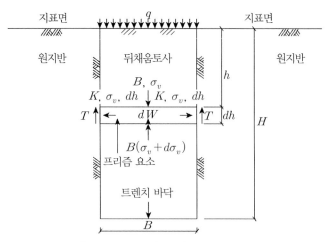

그림 3.2 Terzaghi(1943)의 프리즘 요소[31]

Terzaghi(1943)는 그림 3.2에 도시된 트렌치 내부 뒤채움토사의 프리즘 요소에 작용하는 힘의 연직평형 조건으로부터 식 (3.4)를 구했다.

$$B(\sigma_v + d\sigma_v) = B\sigma_v + \gamma Bdh - 2(c + K\sigma_v \tan\phi)dh \tag{3.4}$$

미분방정식 식 (3.4)의 일반해는 식 (3.5)와 같다.

$$\sigma_v = \frac{\gamma B - 2c}{2K\tan\phi}\left[1 - \exp\left(-2K\tan\phi\frac{h}{B}\right)\right] + q\exp\left(-2K\tan\phi\frac{h}{B}\right) \tag{3.5}$$

식 (3.5)는 $c \neq 0$, $q \neq 0$인 경우의 연직토압식이 된다.

식 (3.5)에 $c = 0$, $q = 0$을 대입하면 식 (3.5)는 (3.6)이 된다.

$$\sigma_v = \left(\frac{\gamma B}{2K\tan\phi}\right)\left[1 - \exp\left(-2K\tan\phi\frac{h}{B}\right)\right] \tag{3.6}$$

만약 $c \neq 0$, $q = 0$이면, 식 (3.5)는 (3.7)과 같이 구해진다.

$$\sigma_v = \left(\frac{\gamma B - 2c}{2K\tan\phi}\right)\left[1 - \exp\left(-2K\tan\phi\frac{h}{B}\right)\right] \tag{3.7}$$

여기서, γ, B, h 및 q는 각각 뒤채움토사의 단위체적중량, 트렌치 폭, 뒤채움토사의 높이 및 상재하중이다. 또한 $\mu = \tan\phi$는 뒤채움면(원지반 벽면)과 뒤채움토사 사이의 벽면마찰계수이다. 단 ϕ는 뒤채움토사의 내부마찰각이고 K는 연직응력에 대한 수평응력의 비인 토압계수이다.

그러나 Krynine(1945)는 주동토압계수 K_a를 사용하는 것이 부적절함을 증명하였다.[19] 왜냐하면 K_a는 최소주응력과 최대주응력의 비이기 때문이다. Rankine 주동토압계수 K_a는 주응력면에 전단력이 없다는 조건을 필요로 한다. 그러나 실제는 트렌치 벽면에 전단이 발생한다. 그러므로 Krynine(1945)는 마찰이 충분히 발휘된 상태에서의 Mohr원을 사용하여 새로운 토압계수 K_k를 식 (3.8)과 같이 제안하였다.[19]

$$K_k = \frac{\cos^2\phi}{2 - \cos^2\phi} = \frac{1 - \sin^2\phi}{1 + \sin^2\phi} \tag{3.8}$$

한편 Handy(1985)는 트렌치 내 연직응력을 현수식 아치를 사용하여 산정하는 이론을 제안하여 식 (3.9)와 같은 식을 제안하였다.[9-11]

$$\sigma_v = \left(\frac{\gamma B}{2K_w\tan\phi}\right)\left[1 - \exp\left(-2K_w\tan\phi\frac{h}{B}\right)\right] \tag{3.9}$$

여기서 K_w는 식 (3.10)과 같다.

$$K_w = \frac{\cos^2\theta_w + K_a\sin^2\theta_w}{\sin^2\theta_w + K_a\cos^2\theta_w} \tag{3.10}$$

여기서, θ_w는 트렌치 벽면에서 최소주응력과 수평면 사이의 각도이다. 부드러운 벽면에서는 $\theta_w = 90°$일 때 K_w는 식 (3.3)의 Rankine 주동토압계수 K_a와 같아진다. K_w는 거친 벽면에서

$\theta_w = 45° + \phi/2$이면 식 (3.8)의 K_k와 같아진다. $\mu = \tan\delta$는 뒤채움면과 뒤채움토사 사이의 벽마찰계수이다. 측벽면에서는 $\delta = \phi$이 된다고 하였다.

Wetzorke(1960)는 Marston 이론을 검토하여 느슨한 모래와 조밀한 모래의 적절한 토압계수 K는 각각 0.5와 1.0이라고 제안하였다.[6] Christensen(1967)은 토압계수 K_k를 식 (3.8)과 같이 제안하였다.[8]

한편 Prakash and Sharma(1990)는 실제 설계에서 벽체의 마찰각 δ를 $(2/3)\phi$로 가정하였다.[27]

Pirapakaran and Sivakugan(2007a)는 Marston 식을 평면변형률상태가 아닌 경우에 확장 적용하였다.[25,26] 즉, 사각형 트렌치(폭이 B이고 길이가 L인 트렌치)의 경우 연직토압은 식 (3.11)과 같다.

$$\sigma_v = \left(\frac{\gamma B - 2c}{2K\mu}\right)\left(\frac{L}{L+B}\right)\left[1 - \exp\left(-2K\mu\left(\frac{B+L}{BL}\right)h\right)\right] \qquad (3.11)$$

정방형이나 원형 트렌치의 경우 식 (3.11)은 (3.12)와 같이 된다.

$$\sigma_v = \left(\frac{\gamma B - 2c}{4K\mu}\right)\left[1 - \exp\left(-\frac{4K\mu}{B}z\right)\right] \qquad (3.12)$$

유한요소해석에서는 정지토압계수 K_0와 $\delta = \tan(2/3)\phi$를 사용하였다.

최근 백규호(2003)는 강성옹벽 배면의 흙 입자의 평행이동에 의한 지반아칭현상을 고려하여 강성옹벽에 작용하는 주동토압을 산정하는 연구를 수행하였다.[1,18]

3.3 트렌치 모형실험

3.3.1 모형실험장치

모형실험장치는 그림 3.3의 조감도에서 보는 바와 같이 두 부분으로 구성되어 있다. 하나는 상부의 트렌치 모형토조(soil container box)이고 다른 하나는 이 모형토조를 놓을 수 있는 단단한 테이블이다.

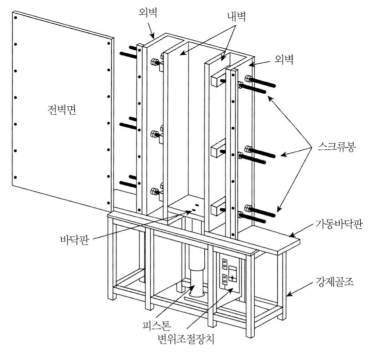

외벽 내벽 외벽 스크류봉 가동바닥판 강제골조 바닥판 전벽면 피스톤 변위조절장치

그림 3.3 모형실험장치 조감도

모형실험장치는 트렌치 내부 흙 입자들의 평행이동에 의한 지반변형의 모형실험을 실시하기 위한 모형실험장치이다. 이 모형실험장치는 토조 내부 지반변형의 관찰이 용이하게 투명 아크릴로 제작하였다. 또한 이 모형실험장치는 크게 모형토조, 지반변형제어장치 및 계측장치의 세 부분으로 구성되어 있다고 할 수 있다.

모형토조는 그림 3.4에서 보는 바와 같이 외벽, 내벽 및 바닥판으로 구성되어 있다. 외벽과 내벽은 모두 직경 16mm, 길이 400mm의 스크류봉과 너트로 연결되어 있다. 이 스크류봉은 바닥판에서 18mm, 58mm 및 108mm 높이위치에 일렬로 외벽에 고정되어 있으며 중앙바닥판이 하부로 이동할 때 내벽을 지지하는 역할을 한다.

외벽으로 구성된 외부 토조는 네 개의 투명한 아크릴판으로 제작하였다. 즉, 전후 면은 20mm 두께의 투명 아크릴판으로, 두 개의 내벽은 30mm 두께의 아크릴판으로 제작하였다.

외부 토조의 크기는 그림 3.4에 도시된 바와 같이 폭이 290mm, 길이가 700mm 높이가 1,200mm이다. 모형토조는 네 개의 벽체로 구성되었다.

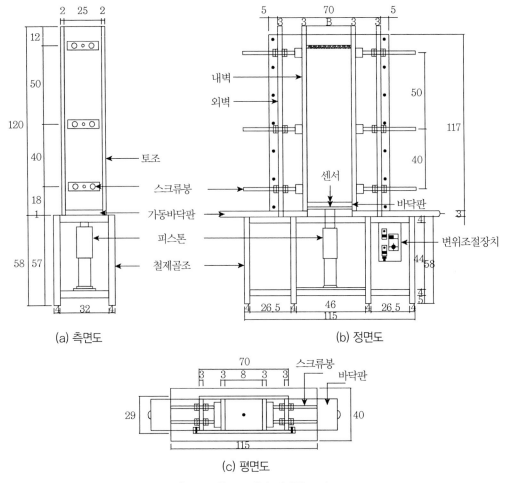

(a) 측면도
(b) 정면도

(c) 평면도

그림 3.4 모형토조 개략도(단위: cm)

전면벽과 후면벽의 두께는 20mm이고 두 개의 측벽의 두께는 30mm이다. 투명 아크릴로 제작하였다. 이들 내벽은 각 실험에서 정한 트렌치 폭에 맞추어 조절할 수 있게 제작하였다.

가동형식의 두 개의 내벽의 치수는 두께 30mm, 폭 250mm, 높이 1,170mm의 투명 아크릴판으로 제작하였으며 내벽 사이의 간격은 50mm에서 50mm씩 증가시켜 350mm까지 조절할 수 있도록 하였다.

토조의 마지막 구성요소는 바닥판이다. 이 바닥판은 트렌치 폭에 따라 조절 선택하여 사용한다. 바닥판의 사용가능한 폭은 10, 15, 20, 25, 30m 및 35m로 하였다.

모형토조 바닥은 세 부분으로 구성되어 있는데, 내벽의 폭과 동일하게 제작된 중앙부 재하판과 이 중앙부의 외측으로 두 개의 불투명 아크릴 바닥판으로 구성되어 있다. 이들 바닥판의 크기는 두 개 모두 두께 30mm, 폭 250mm, 길이 600mm이다.

토조의 마지막 구성 요소는 여섯 개의 스크류봉이다. 토조의 외벽과 내벽은 그림 3.4에서 보는 바와 같이 직경 16mm, 길이 400mm의 스크류봉과 너트로 연결되어 있다. 이 스크류봉은 바닥판에서 18mm, 58mm 및 108mm 높이 위치에 일렬로 외벽에 고정되어 있으며, 중앙바닥판이 하부로 이동할 때 내벽을 지지하는 역할을 한다.

3.3.2 지반변형제어장치

지반변형제어장치는 중앙의 토조 바닥 재하판 하부에 연결 설치되어 있다. 일정한 속도로 트렌치 바닥판을 하강시킬 수 있도록 모터로 작동하는 이 장치는 피스톤에 연결시켜 제어한다. 이 재하판의 하강은 트렌치 내 뒤채움토사의 침하를 실내에서 재현시키는 장치이다. 이 모터는 진동이 트렌치 내 토사의 침하에 미치는 영향을 막기 위해 토조로부터 먼 위치에 설치하였다.

모터의 최대용량은 298kNm이고 피스톤의 최대하강속도는 4mm/min이나 본 모형실험에서는 중앙의 토조 바닥 재하판을 2mm/min의 일정한 속도로 하강시키면서 실험을 실시하였다. 이 속도는 직접전단시험에 적용되는 변위속도와 거의 동일한 속도이다. 일정한 속도로 제어함으로써 시간을 측정하여 토조 바닥 재하판의 하강변위를 산정할 수 있도록 하였다. 연직토압은 중앙바닥판에 설치된 토압계로 측정한다.[2,29]

3.3.3 계측장치

계측장치는 토압계(soil pressure tranducer)와 데이터로거(data logger) 및 컴퓨터(laptop)로 구성되어 있다. 토압계는 트렌치 중앙부 바닥판 중앙에 설치하여 트렌치 바닥에 작용하는 연직토압을 측정할 수 있게 하였다.

본 실험에 사용한 토압계는 SSK tranducer technology에서 개발한 model P310(model P310V)으로 디스크 타입 압력계이다. 현재 건설 분야(액화시험, 원심재하시험) 및 수리 분야(파압측정)에서 넓게 사용되는 게이지이다.

토압계의 최대용량은 0.5kg/cm²이며 직경 10mm이다(그림 3.5 참조). 모래뒤채움 시의 트렌치 바닥에 작용하는 연직토압 측정치를 데이터로거(UCAM-20PC)와 컴퓨터에 연결·저장한다. 데이터로거 및 컴퓨터는 그림 3.6에서 보는 바와 같다.

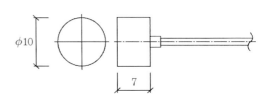

그림 3.5 토압계

(a) 컴퓨터   (b) 데이터로거(UCAM-20PC)

그림 3.6 계측장치

3.3.4 사용시료

모형실험에 사용한 지반시료는 북한강에서 채취한 모래를 사용하여 조성하였다. 채취한 모래를 #16(1.19mm)체로 쳐서 물로 세척하고 24시간 건조로에서 건조시켜 깨끗하고 균일한 건조모래를 만들었다.

준비된 시료의 비중은 2.69, 유효입경은 0.95mm, 균등계수는 0.96, 최대·최소 건조단위중량은 각각 15.58kN/m³와 14.03kN/m³이다. 또한 최대·최소 간극비는 각각 0.897과 0.692였다. 이 모래시료의 입경가적곡선은 그림 3.7과 같다.

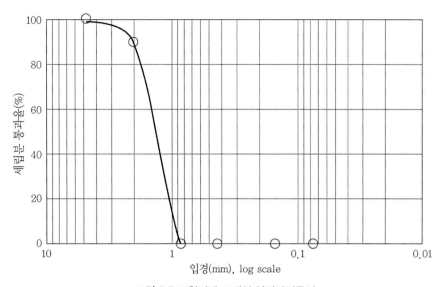

그림 3.7 모형지반 모래의 입경가적곡선

70mm×8mm 크기의 단면 개구부를 가지는 특수 제작한 도구에 모래를 넣고 자유낙하시켰을 때 낙하높이와 상대밀도와의 관계는 그림 3.8에서 보는 바와 같다. 이 그림의 결과를 이용하여 실험 전에 정해진 밀도의 지반을 조성할 수 있는 낙하고를 미리 결정하였다.

모형실험에서는 느슨한 밀도의 모래와 조밀한 밀도의 모래의 두 경우의 밀도의 지반에 대하여 모형실험을 실시하였다. 여기서 느슨한 밀도의 지반은 14.62kN/m³의 단위체적중량을 가지는 상대밀도 40%의 경우로 하였고, 조밀한 밀도의 지반은 15.25kN/m³의 단위체적중량을 가지는 상대밀도 80%의 경우로 하였다.

그림 3.8은 낙하고를 10cm에서 90cm까지로 하여 낙하시험을 수행한 결과를 정리한 그림이다. 그림 3.8을 이용하여 상대밀도 40%와 80%를 얻을 수 있는 낙하고를 조사하면 각각 낙하고를 26cm와 76cm로 정할 수 있다.

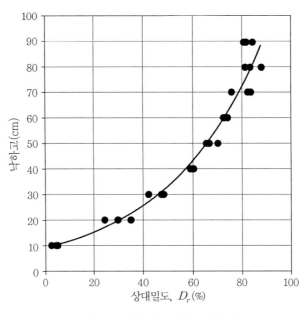

그림 3.8 낙하고와 상대밀도의 관계

3.3.5 실험계획

36회의 모형실험을 실시하였다.[2,29] 이들 모형실험은 트렌치 벽면의 마찰에 따라 세 그룹으로 나눌 수 있다. 즉, ① 윤활벽면(lubricated wall) 시험, ② 아크릴벽면(acrylic wall) 시험, ③ 사포벽면(sandpaper wall) 시험 – 각각의 경우의 트렌치 벽면으로 12회 시험 – 느슨한 모래지반과 조밀한 모래지반에 트렌치 폭을 10cm에서 35cm까지 각각 6회씩 번호를 정리하면 표 3.1에서 표 3.3과 같다. 모형실험은 다음 순서에 따라 실시한다.

① 먼저 원하는 모형 트렌치 폭에 맞추어 내벽 사이 간격을 조절하고 바닥 중앙부에 토압계를 설치한다. 이때 정해진 내벽 내부의 마찰 상태를 여러 가지 경우에 맞게 조성한다. 즉, 매끄러운 벽면을 조성할 경우는 트렌치 내벽 내부의 아크릴 면을 그대로 이용하거나(arcrylic wall), 오일을 바른 후 비닐 랩을 부쳐 마찰을 최대한 제거하도록 한다(lubricated wall).

반면에 거친 벽면을 조성할 경우는 트렌치 내벽에 사포(sandpaper)를 부착시킨다.

② 다음으로 내벽을 외부 토조에 스크류봉과 너트로 연결시켜 고정한다. 전면판을 조립·

설치한 후 바닥판의 양쪽을 밀어 정해진 트렌치 내벽의 폭에 맞춘다.

③ 벽체와 바닥판의 설치가 완료된 후 정해진 지반밀도에 맞추어 모래를 1m 높이까지 낙하법으로 포설한다. 이때 모래를 포설하면서 일정한 간격으로 3mm 두께의 흑색모래띠를 설치하여 지반변형을 관찰할 수 있게 한다.

④ 중앙 바닥판을 하강시킬 때 바닥에서 연직토압을 측정함과 동시에 흑색모래띠의 변형 상태를 관찰한다.

⑤ 트렌치 바닥판 위에 작용하는 연직토압은 트렌치 내 채움모래를 20cm 높이씩 실시할 때마다 토압계로 측정하는 작업을 100cm 높이에 이를 때까지 측정한다.

⑥ 트렌치 뒤채움을 다 실시한 후 트렌치 바닥판을 서서히 하강시켜 트렌치 벽면의 마찰 저항을 유발시키면서 트렌치 뒤채움토사 내에 지반아칭을 발달시켜 트렌치 바닥에 작용하는 연직토압을 토압계로 측정한다.

표 3.1 윤활벽면 시험번호

트렌치 폭(cm) 상대밀도	느슨한 지반 (D_r=40%)	조밀한 지반 (D_r=80%)
10	TLL10	TDL10
15	TLL15	TDL15
20	TLL20	TDL20
25	TLL25	TDL25
30	TLL30	TDL30
35	TLL35	TDL35

표 3.2 아크릴벽면 시험번호

트렌치 폭(cm) 상대밀도	느슨한 지반 (D_r=40%)	조밀한 지반 (D_r=80%)
10	TLA10	TDA10
15	TLA15	TDA15
20	TLA20	TDA20
25	TLA25	TDA25
30	TLA30	TDA30
35	TLA35	TDA35

표 3.3 사포벽면 시험번호

트렌치 폭(cm)　　상대밀도	느슨한 지반 (D_r=40%)	조밀한 지반 (D_r=80%)
10	TLS10	TDS10
15	TLS15	TDS15
20	TLS20	TDS20
25	TLS25	TDS25
30	TLS30	TDS30
35	TLS35	TDS35

3.3.6 지반변형형상

중앙바닥판이 하강할 때 트렌치 내벽 사이의 모래지반은 변형이 시작된다. 이 변형은 내벽 사이의 뒤채움토사지반 속에서는 지반밀도에 따라 그림 3.9(b) 및 그림 3.10(b)에서 보는 바와 같이 지반변형이 발생하게 된다. 즉, 내벽 폭이 10cm일 때 그림 3.9(a)와 그림 3.10(a)와 같은 시험 전의 흑색모래띠의 위치에서 최종상태에서는 그림 3.9(b)와 그림 3.10(b)에서 보는 바와 같이 원호의 모양으로 변형한다. 이러한 결과는 느슨한 밀도의 지반과 조밀한 밀도의 지반 모두에서 동일하게 확인할 수 있다.

우선 그림 3.9는 느슨한 밀도의 지반을 대상으로 아크릴 내벽의 폭이 10cm인 경우의 모형 실험 결과이다. 그림 3.9에서는 내벽의 폭이 좁은 경우 지반변형의 형태가 명확히 원호의 모양으로 변형되었음을 볼 수 있다. 이는 내벽 부근 지반에서는 벽면의 마찰영향으로 지반의 변형이 구속이 되고 중앙부에서는 구속력의 영향이 적어서 지반의 변형이 많이 발생되었기 때문으로 생각된다.

한편 그림 3.10은 조밀한 밀도의 지반을 대상으로 아크릴 내벽의 폭이 10cm인 경우의 모형 실험 결과이다. 이 그림 3.10에서도 유사한 벽면 마찰의 영향을 볼 수 있다.

이들 지반변형 형태로부터 트렌치 내벽 사이의 지반 속에서는 벽면의 마찰영향으로 인하여 지반변형이 원호의 형태를 보인다고 할 수 있고, 이로 인하여 지반 속에서 지반아칭이 발달할 수 있다고 생각된다.

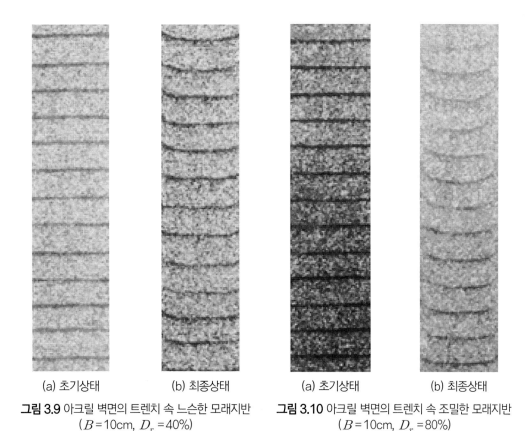

(a) 초기상태　　　　(b) 최종상태　　　　　(a) 초기상태　　　　(b) 최종상태

그림 3.9 아크릴 벽면의 트렌치 속 느슨한 모래지반　　　**그림 3.10** 아크릴 벽면의 트렌치 속 조밀한 모래지반
(B=10cm, D_r=40%)　　　　　　　　　　(B=10cm, D_r=80%)

3.3.7 실험 결과

　그림 3.11은 모형실험을 수행한 경우의 한 예이다. 즉, 그림 3.11은 느슨한 모래지반(D_r = 40%)의 뒤채움으로 실시한 좁은 트렌치(B=10cm)에 대한 모형실험 결과를 대표적으로 도시하였다.

　즉, 그림 3.11(a)와 (b)의 좌측 그림은 트렌치 내 뒤채움 시의 상재압과 연직토압 사이의 거동이고 우측 그림은 뒤채움 완료 후 트렌치 바닥판을 하강시킬 때의 연직토압의 거동이다.

　다시 말하면 그림 3.11(a)는 트렌치 벽면마찰을 최대한 감소시킨 윤활벽면의 트렌치에 대한 모형실험 결과이고 그림 3.11(b)는 트렌치 벽면마찰을 최대한 증대시킨 사포벽면의 트렌치에 대한 모형실험 결과이다.

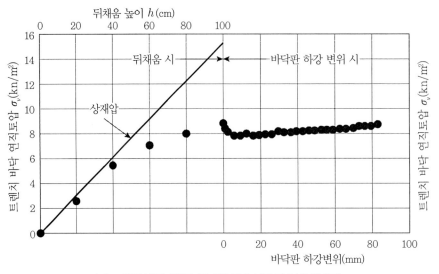

(a) 트렌치 벽면마찰을 최대한 감소시킨 경우(윤활벽면)

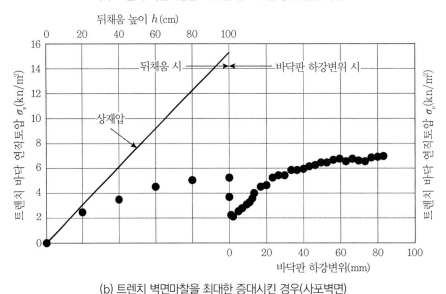

(b) 트렌치 벽면마찰을 최대한 증대시킨 경우(사포벽면)

그림 3.11 좁은 폭 트렌치(B =10cm)와 느슨한 모래지반(D_r =40%) 뒤채움의 모형실험 결과

그림 3.11의 검은 원의 측정치는 트렌치 내부에 모래시료로 뒤채움 함에 따라 트렌치 바닥면에 작용하는 연직토압을 측정하여 도시한 결과이다. 트렌치 내 뒤채움을 진행하는 동안에 트렌치 바닥면에 작용하는 연직토압은 뒤채움 모래의 뒤채움 높이가 증가함에 따라 비선형적으로 증가하였다.

원래 트렌치 바닥면에서의 연직토압은 뒤채움고의 증가에 따라 선형적으로 증가하는 것이 일반적이지만 이 모형실험에서는 트렌치 내벽 마찰의 영향으로 연직토압이 상당히 감소하게 되어 비선형적으로 증가하게 된다. 트렌치 내 벽면마찰로 인하여 뒤채움토사지반 내부에서의 지반변형이 위치에 따라 지반아칭이 발달한다.

여기서 그림 3.11의 좌측 그림에서 보는 바와 같이 트렌치 내 뒤채움 시 상재압의 선형증가직선과 트렌치 바닥에 작용하는 연직토압의 비선형증가곡선 사이의 차이분은 트렌치 내 벽면마찰과 그에 따른 지반아칭의 영향분이라 생각할 수 있다. 즉, 지반아칭의 영향을 제외한 나머지 부분만이 트렌치 바닥에 작용하는 연직토압임을 의미하게 된다. 따라서 트렌치 굴착을 실시하고 지하매설관을 설치한 후 뒤채움을 실시하면 매설관에는 뒤채움 토피높이에 의한 상재압보다 적은 연직토압이 작용하게 된다.

그림 3.11의 트렌치 바닥에 작용하는 연직토압 거동은 크게 세 구역으로 구분할 수 있다. 먼저 그림 3.11(a)와 (b)의 좌측 그림에 도시한 검은 원의 측정치는 트렌치를 굴착하고 뒤채움이 실시되고 있는 동안의 연직토압 거동이고 그림 3.11(a)와 (b)의 우측 그림에 도시한 검은 원은 뒤채움 완료 후 트렌치 바닥판을 하강시킬 때의 연직토압 거동이다.

먼저 트렌치 바닥판의 하강을 시작한 직후는 연직토압이 급격히 감소하여 최소치에 도달한다. 이때의 연직토압은 트렌치 바닥판의 하강으로 뒤채움 트렌치 벽면에서 벽면마찰이 발휘되어 토사지반 내에 지반아칭이 충분히 발달한 상태에서의 연직토압이라 할 수 있다. 이후 이 연직토압은 점진적으로 증가하여 최대치에서 수렴함을 보이고 있다. 따라서 첫 번째 거동은 트렌치 뒤채움 시공 시 발생한 영역이고, 두 번째 거동은 '지반아칭이 충분히 발달한 시기'에 발생한 영역이다. 마지막으로 세 번째 거동은 연직토압이 회복된 영역이라 할 수 있다.

3.4 트렌치 바닥에 작용하는 연직토압에 미치는 영향요소

Marson(1930)이 유도제안한 식 (3.2)에서 보는 바와 같이[22] 트렌치 바닥에 작용하는 연직토압은 트렌치 형상에 관련된 요소와 뒤채움흙에 관련된 요소에 영향을 받을 것이 예상된다. 트렌치 형상에 관련된 요소로는 트렌치의 폭과 높이(여기서 트렌치 높이는 트렌치 뒤채움토사의 높이를 의미한다)를 들 수 있으며 뒤채움흙에 관련된 요소로는 뒤채움 흙의 중량(이는 뒤채움 흙의 단위체적중량에 연관됨)을 들 수 있다.

3.4.1 트렌치 폭의 영향

그림 3.12는 사포벽면의 트렌치에 대한 모형실험 결과이다. 그림 3.12(a)는 느슨한 모래(D_r = 40%)의 뒤채움 지반에서 트렌치 폭이 10cm, 20cm 및 30cm인 모형실험 결과이고 그림 3.10(b) 는 조밀한 모래(D_r = 80%)의 뒤채움지반에 대한 모형실험 결과이다.

그림 3.12의 연직토압 거동은 그림 3.11의 실험 결과와 동일하게 이들 지반의 모형실험에 서 뒤채움 모래의 자중에 의한 다짐으로 트렌치 뒤채움토사지반 속에 지반아칭이 발생하였 음을 보여주고 있다.

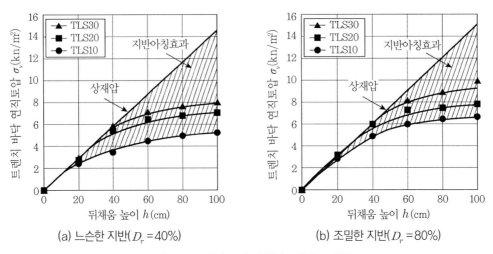

(a) 느슨한 지반(D_r = 40%) (b) 조밀한 지반(D_r = 80%)

그림 3.12 트렌치 폭의 영향(사포벽면 트렌치)

우선 그림 3.12(a)의 트렌치 뒤채움토사가 느슨한 모래지반인 경우 트렌치 폭이 20cm 및 30cm인 경우, 트렌치 바닥에 작용하는 연직토압은 뒤채움토사의 높이가 40cm에 이를 때까지 거의 선형적으로 증가하여 상재압과 거의 일치하였다. 따라서 연직토압은 상재압과 동일하였 음을 알 수 있다. 이는 넓은 트렌치(B = 30cm)의 경우 뒤채움토사의 자중이 지반아칭을 발달 시키기에 불충분하였음을 의미한다. 이 상재압은 뒤채움토사의 단위체적중량과 뒤채움토사 의 높이로 산출 가능하다.

반면에 뒤채움토사의 높이가 40cm 이상인 경우에서는 연직토압이 비선형적으로 증가하였 으며 연직토압이 상재압보다 극히 작게 측정되었다.

그림 3.12(a)와 (b)에서 보는 바와 같이 느슨한 지반과 조밀한 지반 모두에서 트렌치 바닥 연직토압은 넓은 트렌치의 경우 좁은 트렌치에서의 경우보다 크게 나타났다. 여기서 상재압과 측정된 연직토압의 차이(그림 3.12에 사선으로 표시한 부분)는 지반아칭의 효과에 의해 트렌치 바닥에 작용하는 연직토압이 감소하였음을 의미한다.

결론적으로 지반아칭효과는 넓은 트렌치보다 좁은 트렌치에서 더 크게 발휘된다고 말할 수 있다. 결국 이 부분이 연직토압에 미치는 트렌치 폭의 영향이라고 할 수 있다.

3.4.2 지반밀도의 영향

그림 3.13은 느슨한 지반(D_r=40%)과 조밀한 지반(D_r=80%)에 조성된 사포벽면의 트렌치에 대한 모형실험 결과이다. B=10cm의 좁은 트렌치의 경우는 그림 3.13(a)에 도시하였고 B=20cm의 트렌치의 경우는 그림 3.13(b)에 도시하였으며 B=30cm의 넓은 트렌치의 경우는 그림 3.13(c)에 도시하였다. 이들 각 그림에 느슨한 지반과 조밀한 지반의 모형실험 결과를 함께 비교·도시하였다.

이들 그림에 의하면 트렌치 바닥에 작용하는 연직토압은 그림 3.12와 동일하게 연직토압이 상재압보다 작게 나타났다. 이러한 상재압과 연직토압의 차이는 뒤채움토사의 다짐에 의한 지반아칭의 영향이라 할 수 있다.

이들 그림에 의하면 조밀한 지반에서의 연직토압이 느슨한 지반에서 보다 크게 나타났다. 이는 두 지반의 상대밀도의 차이에 의해 단위체적중량이 달라지므로 연직토압이 다르게 작용하였기 때문으로 생각된다. 일반적으로 조밀한 지반에서는 흙의 간극비가 느슨한 지반보다 작다. 따라서 두 지반에서의 단위체적중량에 차이가 발생하게 된다.

결국 상대밀도의 차이는 식 (3.2)에서 본 바와 같이 연직토압에 영향을 미치는 중요한 요소라고 할 수 있다. 이 상대밀도는 뒤채움토사의 단위체적중량의 차이를 초래한다.

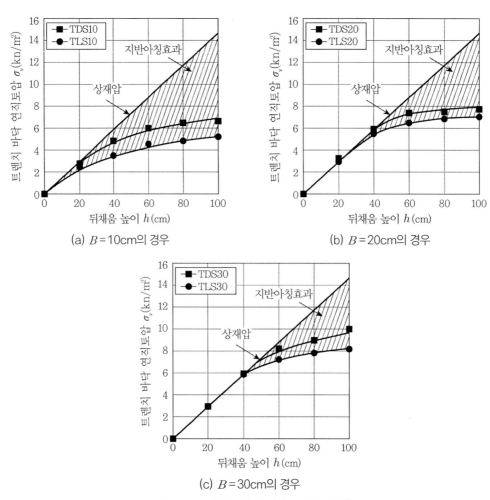

(a) B = 10cm의 경우

(b) B = 20cm의 경우

(c) B = 30cm의 경우

그림 3.13 지반밀도의 영향(사포벽면 트렌치)

3.4.3 벽면마찰의 영향

연직토압의 또 하나의 영향요소는 트렌치 벽면과 뒤채움토사 사이의 트렌치 벽면에서의 마찰을 들 수 있다. 윤활벽면, 아크릴벽면 및 사포벽면의 세 경우에 대한 모형실험 계획은 표 3.1, 3.2 및 표 3.3에 정리된 바와 같다. 이들 모형실험 결과는 각각 그림 3.14 및 그림 3.15 와 같다.

우선 그림 3.14는 느슨한 모래로 트렌치 뒤채움을 실시한 경우의 모형실험 결과를 도시한 그림이다. 트렌치 폭이 10cm로 좁은 트렌치의 경우의 뒤채움 모래의 높이와 연직토압의 관계 는 그림 3.14(a)에 도시하였고 트렌치 폭이 20cm인 트렌치의 경우는 그림 3.14(b)에 도시하였다. 그리고 트렌치 폭이 30cm로 넓은 트렌치의 경우의 모형실험 결과는 그림 3.14(c)에 도시하였다.

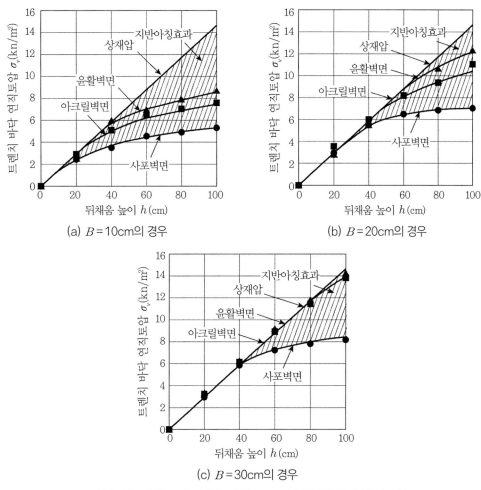

그림 3.14 느슨한 모래 뒤채움 지반(D_r＝40%)에서의 벽면마찰의 영향

한편 조밀한 모래(D_r＝80%)로 트렌치 뒤채움을 실시한 경우의 모형실험 결과는 그림 3.15와 같다. 느슨한 모래로 트렌치 뒤채움을 실시한 그림 3.14와 동일하게 트렌치 폭이 10cm로 좁은 트렌치의 경우의 뒤채움 모래의 높이와 연직토압의 관계는 그림 3.15(a)에 도시하였고 트렌치 폭이 20cm인 트렌치의 경우는 그림 3.15(b)에 도시하였다. 그리고 트렌치 폭이 30cm로 넓은 트렌치의 경우의 모형실험 결과는 그림 3.15(c)에 도시하였다.

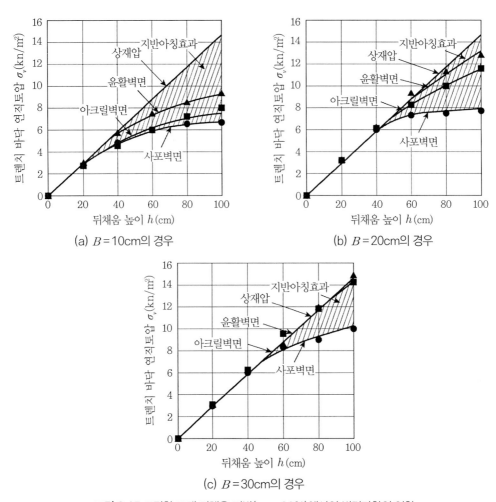

그림 3.15 조밀한 모래 뒤채움 지반($D_r = 80\%$)에서의 벽면마찰의 영향

이들 두 그림에서도 트렌치벽(정확히는 벽면마찰이라 표현함이 옳을 것임)은 뒤채움토사를 움직이지 못하게 지지하는 경향을 볼 수 있다. 따라서 뒤채움토사 중량의 일부분을 벽체가 지지함으로 인하여 연직토압이 감소하게 된다.

또한 이들 두 그림에서는 넓은 트렌치($B = 30\text{cm}$)의 경우 그림 3.14(c)와 그림 3.15(c)에서 보는 바와 같이 윤활벽면과 아크릴벽면의 경우는 100cm 높이까지 트렌치 뒤채움할 때 연직토압이 상재압과 거의 동일하게 나타났다. 이는 지반아칭이 충분히 발달하지 못하였음을 의미한다.

이 결과 그림 3.14와 그림 3.15로부터 알 수 있는 바와 같이 트렌치 토사 뒤채움고에 의한 중량은 뒤채움토사 내에서 발달하는 지반아칭으로 인하여 상재압보다 적게 작용하게 된다. 그러나 이 지반아칭은 트렌치 벽면마찰에 따라 다르게 발달한다. 즉, 벽면마찰이 크면 클수록 연직토압이 작게 작용하였다. 즉, 그림 3.14와 그림 3.15에서 모두 사포벽면 트렌치에서는 아크릴벽면 트렌치에서 보다 연직토압이 작았으며 아크릴벽면 트렌치에서는 윤활벽면에서 보다 연직토압이 작게 작용하였다.

따라서 트렌치 바닥에 작용하는 연직토압은 트렌치 벽면마찰의 영향을 크게 받고 있으며 벽면마찰은 연직토압에 영향을 미치는 영향요소라고 할 수 있다.

3.4.4 벽면마찰과 토압계수

제3.4.4절에서는 사포벽면 트렌치에 대한 모형실험 결과만으로 설명하도록 한다. 왜냐하면 사포벽면은 현장에서의 상태에 가장 근접하게 재현이 가능하기 때문이다.

토압계수 K와 마찰계수 μ에 대해서는 여러 가지로 사용되었다. 예를 들면, 토압계수 K에 대해서는 Rankine 주동토압계수 K_a, 정지토압계수 K_0, Krynine(1945)이 제안한 Krynine 계수 K_k가 있다. 이들 토압계수를 함께 도시하면 그림 3.16과 같다.

한편 벽면 마찰계수 μ로는 $\tan\phi$ 혹은 $\tan(2/3)\phi$가 추천되었다. 여기서 ϕ는 흙의 내부마찰각이다.

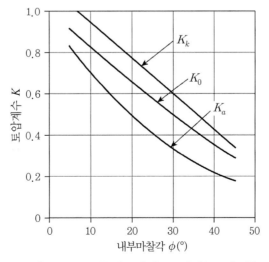

그림 3.16 내부마찰각 ϕ에 따른 토압계수 K의 변화

따라서 토압계수 K와 마찰계수 μ는 연직토압 예측에 영향을 미칠 수 있는 요소가 된다. 그러나 이 요소에 대해서는 아직 불확실성이 많아 밝혀진 것이 없다. 따라서 여기서는 이들 두 요소에 대하여 실험 결과로 고찰해보고자 한다.

그림 3.17, 3.18 및 그림 3.19는 느슨한 모래(D_r =40%) 뒤채움지반과 조밀한 모래(D_r = 80%) 뒤채움지반에 대한 모형실험 결과 측정된 연직토압과 여러 가지 토압계수를 적용하여 예측한 연직토압을 비교한 결과이다.

그림 속의 실선은 식 (3.2)로 산정된 예측치이며 이 그림 속에 실험치를 함께 나타내고 있다. 즉, 그림 3.17은 Rankine 주동토압계수, K_a를 적용하여 산정한 예측 연직토압과 실험치를 비교한 결과이다. 트렌치 벽면에서의 마찰각은 $\delta = (1/4)\phi$에서 $\delta = \phi$ 사이의 다섯 가지 마찰 각을 가정하여 도시하였다. 이 그림에 의하면 느슨한 모래(D_r =40%)와 조밀한 모래(D_r = 80%) 뒤채움지반에서 모두 $\delta = \phi$보다는 $\delta = (2/3)\phi$이 실험치와 잘 일치하고 있다. 따라서 Marson(1930) 법에 Rankine 주동토압계수, K_a를 적용할 경우 $\delta = \phi$으로 가정하면 연직토압을 과소 산정하게 된다.[21]

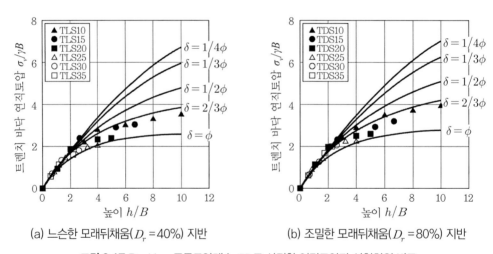

(a) 느슨한 모래뒤채움(D_r =40%) 지반   (b) 조밀한 모래뒤채움(D_r =80%) 지반

그림 3.17 Rankine 주동토압계수 K_a로 산정한 연직토압과 실험치의 비교

한편 정지토압계수 K_0를 적용할 경우는 그림 3.18과 같다. 이 그림에서도 트렌치 벽면에서의 마찰각은 $\delta = (1/4)\phi$에서 $\delta = \phi$ 사이의 다섯 가지 마찰각을 가정하여 도시하였다. 이 그림에서 보는 바와 같이 대부분의 실험치는 $\delta = (1/3)\phi$와 $\delta = (2/3)\phi$로 가정하여 산정한

연직토압 사이 값을 나타냈다.

그러나 느슨한 모래(D_r =40%)와 조밀한 모래(D_r =80%) 뒤채움지반 모두에서 $\delta = (2/3)\phi$ 보다는 $\delta = (1/2)\phi$가 보다 더 실험치에 근접하였다.

결론적으로 정지토압계수 K와 $\delta = (2/3)\phi$의 벽면마찰각을 적용하고 Pirapakaran and Sivakugan (2007a) 법으로 연직토압을 산정하면 연직토압을 다소 과소 산정할 우려가 있다.[25]

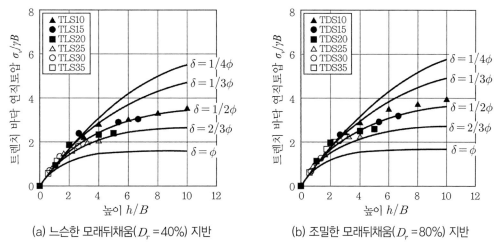

(a) 느슨한 모래뒤채움(D_r =40%) 지반　　(b) 조밀한 모래뒤채움(D_r =80%) 지반

그림 3.18 정지토압계수 K_0로 산정한 연직토압과 실험치의 비교

마지막으로 Krynine(1945) 계수 K를 적용하여 연직토압을 산정하여 실험치와 비교하면 그림 3.19와 같다. 그림 3.19의 두 지반밀도 모두의 경우에서 $\delta = (1/2)\phi$로 가정하면 시험치와 잘 일치함을 알 수 있다. 따라서 식 (3.10)의 K_w나 K(거친 벽면의 경우)를 적용하고 Handy (1985) 법으로 연직토압을 산정하면 과소 산정할 우려가 있다. 이들 관계를 도면으로 나타내면 그림 3.20과 같다.[9]

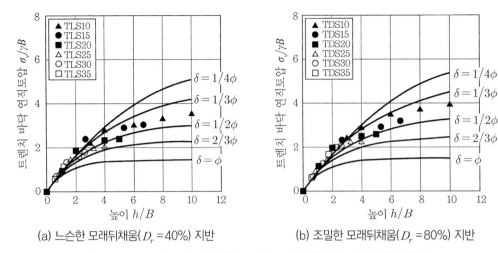

(a) 느슨한 모래뒤채움(D_r =40%) 지반　　　(b) 조밀한 모래뒤채움(D_r =80%) 지반

그림 3.19 Krynine(1945)이 제안한 K_k 계수로 산정한 연직토압과 실험치의 비교

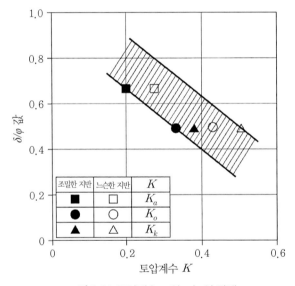

그림 3.20 토압계수 K와 δ/ϕ의 관계

　이상에서 검토한 바와 같이 토압계수 K와 마찰계수 μ를 선택하는 것은 용이한 일이 아니다. 그러나 그림 3.17에서 그림 3.19의 결과에 의하면 Rankine 주동토압계수 K_a를 적용할 경우는 벽면마찰각은 $\delta = (2/3)\phi$가 바람직하며 정지토압계수 K_0나 Krynine(1945) 계수 K_k를 적용할 경우는 $\delta = (1/2)\phi$가 바람직하다.

　결론적으로 이상적인 연직토압을 예측하기 위해서는 두 미지변수인 토압계수 K와 마찰계수 $\mu(= \tan\delta)$을 각각 적절하게 선택하기가 어렵다. 따라서 두 미지변수를 하나로 합치는 것이 바람직하다.

| 참고문헌 |

(1) 백규호(2003), '평행이동하는 강성옹벽에 작용하는 비선형 주동토압: I. 정식화', 한국지반공학회논 문집, 제19권, 제1호, pp.181-189.

(2) 홍원표·송영석(2004), '측방변형지반 속 줄말뚝에 작용하는 토압의 산정법', 한국지반공학회논문 집, 제20권, 제3호, pp.13-22.

(3) Atkinson, J.H., Brown, E.T. and Potts, D.M.(1975), "Collapse of shallow unlined tunnels in dense sand", Tunnels and Tunnelling, May, pp.81-87.

(4) Atkinson, J.H. and Potts, D.M.(1977), "Stability of a shallow circular tunnel in cohesionless soil", Geotechnique, Vol.27, No.2, pp.203-215.

(5) Balla, A.(1963), "Rock pressure determined from shearing resistance", Proceeding. Int. Conf. Soil Mechanics, Budapest, p.461.

(6) Bulson, P.S.(1985), *Buried Structures:static and Dynamic Strength*, Chapman and Hall, New York.

(7) Carlsson, B.(1987), "Almerad jord-berakning sprinciper for-bankar påpålar", Rerranova, Distr, SGI Linkoping.

(8) Christensen, N.H.(1967), "Rigid pipes in symmetrical and unsymmetrical trenches", Danish Geotechnical Institute, Bull. No.24.

(9) Handy, R.L.(1985). "The arch in soil arching." J. Geotech. Engrg., ASCE, Vol. 111, No.3, pp.302-318, DOI: 10.1061/(ASCE)0733-9410(1985)111:3(302).

(10) Handy, R.L.(2004), "Anatomy of an error", J. Geotechnical and Geoenvironmental Engineering, ASCE, Vol.130, No.7, pp.768-771, DOI: 10. 1061/(ASCE)1090-0241(2004)130:7(768).

(11) Handy, R.L. and Spangler, M.G.(2007), *Geotechnical engineering: soil and foundation principles and practice*, 5th Ed, McGraw-Hill, New York, pp.543-557.

(12) Harris, G.W.(1974), "A sandbox model used to examine the stress distribution around a simulated longwall coal-face", International Journal of Rock Mechanics, Miming Sciences & Geomechanics Abstracts, Pergamon Press, Vol.11, pp.325-335.

(13) Hewlett, W.J. and Randolph, M.F.(1988), "Analysis of piled embankments", Ground Engineering, London England, Vol.21, No.3, pp.12-18.

(14) Hong, W.P., Lee, K.W. and Lee, J.H.(2007), "Load transfer by soil arching In pile-supported embankments", Soils and Foundations, Vol.47, No.5, pp.833-843.

(15) Hong, W.P., Bov, M.L. and Kim, H.-M.(2016), "Prediction of vertical pressure in a trench as influenced

by soil arching", KSCE Journal of Civil Engineering, (0000) 00(0) 1-8 Geotechnical Engineering pISSN 1226-7988. eISSN 1976-3808 DOI 10.1007/s12205.016.0120-6, pp.1-8.

(16) Janssen, H.A.(2006), "Experiments on corn pressure in silo cells-translation and comment of Janssen's paper from 1895", Granular Mater Vol.8, pp.59-65.

(17) Kellog, C.G.(1993), "Vertical earth loads on buried engineered works", Journal of Geotechnical Engineering, ASCE, Vol.119, No.3, pp.487-506.

(18) Kingsley, O.H.W.(1989), "Geostatic wall pressures", Journal of Geotechnical Engineering, ASCE, Vol.115, No.9, pp.1321-1325.

(19) Krynine, D.P.(1945), "Discussion on 'Stability and stiffness of cellular cofferdams", by Karl Terzaghi. Trans. Am. Soc. Civ. Eng., Vol.110, No.1, pp.1175-1178.

(20) Ladanyi, B. and Hoyaux, B., "A study of the trap door problem in a granular mass", Canadian Geotechnical Journal, Vol.6, No.1, pp.1-14.

(21) Marston, A.(1930), "The theory of external loads on closed conduits in the light of the latest experiments", Proc. Highway Research Board, Vol.9, pp.138-170.

(22) Marston, A. and Anderson, A.O.(1913), "The theory of loads on pipes in ditches and tests of cement and clay drain tile and sewer pipe", Bulletin 31, Iowa Engineering Experiments Station, Ames, Iowa.

(23) Matsui, T., Hong, W.P. and Ito, T.(1982), "Earth pressures on piles in a row due to lateral soil movements", Soils and Foundations, Vol.22, No.2, pp.71-81.

(24) Moser, A. P.(1990), *Buried Pipe Design*, McGraw-Hill, New York.

(25) Pirapakaran, K. and Sivakugan, N.(2007a), "Arching within hydraulic fill stopes", Geotech. Geol. Eng., Vol.25, Issue 1, pp.25-35, DOI: 10.1007/s10706-006-0003-6.

(26) Pirapakaran, K. and Sivakugan, N.(2007b), "A laboratory model to study arching within a hydraulic fill stope", Geotech. Test. J., Vol.30, No.6, pp.496-503.

(27) Prakash, S. and Sharma, H.D.(1990), *Pile foundations in engineering practice*, John Wiley & Sons, Inc., USA.

(28) Singh, S., Sivakugan, N. and Shukla, S.K.(2010), "Can soil arching be insensitive to ϕ?" Int. J. Geomech., ASCE, Vol.10, No.3, pp.124-128, DOI: 10.1061/(ASCE) GM.1943-5622.0000047.

(29) Song, Y.S. Bov, M.L., Hong, W.P. and Hong, S.(2015), "Behavior of vertical pressure imposed on the bottom of a trench", Marine Georesources & Geotechnology, ISSN 1064-119X, DOI: 10.1080/ 1064119X.2015.1076912, pp.3-11.

(30) Terzaghi, K.(1936), "Stress distribution in dry and in saturted sand above a yielding trap-door", Proceedings

of First International Conference on Soil Mechanics and Foundation Engineering, Cambridge, Massachusetts, pp.307-311.

(31) Terzaghi, K.(1943), *Theoretical Soil Mechanics*, John Wiley and Sons, New York, pp.66-76.

(32) Wong, R.C.K. and Kaiser, P.K.(1988), "Design and performance evaluation of vertical shafts: rational shaft design method and verification of design method", Canadian Geotechnical Journal, Vol.25, No.2, pp 320-337.

(33) Yoshikoshi, W.(1976), "Vertical earth pressure on a pipe in the ground", Soils and Foundations, Vol.16, No.2, pp.31-41.

산사태 억지말뚝 주변의
지반아칭

산사태 억지말뚝 주변의 지반아칭

4.1 억지말뚝 주변지반 변형

4.1.1 억지말뚝 주변지반의 변형거동[9,21]

Matsui, Hong & Ito(1982)는 소성변형지반 속의 말뚝 주변지반의 변형거동을 관찰하기 위해 모형실험을 실시한 바 있다.[21] 그림 4.1은 모형실험 결과 관찰된 말뚝 주변지반의 거동을 도시한 결과이다.[9]

즉, 그림 4.1은 지중에 측방지반변형이 발생한 지역에서 일정한 간격을 두고 일렬로 설치되어 있는 줄말뚝 주변지반의 변형거동을 지반상면에 설치된 표점의 이동경로를 추적 관찰한 결과이다. 말뚝직경 d는 3cm이고 말뚝간격비 D_2/D_1(D_1은 말뚝 사이의 중심간격이고 $D_2(=D_1-d)$는 말뚝 사이의 순간격이다)는 0.50이다. 지반의 변형 방향은 우측에서 좌측으로 발생하였으며 말뚝은 이 지반변형 방향에 직각 방향으로 설치되어 있다. 그림 중의 표점들은 지반변형의 유선을 표시하게 된다.

그림 중에 점선으로 도시한 원호부분은 말뚝 주변지반의 유선의 방향이 변경되기 시작한 부분을 표시한 영역이다. 평행하게 진행되던 지반변형유선은 이 점선원호영역 내에서 흐트러지고 지반변형도 심하게 변하였으므로 이 부분을 말뚝 주변지반의 소성영역이라 취급할 수 있을 것이다. 즉, 평행하게 움직이던 유선들은 이 소성영역에 진입하면서 지반변형유선이 말뚝 사이의 중간지점을 향하여 부채모양으로 변경되었음을 볼 수 있다. 따라서 말뚝 주변지반에서는 지중에 지반아칭현상이 발생할 수 있음을 알 수 있다. 즉, 말뚝위치에서 멀리 떨어진 위치에서는 지반의 변형 폭이 말뚝의 중심 간 거리인 D_1으로 넓으나 이 지반이 말뚝 사이를 빠져나오기 위해서는 말뚝 사이의 순간격인 $D_2(=D_1-d)$ 사이로 좁아지므로 이 영역 내의 지반 속에서는 흙 입자들 사이의 마찰에 의한 상호작용이 발생하여 흙 입자들의 이동이 어렵게 되는 전형적인 지반아칭현상이 발생함을 알 수 있다.

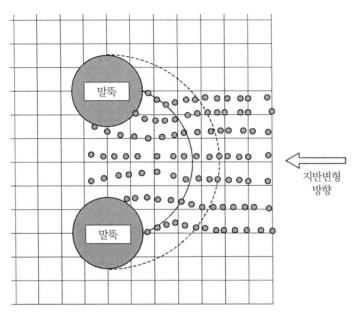

그림 4.1 말뚝 사이 지반의 측방유동거동($d=3$cm, $D_1/D_2=0.5$)

그림 4.1의 모형실험에서 관찰된 말뚝 사이 지반의 유동경로를 도시하면 그림 4.2와 같다.[21] 그림에서 표점의 초기위치는 검은 원으로 도시하였으며 지반변형에 의해 이동된 표점은 흰 원으로 도시하였다. 표점의 초기위치는 지반의 변형 방향에 평행한 선상에 거의 일렬로 배치되어 있었다. 지반변형에 의한 표점의 이동경로를 살펴보면 말뚝열에서 좀 떨어진 위치의 표점은 지반변형 방향에 거의 평행하게 이동하였지만 말뚝 주변부에서는 말뚝이 존재함에 의해 크게 영향을 받으면서 말뚝 사이를 빠져나갔다.

말뚝에 의해 이동경로가 변경되는 부분은 그림 4.2에 실선으로 표시된 지반아칭영역에서 시작됨을 알 수 있다. 즉, 말뚝 주변지반의 소성변형은 주로 아칭영역 안에서 발생함을 알 수 있다. 그리고 말뚝 전면의 쐐기부에서는 지반이 심하게 압축·변형되었다. 따라서 그림 4.2에 도시된 지반아칭영역은 말뚝 주변지반의 소성영역으로 간주할 수 있다.

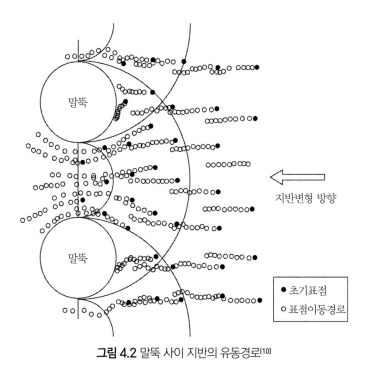

그림 4.2 말뚝 사이 지반의 유동경로[10]

이러한 지반아칭현상은 Terzaghi의 연구를 통해 알려졌으며[22,23] 성토지지말뚝 설계에도 활발히 적용되고 있다.[8,13,19]

4.1.2 억지말뚝 사이의 지반아칭

그림 4.1에 도시된 지반변형의 유선과 아치모양의 소성영역을 보다 자세히 분석하면 그림 4.3과 같다.[10] 지반유선 $FEGB$, $F'E'G'B'$을 분석해보면 FE, $F'E'$와 같이 원래 지반변형 방향과 평행이던 유선이 E점 및 E'점과 G점 및 G'점에서 흐름 방향이 변한 것을 알 수 있다. 따라서 이들 점을 지나는 지반아치형상을 도시하면 원호 $AEDE'A'$와 원호 $BGG'B'$의 두 가지 원호를 고려할 수 있다.

측방유동지반이 원호 $AEDE'A'$ 영역에 진입하면 지반의 소성변형이 시작되면서 초기지반아칭이 발달하게 되며 지반유선의 방향이 말뚝 사이의 중간 지점을 중심으로 변하게 된다. 그 후 지반변형이 계속되면 말뚝부위에 B점과 B'점을 정점으로 하는 쐐기영역이 발달하고 이 쐐기부의 측면 BC 및 $B'C'$에서의 전단응력 발생으로 지반유선의 방향이 또다시 변하게 되므로 이때 원호 $BGG'B'$의 지반아치가 발달하게 된다.

이와 같이 지반의 측방변형으로 말뚝 사이의 지반에는 두 단계에 걸쳐 지반아칭이 발달함을 관찰할 수 있다. 여기서 첫 번째 지반아치인 $AEDE'A'$는 지반아치의 정점(crown)인 D점에서부터 파괴가 진행되는 데 반하여 두 번째 지반아치인 $BGG'B'$는 지반아치의 양 측면 BC 및 $B'C'$에서부터 전단파괴가 진행된다. 따라서 지반아칭의 개념을 도입하여 말뚝에 작용하는 측방토압을 구할 경우 이 두 경우에 대한 파괴 개념이 달라야 한다. 먼저 첫 번째 발달하는 지반아치의 정상부에서의 파괴를 고려하는 접근법은 지반아치의 정상파괴(crown failure) 개념에 의거하고, 두 번째 발달하는 지반아치의 측면기초부에서의 파괴를 고려하는 접근법은 캡파괴(cap failure) 개념에 의거한다.[10]

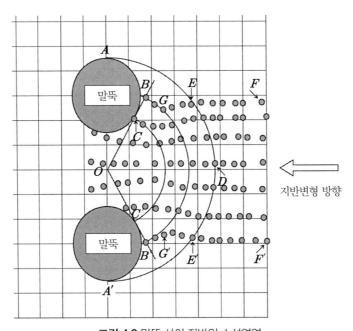

그림 4.3 말뚝 사이 지반의 소성영역

지반아칭영역 내 응력상태를 살펴보면 우선 지반아치 정점부에서는 전단응력이 작용하지 않는 상태, 즉 수직응력(normal stress)만 작용한다고 생각할 수 있다. 그러나 지반아치 정점부에서 양쪽 말뚝 전면 쐐기부 부근으로 접근하면서 전단응력이 점차 크게 발달하게 된다. 이러한 전단응력의 점진적인 증가는 말뚝 사이의 연약지반의 변위가 클 때 더욱 커진다.

따라서 측방변형지반 속 말뚝의 지반아칭파괴의 경우는 지반아칭영역 정점부에서의 응력 검토와 말뚝 전면 쐐기부, 즉 지반아치의 기초(foot)부에서의 응력상태가 모두 검토되어야 한다. 즉, 지반아칭원리를 이용하여 말뚝의 수평하중을 산정할 경우 지반아칭영역의 가장 취약한 부분인 지반아치 정점부의 응력상태를 고려한 정상파괴와 말뚝 전면 쐐기부의 전단응력을 고려한 캡파괴를 고려해야 한다.

이상에서 고찰한 바와 같이 지반아칭의 개념을 도입하는 데 말뚝 주변지반의 전단응력을 고려하느냐 여부에 따라 정상파괴와 측면기초파괴로 구분할 수 있을 것이다. 즉, 말뚝 주변지반에 전단응력이 발달하기 이전에는 지반아치 정상파괴의 개념을 적용함이 타당하고, 말뚝 주변지반에 전단응력이 발달한 이후에는 지반아치 측면기초파괴의 개념을 적용함이 바람직하다.

4.2 측방변형지반 속 말뚝에 작용하는 측방토압

4.2.1 소성변형지반 속의 말뚝

사면 속에 설치된 억지말뚝은 사면의 측방변형이 원인이 되어 2차적으로 발생하는 측방토압을 받게 되는 경우가 많다.[4,5] 이와 같은 말뚝을 소위 수동말뚝(passive pile)이라고 하며,[11] 현재 기초공학 분야에서 중요한 문제 중의 하나로 취급되고 있다. 수동말뚝을 안전하게 설계하기 위한 가장 중요한 기본사항은 말뚝에 작용하는 측방토압을 정확하게 산정하는 것이다. 그러나 이 측방토압은 여러 가지 요인의 영향을 받고 있음이 이미 알려져 있다. 이러한 말뚝에서는 지반과 말뚝의 상호작용의 결과로서 측방토압이 결정되므로 이 측방토압을 정확하게 예측하는 것은 용이한 일이 아니다.[16-18]

Tschebotarioff(1971)는 교대뒤채움에 의하여 발생하는 점토지반의 측방변형 시 교대기초말뚝에 작용하는 토압을 삼각형 분포로 가정하여 경험식을 제안하였고,[25] De Beer & Wallays(1972)는 Brinch Hansen이 제안한 말뚝의 수평극한저항식 등을 이용한 방법을 제안하였다.[12] 그러나 이들 방법에는 말뚝과 지반 사이의 상호작용이 고려되지 않아 정확한 토압의 값을 산정하지 못하였다. 한편 Ito & Matsui(1975)[15] 및 Matsui, Hong & Ito(1982)[21]는 말뚝과 지반 사이의 상호작용을 고려한 측방변형지반 속 줄말뚝에 작용하는 측방토압산정식을 제안한 바 있다.[14] 이 측방토압식은 측방변형지반 속 말뚝 사이에 발달하는 지반아칭영역 중 말뚝 전면부에 발생하는 쐐기영역에서 주로 발생하는 측면기초파괴(side foot failure) 혹은 캡파괴를 가정하여 유도·제안된 식이다.[10] 그러나 실제로 말뚝 주변지반에서의 파괴는 지중에 형성된 지반아칭 영역 중 외부아치의 천정부에서 파괴가 먼저 진행되어 말뚝 전면부의 캡 쐐기부파괴로 진행하게 된다. 이 경우 지반아치의 천정부에서 시작되는 파괴형태를 정상파괴라 하고, 지반아치의 기초부, 즉 말뚝 전면의 캡 쐐기부에서의 전단파괴형태를 캡파괴라고 한다. 이와 같이 억지말뚝에 작용하는 측방토압 산정 시에는 지반아칭영역의 가장 취약한 부분인 지반아치 정점부의 응력상태를 고려한 정상파괴와 지반아치기초 쐐기부의 전단응력을 고려한 캡파괴를 고려해야 한다.[9,10]

홍원표(1984)는 측면기초파괴 형태에서의 말뚝의 측방토압을 한계평형원리를 적용하여 산정 설명한 바 있으며,[1-3,7] 홍원표·송영석(2004)은 말뚝 주변지반에서 발생하는 정상파괴가 발생하기 시작할 때의 측방토압에 대하여 설명한 바 있다.[9] 정상파괴는 지반아치가 형성된 후 파괴가 진행되는 제일 초기단계를 이르는 것이라 생각할 수 있다. 또한 홍원표(2017)는 이러한 억지말뚝에 작용하는 측방토압에 대하여 자세히 설명한 바 있다.[10]

그림 4.4에서 보는 바와 같이 억지말뚝이 사면지반 속에 일정한 간격으로 일렬로 설치되어 있는 경우 부근의 상재하중 등으로 인하여 말뚝열과 직각 방향으로 지반이 측방변형을 하게 되면 말뚝 주변지반에 소성영역이 발생하여 줄말뚝은 측방토압을 받게 된다. 일반적으로 줄말뚝의 설계에 적용되는 측방토압은 단일말뚝에 작용되는 토압을 사용하였지만 이들 이론식의 이론적 근거는 매우 빈약하고 이를 토대로 설계되므로 사고가 발생하는 경우가 종종 있었다.

즉, 단일말뚝에 작용하는 측방토압을 줄말뚝에 적용할 경우 문제가 있고 말뚝의 설치 간격에 따라 말뚝 주변지반의 변형양상이 다르게 되므로 측방토압을 산정하는 데 어려움이 있다. 또한 소성변형이나 측방유동이 발생하는 지반 속에 줄말뚝이 설치되어 있으면 지반의 측방유동이 수동말뚝의 안정에 중요한 영향을 미치게 된다.[6]

원래 억지말뚝의 전면(지반변형을 받는 면)과 배면에는 서로 평형상태인 동일한 토압이 작용하고 있었으나 교대뒤채움이나 성토 등의 편재하중으로 인하여 사면지반이 이동하게 되어 토압의 평형상태는 무너지게 되고 억지말뚝은 편토압을 받게 된다. 여기서 취급될 측방토압이란 이 줄말뚝의 전면과 배면에 각각 작용하는 토압의 차에 상당하는 부분이다.

억지말뚝에 작용하는 측방토압의 산정식을 유도하는 경우에 특히 고려해야 할 점은 말뚝 간격 및 말뚝 주변지반의 소성상태의 설정이다. 전자에 대해서는 억지말뚝이 일렬로 설치되어 있을 경우는 단일말뚝의 경우와 달리 서로 영향을 미치게 되므로 말뚝간격의 영향을 반드

시 고려하여야 한다. 이 말뚝간격의 영향을 고려하기 위해서는 측방토압 산정식을 유도할 때부터 말뚝 사이의 지반을 따로 취급할 것이 아니라 함께 고려함으로써 가능하게 된다.

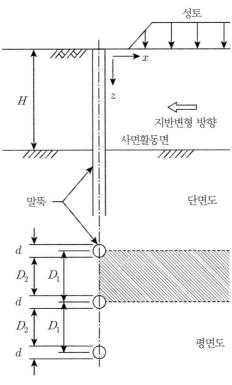

그림 4.4 소성변형지반 속의 말뚝 설치도

또한 말뚝에 부가되는 측방토압은 활동토괴가 이동하지 않는 경우의 0 상태에서부터 활동토괴가 크게 이동하여 말뚝 주변지반에 수동파괴를 발생시킨 경우의 극한치까지 큰 폭으로 변화한다. 따라서 산사태억지말뚝의 설계를 실시하기 위해서는 어떤 상태의 측방토압을 사용할 것인가 결정해야만 한다.

말뚝 주변지반의 소성상태의 설정에 대해서는 만약 말뚝 주변지반에 수동파괴가 발생한다고 하면 그때는 활동이 상당히 진행되어 사면활동면의 전단저항력도 상당히 저하되므로 억지말뚝에 작용하는 측방토압이 상당히 크게 되어 억지말뚝 자체의 안정이 확보되지 못할 염려가 있는 등 불안한 요소가 많다. 따라서 설계에 적용되어야 할 억지말뚝의 측방토압은 사면지반변형의 진행에 의한 지반활동면상의 전단저항력의 저하가 거의 없는 상태까지의 값을 적용하는 것이 가장 합리적이다.

일렬의 말뚝이 그림 4.4와 같이 H 두께의 소성변형지반 속에 설치되어 있을 경우 측방토압 산정 시 고려해야 할 부분은 그림 4.4 중에 빗금 친 말뚝 사이의 지반이다. 두 개의 말뚝 사이 지반의 소성영역은 모형실험 결과에서 관찰한 바와 같이 지반아칭이론의 개념을 도입하여 설정할 수 있다.[20] 즉, 말뚝 주변에 전단응력의 발달 여부에 따라 지반아치의 정상파괴와 측면기초의 캡파괴 두 가지로 크게 구분할 수 있다.

앞에서 설명한 바와 같이 Ito & Matsui(1975)는 사면지반 속 억지말뚝에 작용하는 측방토압은 말뚝전변부에 생성된 지반아칭영역 중 말뚝쐐기부분에서 발생하는 측면기초파괴(side foot failure) 시의 측방토압을 대상으로 연구하였으며,[1-3,7] Hong(1981)은 이 산정식을 모형실험[14,21]과 비교하기 쉽게 수정한 바 있다.[14] 이 산정식을 유도하는 데는 한계평형이론을 적용하였다.

그러나 실질적으로 지반파괴는 지반아칭영역 중 천정부에서 발생하는 정상파괴(crown failure)에서부터 시작되었다. 홍원표·송영석(2004)[9]은 이때의 측방토압을 산정하기 위해서는 원주공동확장이론(Timoshenko & Goodier, 1970)[24]을 적용하였다.

4.2.2 정상파괴 시의 억지말뚝작용 측방토압 - 원주공동확장이론

사면지반 속 억지말뚝에 작용하는 측방토압에 대한 Ito & Matsui(1975)의 연구[15]에서는 말뚝 주변부에 생성된 쐐기측면에서의 전단파괴에 의해 발생하는 측면파괴 개념의 지반아치 측면기초파괴(side foot failure) 시의 측방토압을 대상으로 연구하였다.[15] 그러나 모형실험[14,21]에서 관찰된 억지말뚝 주변지반 변형거동에서 파악된 바와 같이 실질적으로 지반파괴는 지반아칭영역 중 외부아치의 정점(crown)에서부터 시작됨을 알았다(정상파괴, crown failure). 이러한 정상파괴상태에서 말뚝에 작용하는 측방토압을 산정하기 위해서는 원주공동확장이론[24]을 적용한다.

(1) 원형 말뚝

측방토압의 이론해석에서는 그림 4.4에 빗금으로 도시한 인접한 두 개의 말뚝 사이 지반에서 발달하는 소성영역에 대하여 취급한다. 우선 고려해야 할 소성영역은 모형실험[14,21]에 대한 고찰에서 관찰된 초기소성영역에 의거하여 줄말뚝 사이의 소성영역의 형상을 정의·도시하면 그림 4.5와 같다.[9] 즉, 그림 4.5에서는 이 소성영역을 두 개의 말뚝 사이의 중간 지점을 원점으로 하는 원호아치형상으로 정의할 수 있다. 이러한 지반아치 내 응력상태에 대하여 검토한다.

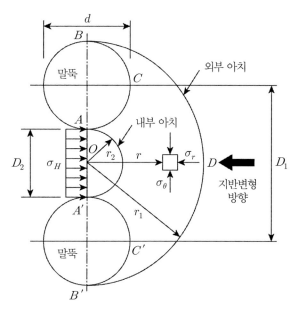

그림 4.5 원주공동확장이론을 적용한 해석(원형 말뚝)

원호아치에서 아치정점부의 한 요소를 해석하기 위해 극좌표 평형방정식을 이용한다. 원호아치 정점부에서는 수평 방향만을 고려하여 원호아치 밴드 내 응력을 모두 동일하다고 하면 $\tau_\theta = 0$으로 간주할 수 있다. 따라서 이는 말뚝 주변지반에 전단응력이 발달하기 전의 응력상태를 의미한다.

원주공동확장이론을 적용한 억지말뚝작용 측방토압 해석 시 다음과 같은 사항을 가정한다.

① 지반아칭영역의 외부아치 벤드에 작용하는 토압 σ_r은 균일하게 분포한다.
② 말뚝 주변지반은 그림 4.5의 지반아칭영역 $ACBDB'C'A'$ 부분만이 소성상태가 되어 Mohr-Coulomb의 항복조건을 만족한다.
③ 지반은 내부마찰각 ϕ 및 점착력 c를 가지는 재료로 나타낸다.
④ 지반은 깊이 방향으로 평면변형률상태에 있다.

⑤ 말뚝은 이동하지 않는 강체로 간주한다.

σ_r 방향의 물체력을 0으로 볼 수 있다. 이러한 가정에 근거하여 원주공동확장이론에 의한 기본미분방정식을 정리하면 식 (4.1)과 같이 나타낼 수 있다.[24]

$$\frac{d\sigma_r}{dr} + \frac{\sigma_r - \sigma_\theta}{r} = 0 \tag{4.1}$$

여기서, $\sigma_r =$ 중심 방향 수직응력

$\sigma_\theta =$ 법선 방향 수직응력

$r =$ 반지름

앞의 식에서 σ_θ와 σ_r은 Mohr 응력원에 의하면 식 (4.2)와 같은 관계를 가진다.

$$\sigma_\theta = N_\phi \sigma_r + 2cN_\phi^{1/2} \tag{4.2}$$

여기서, 유동지수 N_ϕ는 식 (4.3)과 같다.

$$N_\phi = \tan^2\left(\frac{\pi}{4} + \frac{\phi}{2}\right) = \frac{1 + \sin\phi}{1 - \sin\phi} \tag{4.3}$$

식 (4.1)에 (4.2)를 대입하면 식 (4.4)가 구해진다.

$$\frac{d\sigma_r}{dr} + \frac{(1 - N_\phi)\sigma_r - 2cN_\phi^{1/2}}{r} = 0 \tag{4.4}$$

식 (4.4)의 일반해는 다음과 같다.

$$\sigma_r = A r^{N_\phi - 1} - \frac{2cN_\phi^{1/2}}{N_\phi - 1} \tag{4.5}$$

$r = r_2$일 때 $\sigma_r = \sigma_H$인 경계조건을 식 (4.5)에 대입하여 계수 A를 구하면 식 (4.6)과 같다.

$$A = \left(\sigma_H + \frac{2cN_\phi^{1/2}}{N_\phi - 1}\right) r_2^{1 - N_\phi} \tag{4.6}$$

식 (4.6)을 (4.5)에 대입하면 σ_r은 식 (4.7)과 같이 정리될 수 있다.

$$\sigma_r = \left(\sigma_H + \frac{2cN_\phi^{1/2}}{N_\phi - 1}\right)\left(\frac{r}{r_2}\right)^{N_\phi - 1} - \frac{2cN_\phi^{1/2}}{N_\phi - 1} \tag{4.7}$$

두 번째 경계조건으로 외부아치 정점에서의 응력 σ_{r_1}을 $r = r_1$일 때의 응력이라고 하면 식 (4.7)은 (4.8)로 다시 정리할 수 있다.

$$\sigma_{r_1} = \left(\sigma_H + \frac{2cN_\phi^{1/2}}{N_\phi - 1}\right)\left(\frac{r_1}{r_2}\right)^{N_\phi - 1} - \frac{2cN_\phi^{1/2}}{N_\phi - 1} \tag{4.8}$$

여기서, $\sigma_H = AA'$면에 작용하는 Rankin 주동토압

$\quad r_1 =$ 외부아치 반지름($= \dfrac{d + D_1}{2}$)

$\quad r_2 =$ 내부아치 반지름($= \dfrac{D_2}{2}$)

$\quad D_1 =$ 말뚝의 중심 간 간격

$\quad D_2 =$ 말뚝의 순간격

$\quad d =$ 말뚝직경

말뚝에 작용하는 수평하중은 BB'면에 작용하는 수평력 $p_{BB'}$와 AA'면에 작용하는 수평

력 $p_{AA'}$의 차이에 의한 것이다. 여기서 $p_{BB'}$는 식 (4.8)의 응력 σ_{r_1}에 말뚝중심간격 D_1을 곱한 수평력이며 $p_{AA'}$는 응력 σ_H에 말뚝순간격 D_2를 곱한 수평력이다. 따라서 단위깊이당 한 개의 말뚝에 작용하는 수평하중 p는 $p_{BB'}$와 $p_{AA'}$의 수평력의 차이로 다음과 같이 구할 수 있다.

$$
\begin{aligned}
p = p_{BB'} - p_{AA'} &= \sigma_{r_1} D_1 - \sigma_H D_2 \\
&= \left\{ \left(\sigma_H + \frac{2cN_\phi^{1/2}}{N_\phi - 1} \right) \left(\frac{r_1}{r_2} \right)^{N_\phi - 1} - \left(\frac{2cN_\phi^{1/2}}{N_\phi - 1} \right) \right\} D_1 - \sigma_H D_2 \\
&= \sigma_H \left[\left(\frac{r_1}{r_2} \right)^{N_\phi - 1} D_1 - D_2 \right] + \left[\frac{2cN_\phi^{1/2}}{N_\phi - 1} \left\{ \left(\frac{r_1}{r_2} \right)^{N_\phi - 1} - 1 \right\} \right] D_1 \\
&= \sigma_H \left[\left(\frac{D_1 + d}{D_2} \right)^{N_\phi - 1} D_1 - D_2 \right] + \left[\frac{2cN_\phi^{1/2}}{N_\phi - 1} \left\{ \left(\frac{D_1 + d}{D_2} \right)^{N_\phi - 1} - 1 \right\} \right] D_1 \quad (4.9)
\end{aligned}
$$

반면에 점착력만 있는 점토의 경우에는 내부마찰각 ϕ는 무시된다. 따라서 내부마찰각 ϕ를 0으로 놓고 다시 유도하면 $N_\phi = 1$이 된다. 이것을 식 (4.2)에 대입하면 식 (4.10)이 구해진다.

$$
\sigma_\theta = \sigma_r + 2c \quad (4.10)
$$

식 (4.10)을 (4.1)에 대입하면 식 (4.11)이 구해진다.

$$
\frac{d\sigma_r}{dr} + \frac{\sigma_r - \sigma_r - 2c}{r} = 0 \quad (4.11)
$$

이것을 적분하여 다시 정리하면 식 (4.12)가 된다.

$$
\sigma_r = 2c \ln r + C' \quad (4.12)
$$

여기서, C'은 적분상수이다.

첫 번째 경계조건인 $r = r_2$일 때 $\sigma_r = \sigma_H$를 대입하여 적분상수 C'을 구하면 식 (4.13)과 같다.

$$C' = \sigma_H - 2c\ln r_2 \tag{4.13}$$

식 (4.13)을 (4.12)에 대입하면 식 (4.14)가 구해진다.

$$\sigma_r = 2c\ln r + \sigma_H - 2c\ln r_2 \tag{4.14}$$

두 번째 경계조건으로 외부아치 정점에서의 응력 σ_{r_1}을 $r = r_1$일 때의 응력이라고 하면 다음과 같이 정리될 수 있다.

$$\sigma_{r_1} = \sigma_H + 2c\ln \frac{r_1}{r_2} \tag{4.15}$$

앞에서 설명한 것과 동일하게 점토지반 속의 줄말뚝에 작용하는 수평하중은 그림 4.5의 BB'면에 작용하는 수평력 $p_{BB'}$와 AA'면에 작용하는 수평력 $p_{AA'}$의 차이에 의한 것이다. 여기서 $p_{BB'}$는 식 (4.15)의 응력 σ_{r_1}에 말뚝중심간격 D_1을 곱한 수평력이며, $p_{AA'}$는 응력 σ_H에 말뚝순간격 D_2를 곱한 수평력이다. 따라서 단위깊이당 한 개의 말뚝에 작용하는 수평하중 p는 $p_{BB'}$와 $p_{AA'}$의 수평력의 차이로 식 (4.16)과 같이 구할 수 있다.

$$
\begin{aligned}
p = p_{BB'} - p_{AA'} &= \sigma_{r_1} D_1 - \sigma_H D_2 \\
&= \left(\sigma_H + 2c\ln \frac{r_1}{r_2}\right) D_1 - \sigma_H D_2 \\
&= \sigma_H (D_1 - D_2) + 2c\ln \frac{r_1}{r_2} D_1 \\
&= \sigma_H (D_1 - D_2) + 2c\ln \frac{D_1 + d}{D_2} D_1
\end{aligned} \tag{4.16}
$$

이와 같이 구한 식 (4.9) 및 (4.16)의 수평하중 p를 소성변형이 발생한 지반의 두께 H에 대하여 적분하면 전체수평하중 P_T는 식 (4.17)과 같이 구해진다.

$$P_T = \int_0^H p\,dz \qquad\qquad (4.17)$$

여기서, z는 지표면에서부터의 깊이를 나타낸다.

(2) 구형 말뚝

그림 4.6은 구형 말뚝일 경우의 소성영역을 도시한 그림이다. 구형 말뚝은 말뚝 단면이 구형인 경우도 있으나 실제는 H형 말뚝을 사용하는 경우에 해당한다. 원형 말뚝의 경우는 그림 4.5에서 보는 바와 같이 두 개의 말뚝의 중심을 지나는 선을 기준으로 지반아칭이 발달하는 것으로 고려하였으나 구형 말뚝의 경우는 그림 4.6에서 보는 바와 같이 두 개의 말뚝의 전면을 지나는 선 $BAA'B'$ 앞에 지반아치가 발달하기 시작하므로 그림 5.6에 도시된 바와 같이 원호아치형상을 정의한다.

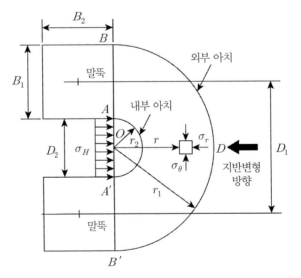

그림 4.6 원주공동확장이론을 적용한 해석(구형 말뚝)

구형 말뚝에 대한 이론해석은 앞에서 유도 설명한 해석에서 원형 말뚝의 직경 d를 구형 말뚝의 지반변형 방향 변 B_1으로 바꾸면 그대로 구형 말뚝에 적용이 가능하다.

우선 식 (4.9)를 구형 말뚝의 경우에 적용할 수 있게 수정하면 원형 말뚝 직경 d 대신 직사각형 말뚝의 변 B_1으로 바꿔 정리하면 식 (4.18)과 같다.

$$p = \sigma_H \left[\left(\frac{D_1 + B_1}{D_2} \right)^{N_\phi - 1} D_1 - D_2 \right] + \left[\frac{2cN_\phi^{1/2}}{N_\phi - 1} \left\{ \left(\frac{D_1 + B_1}{D_2} \right)^{N_\phi - 1} - 1 \right\} \right] D_1 \qquad (4.18)$$

점토지반에 설치된 구형 말뚝에 작용하는 측방토압 산정식은 식 (4.18)에서와 동일하게 원형 말뚝 직경 d 대신 직사각형 말뚝의 변 B_1으로 바꿔 식 (4.16)을 정리하면 식 (4.19)와 같다.

$$p = \sigma_H (D_1 - D_2) + 2c \ln \frac{D_1 + B_1}{D_2} D_1 \qquad (4.19)$$

이와 같이 구한 식 (4.18) 및 (4.19)를 식 (4.17)에 적용하여 소성변형이 발생한 지반의 두께 H에 대하여 적분하면 전체수평하중 P_T를 구할 수 있다.

4.2.3 캡파괴 시의 억지말뚝작용 측방토압 - 한계평형이론

Ito & Matsui(1975)는 측방유동지반 속에 원형 말뚝이 일정한 간격으로 설치되어 있을 때 말뚝에 작용하는 측방토압을 한계평형원리를 적용하여 산정하였다.[15] 홍원표는 이 이론을 더욱 광범위하게 적용할 수 있도록 발전시켰다.[1-7,14]

(1) 원형 말뚝

그림 4.4는 직경 d인 말뚝이 D_1의 중심간격으로 소성변형지반 속에 일렬로 설치되어 있는 상태의 단면도와 평면도이다. 단면도에서 보는 바와 같이 사면활동면상의 두께 H의 지반이 측방이동하게 되면 말뚝 주변지반에는 소성영역이 발생하고 말뚝과 지반 사이에 전단파괴면이 발달할 것이다. 이때 말뚝은 측방토압을 받게 된다.

이 단계에서는 말뚝 전면의 쐐기와 지반 사이에 이미 전단파괴면이 발달하므로 이와 같은 측방변형지반 속의 줄말뚝에 작용하는 토압을 산정할 수 있는 이론식을 유도하는 데는 한계 평형원리를 적용시킬 수 있을 것이다.

그림 4.7에 사선으로 표시한 부분의 지반 움직임만을 대상으로 하면 충분할 것이다. 이 움직임으로 인한 말뚝 주변지반의 소성상태는 토질조건에 따라서도 상당히 변화된다고 생각된다. 그러나 이론해석에서는 Mohr-Coulomb의 항복조건을 만족시키는 소성상태의 지반을 대상으로 한다.

줄말뚝 중 두 개의 인접말뚝 사이의 소성상태지반의 기하학적 특성을 설정하면 그림 4.7과 같다. 즉, 소성영역은 $AEBB'E'A'$ 부분으로 표시할 수 있다. 여기서 다이스(dies)를 통한 금속의 추출이론[24]을 적용시켜 단위깊이당의 말뚝에 작용하는 측방토압을 산정할 수 있는 이론식을 구할 수 있을 것이다.

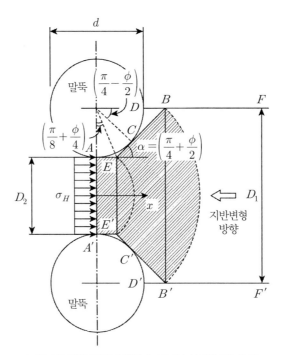

그림 4.7 말뚝 주변지반의 소성영역 설정(원형 말뚝)

본 이론해석에는 다음과 같은 사항을 가정을 한다. 이들 가정에 대한 타당성은 이미 실험적으로 입증된 바 있다.[21]

① 지반이 변형하면 AEB면 및 $A'E'B'$면을 따라 파괴면이 발생한다. 단, EB면과 $E'B'$면은 x축 방향과 $(\pi/4 + \phi/2)$의 각을 이룬다.

② 말뚝 주변지반은 $AEBB'E'A'$ 부분만이 소성상태가 되어 Mohr-Coulomb 항복조건을 만족한다. 따라서 이 지반은 내부마찰각 ϕ 및 점착력 c로 표시한다.

③ 파괴면 AEB 및 $A'E'B'$에는 마찰력이 작용하고 있지만 $AEBB'E'A'$ 부분(그림 4.7의 사선 부분) 내의 응력분포는 이들 파괴면에 마찰력이 작용하지 않은 경우의 응력분포와 동일하게 취급한다.

④ 지반은 깊이 방향으로 평면변형률상태에 있다.

⑤ 말뚝은 이동하지 않는 강체로 간주한다.

우선 그림 4.7의 $EBB'E'$ 부분 내의 미소요소에 작용하는 힘을 그림 4.8(a)와 같이 도시하고 이 힘들의 x축 방향 평형조건에서 식 (4.20)이 얻어진다.

$$- Dd\sigma_x - \sigma_x dD + 2dx\left\{\sigma_\alpha \tan\left(\frac{\pi}{4} + \frac{\phi}{2}\right) + \sigma_\alpha \tan\phi + c\right\} = 0 \tag{4.20}$$

가정 ③에 의거하면 주응력 σ_x에 대응하는 주응력을 EB면 및 $E'B'$면에 작용하는 수직응력 σ_α로 근사적으로 생각할 수 있다. 따라서 가정 ④의 지반항복조건에서 다음과 같은 관계가 성립할 수 있다.

$$\sigma_\alpha = N_\phi \sigma_x + 2c N_\phi^{1/2} \tag{4.21}$$

여기서, 유동지수 N_ϕ는 식 (4.3)과 동일하게 식 (4.22)와 같다.

$$N_\phi = \tan^2\left(\frac{\pi}{4} + \frac{\phi}{2}\right) = \frac{1 + \sin\phi}{1 - \sin\phi} \tag{4.22}$$

또한 미소요소폭 dx는 기하학적 관계에서 식 (4.23)과 같이 표현할 수 있다.

$$dx = \frac{d\left(\dfrac{D}{2}\right)}{\tan\alpha} = \frac{1}{2}N_\phi^{-1/2}dD \tag{4.23}$$

식 (4.20)에 (4.21)과 (4.23)을 대입하여 변수분리형으로 정리하면 미분방정식 (4.24)를 구할 수 있다.

$$\frac{d\sigma_x}{\sigma_x G_1(\phi) + c G_2(\phi)} = \frac{dD}{D} \tag{4.24}$$

여기서, $G_1(\phi) = N_\phi^{1/2}\tan\phi + N_\phi - 1$ 이고 $G_2(\phi) = 2\tan\phi + 2N_\phi^{1/2} + N_\phi^{-1/2}$ 이다.

식 (4.24)를 적분하면 식 (4.25)가 구해진다.

$$\sigma_x = \frac{(C_1 D)^{G_1(\phi)} - c G_2(\phi)}{G_1(\phi)} \tag{4.25}$$

여기서, C_1 은 적분상수이다.

한편 그림 4.7의 $AEE'A'$ 부분 내의 미소요소에 작용하는 힘은 그림 4.8(b)에 도시한 바와 같이 x축 방향의 평형조건에서 식 (4.26)이 얻어진다.

$$D_2 d\sigma_x = 2(\sigma_\alpha \tan\phi + c)dx \tag{4.26}$$

식 (4.21)을 (4.26)에 대입하고 변수분리형으로 정리하면 식 (4.27)이 구해진다.

$$\frac{d\sigma_x}{\sigma_x G_3(\phi) + c G_4(\phi)} = \frac{2}{D_2}dx \tag{4.27}$$

여기서, $G_3(\phi) = N_\phi\tan\phi$, $G_4(\phi) = 2N_\phi^{1/2}\tan\phi + 1$ 이다.

식 (4.27)을 적분하면 다음과 같다.

$$\sigma_x = \frac{C_2 \exp\left(\dfrac{2\,G_3(\phi)}{D_2}x\right) - c\,G_4(\phi)}{G_3(\phi)} \tag{4.28}$$

여기서, C_2는 적분상수이다.

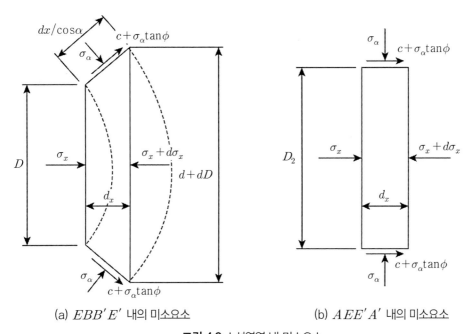

(a) $EBB'E'$ 내의 미소요소   (b) $AEE'A'$ 내의 미소요소

그림 4.8 소성영역 내 미소요소

$x=0$인 면 AA'에서의 응력 σ_x는 지반변형에 저항하는 일정분포의 수평토압 σ_H와 같으므로 식 (4.28)의 적분상수 C_2는 다음과 같이 구해진다.

$$C_2 = \sigma_H G_3(\phi) + c\,G_4(\phi) \tag{4.29}$$

식 (4.29)를 (4.28)에 대입하고 그림 4.7의 EE'면에 작용하는 응력을 구하면

$$\left.\left|\sigma_x\right|\right._{x=\frac{D_1-D_2}{2}\tan\left(\frac{\pi}{8}+\frac{\phi}{4}\right)}$$

$$= \frac{1}{G_3(\phi)} \left\{ (\sigma_H G_3(\phi) + c G_4(\phi)) \exp\left(\frac{D_1 - D_2}{D_2} \tan\left(\frac{\pi}{8} + \frac{\phi}{4} \right) G_3(\phi) \right) - c G_4(\phi) \right\} \quad (4.30)$$

또한 $EBB'E'$ 부분의 EE' 면에 작용하는 응력은 식 (4.25)에 $D = D_2$를 대입하여 얻을 수 있으므로 이 값은 식 (4.30)과도 일치하므로 이들 식에서 적분상수 C_1을 구하면 식 (4.31) 과 같다.

$$C_1 = \frac{1}{D_2} \left[\frac{G_1(\phi)}{G_3(\phi)} \left\{ (\sigma_H G_3(\phi) + c G_4(\phi)) \exp\left(\frac{D_1 - D_2}{D_2} \tan\left(\frac{\pi}{8} + \frac{\phi}{4} \right) G_3(\phi) \right) \right. \right.$$
$$\left. \left. - c G_4(\phi) \right\} + c G_2(\phi) \right]^{-G_1(\phi)}$$

$$(4.31)$$

식 (4.31)을 (4.25)에 대입하여 BB' 면에 작용하는 단위길이당 x방향 토압 $p_{BB'}$ 는 식 (4.32) 와 같이 구해진다.

$$p_{BB'} = D_1 \left| \sigma_x \right|_{D = D_1}$$
$$= D_1 \left(\frac{D_1}{D_2} \right)^{G_1(\phi)} \left[\frac{1}{G_3(\phi)} \left\{ (\sigma_H G_3(\phi) + c G_4(\phi)) \exp\left(\frac{D_1 - D_2}{D_2} \tan\left(\frac{\pi}{8} + \frac{\phi}{4} \right) G_3(\phi) \right) - c G_4(\phi) \right\} \right.$$
$$\left. + c \frac{G_2(\phi)}{G_1(\phi)} \right] - c D_1 \frac{G_2(\phi)}{G_1(\phi)} \quad (4.32)$$

단위길이당 말뚝에 작용하는 x방향의 측방토압 p는 BB' 면과 AA' 면에 작용하는 토압의 차이므로 다음과 같이 구해진다.

$$p = p_{BB'} - p_{AA'}$$
$$= D_1 \left| \sigma_x \right|_{D = D_1} - D_2 \sigma_H$$
$$= c \left[D_1 \left(\frac{D_1}{D_2} \right)^{G_1(\phi)} \left\{ \frac{G_4(\phi)}{G_3(\phi)} \left(\exp\left(\frac{D_1 - D_2}{D_2} \tan\left(\frac{\pi}{8} + \frac{\phi}{4} \right) G_3(\phi) \right) - 1 \right) + \frac{G_2(\phi)}{G_1(\phi)} \right\} \right.$$

$$- D_1 \frac{G_2(\phi)}{G_1(\phi)} \Bigg] + \sigma_H \Bigg[D_1 \left(\frac{D_1}{D_2} \right)^{G_1(\phi)} \exp \left(\frac{D_1 - D_2}{D_2} \tan \left(\frac{\pi}{8} + \frac{\phi}{4} \right) G_3(\phi) \right) - D_2 \Bigg] \quad (4.33)$$

모래지반($\phi \neq 0$)의 경우는 식 (4.33)에 점착력 $c = 0$을 대입하여 다음 식을 구할 수 있다.

$$p = \sigma_H \Bigg[D_1 \left(\frac{D_1}{D_2} \right)^{G_1(\phi)} \exp \left(\frac{D_1 - D_2}{D_2} \tan \left(\frac{\pi}{8} + \frac{\phi}{4} \right) G_3(\phi) \right) - D_2 \Bigg] \quad (4.34)$$

그러나 점토지반($c \neq 0$)의 경우는 식 (4.33)에 $\phi = 0$을 직접 대입할 수 없으므로 별도의 유도과정으로 산정식을 유도해야 한다. 식 (4.20), (4.21), (4.23) 및 식 (4.26)에 $\phi = 0$을 대입하여 동일하게 유도하면 다음과 같다. 즉, 그림 4.7 및 그림 4.8 중에 $\phi = 0$을 대입한 후 일반토사 $(c - \phi)$ 지반에서와 동일한 유도 과정으로 진행한다.

그림 4.8(a)의 $EBB'E'$ 부분과 그림 4.8(b)의 $AEE'A'$ 부분 내의 각각의 미소요소에 작용하는 힘의 x축 방향 평형조건에서 얻은 미분방정식을 적분하여 이들 각각의 요소에 대한 응력방정식을 구한다.

다음으로 AA'면에서의 경계조건 및 EE'면에서의 경계조건에서 적분상수를 결정한 후 BB'면과 AA'면에 작용하는 토압의 차를 구하면 식 (4.35)와 같이 정리된다.

$$p = c D_1 \left(3\ln \frac{D_1}{D_2} + \frac{D_1 - D_2}{D_2} \tan \frac{\pi}{8} \right) + \sigma_H (D_1 - D_2) \quad (4.35)$$

식 (4.33), (4.34) 혹은 식 (4.35)의 수평하중 p를 식 (4.17)에 대입하여 측방변형이 진행되는 지반의 깊이 H에 대하여 적분하면 측방토압에 의한 전체 수평하중 P_T를 구할 수 있다.

(2) 구형 말뚝

그림 4.9는 단면 $B_1 \times B_2$의 구형 말뚝이 일정한 간격 D_1으로 일렬로 설치된 줄말뚝 중 두 개의 말뚝 사이를 확대 도시한 그림이다. 즉, 그림 4.9는 그림 4.7의 원형 말뚝 설치 시의 말뚝 사이 지반에 발달하는 소성영역을 참고로 구형 말뚝이 설치되었을 경우의 소성영역을

도시한 그림이다.

구형 말뚝 전면의 쐐기부 EBG 및 $E'B'G'$에 발달하는 파괴면 EB와 $E'B'$는 수평면과 α의 각도를 이루는 것으로 하며 α는 원형 말뚝일 때와 동일하게 $(\pi/4 + \phi/2)$로 한다. 한편 말뚝의 순간격 D_2 사이의 파괴면 AE와 $A'E'$는 구형 말뚝의 한 변 B_2에 걸쳐 발달하는 것으로 한다.

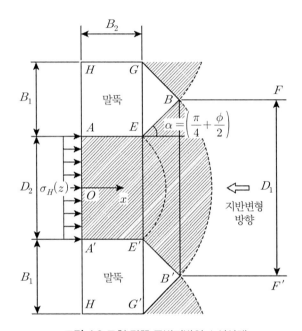

그림 4.9 구형 말뚝 주변지반의 소성상태

따라서 $AEE'A'$ 부분에서의 파괴면 $\overline{AE}$ 및 $\overline{A'E'}$는 다음과 같이 표현할 수 있다.

$$\overline{AE} = \overline{A'E'} = B_2 = \xi B_1 = \xi(D_1 - D_2) \tag{4.36}$$

여기서, $\xi(= B_2/B_1)$는 말뚝형상계수이다.

이 말뚝형상계수 ξ를 도입하여 구형 말뚝에 작용하는 측방토압을 구하면 원형 말뚝에 대한 산정식인 식 (4.33), (4.34) 및 식 (4.35)를 수정하여 각각 식 (4.37), (4.38) 및 식 (4.39)와 같이 구해진다.

즉, 일반토사지반에서의 측방토압은 식 (4.33)으로부터 (4.37)과 같이 구해진다.

$$p = c\left[D_1\left(\frac{D_1}{D_2}\right)^{G_1(\phi)}\left\{\frac{G_4(\phi)}{G_3(\phi)}\left(\exp\left(2\xi\frac{D_1-D_2}{D_2}G_3(\phi)\right)-1\right)+\frac{G_2(\phi)}{G_1(\phi)}\right\}-D_1\frac{G_2(\phi)}{G_1(\phi)}\right]$$
$$+\sigma_H\left[D_1\left(\frac{D_1}{D_2}\right)^{G_1(\phi)}\exp\left(2\xi\frac{D_1-D_2}{D_2}G_3(\phi)\right)-D_2\right] \qquad (4.37)$$

여기서, $G_3(\phi)$와 $G_4(\phi)$는 원형 말뚝일 경우와 약간 다르게 수정하여 $G_3(\phi) = N_\phi\tan\phi_0$, $G_4(\phi) = 2N_\phi^{1/2}\tan\phi_0 + c_0/c$으로 한다. 이는 파괴면 AE와 $A'E'$에서의 전단력이 지반 내부의 내부마찰각 ϕ와 점착력 c에 의존하지 않고 말뚝과 지반 사이의 마찰력 ϕ_0와 부착력 c_0에 의존하기 때문이다.

한편 모래지반에서의 측방토압은 식 (4.34)로부터 다음과 같이 된다.

$$p = \sigma_H\left[D_1\left(\frac{D_1}{D_2}\right)^{G_1(\phi)}\exp\left(2\xi\frac{D_1-D_2}{D_2}G_3(\phi)\right)-D_2\right] \qquad (4.38)$$

그리고 점토지반에서의 측방토압은 식 (4.35)로부터 다음과 같이 된다.

$$p = cD_1\left(3\ln\frac{D_1}{D_2}+2\xi\frac{D_1-D_2}{D_2}\frac{c_0}{c}\right)+\sigma_H(D_1-D_2) \qquad (4.39)$$

(3) 기타 단면의 말뚝

그림 4.10은 네 가지 단면형상을 가지는 말뚝의 설치도를 보여주고 있다. 그림 4.10(a)의 경우는 두께가 얇은 강판이 지반변형 방향에 수직으로 놓여 있는 경우이다. 이 경우 말뚝형상계수 $\xi(=t_0/B_1)$는 대단히 적어 0으로 생각할 수 있으므로 측방토압산정식은 식 (4.37), (4.38), (4.39)로부터 다음과 같이 구해진다.

즉, 일반토사지반에서의 측방토압은 식 (4.37)로부터 (4.40)과 같이 된다.

$$p = cD_1 \frac{G_2(\phi)}{G_1(\phi)} \left\{ \left(\frac{D_1}{D_2} \right)^{G_1(\phi)} - 1 \right\} + \sigma_H \left[D_1 \left(\frac{D_1}{D_2} \right)^{G_1(\phi)} - D_2 \right] \tag{4.40}$$

한편 모래지반에서의 측방토압은 식 (4.38)로부터 다음과 같이 된다.

$$p = \sigma_H \left[D_1 \left(\frac{D_1}{D_2} \right)^{G_1(\phi)} - D_2 \right] \tag{4.41}$$

그리고 점토지반에서의 측방토압은 식 (4.39)로부터 다음과 같이 된다.

$$p = 3cD_1 \ln \frac{D_1}{D_2} + \sigma_H(D_1 - D_2) \tag{4.42}$$

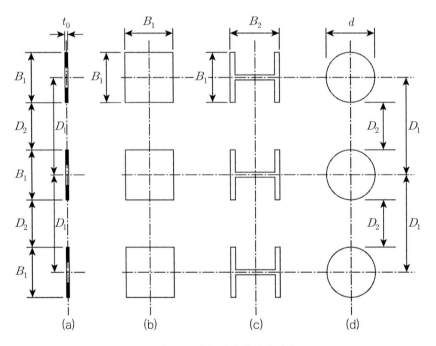

그림 4.10 각종 단면 형상의 말뚝

만약 이런 얇은 강판이 지반변형 방향에 평행으로 놓여 있다면 말뚝형상계수는 $\xi(= B_1/t_0)$ 이 되고 D_2는 $D_1 - t_0$가 된다. 이들 값을 식 (4.37), (4.38), (4.39)에 대입하면 측방토압을 산정할 수는 있으나 $D_1 \fallingdotseq D_2$로 인하여 대단히 적은 값이 산출될 것이다.

한편 그림 4.10(b)의 경우는 $B_1 = B_2$인 정방형단면의 말뚝이므로 말뚝형상계수는 1이 된다. 따라서 식 (4.37), (4.38), (4.39)로부터 다음과 같이 구해진다.

우선 일반토사지반에서의 측방토압은 식 (4.37)로부터 (4.43)과 같이 구해진다.

$$p = c\left[D_1\left(\frac{D_1}{D_2}\right)^{G_1(\phi)}\left\{\frac{G_4(\phi)}{G_3(\phi)}\left(\exp\left(2\frac{D_1 - D_2}{D_2}G_3(\phi)\right) - 1\right) + \frac{G_2(\phi)}{G_1(\phi)}\right\} - D_1\frac{G_2(\phi)}{G_1(\phi)}\right]$$
$$+ \sigma_H\left[D_1\left(\frac{D_1}{D_2}\right)^{G_1(\phi)}\exp\left(2\frac{D_1 - D_2}{D_2}G_3(\phi)\right) - D_2\right] \qquad (4.43)$$

한편 모래지반에서의 측방토압은 식 (4.38)로부터 다음과 같이 된다.

$$p = \sigma_H\left[D_1\left(\frac{D_1}{D_2}\right)^{G_1(\phi)}\exp\left(2\frac{D_1 - D_2}{D_2}G_3(\phi)\right) - D_2\right] \qquad (4.44)$$

그리고 점토지반에서의 측방토압은 식 (4.39)로부터 다음과 같이 된다.

$$p = cD_1\left(3\ln\frac{D_1}{D_2} + 2\frac{D_1 - D_2}{D_2}\frac{c_0}{c}\right) + \sigma_H(D_1 - D_2) \qquad (4.45)$$

그림 4.10(c)는 H형 말뚝의 경우이다. 이 경우는 H말뚝의 플랜지와 웨브 사이의 흙이 일체로 되어 움직일 것이 예상되므로 구형단면의 경우와 동일하게 생각하여도 무방할 것이다. 단, 이 경우 말뚝과 지반 사이의 마찰각 ϕ_0와 부착력 c_0로는 지반의 내부마찰각 ϕ와 점착력 c를 사용할 수 있다. 따라서 $G_3(\phi)$와 $G_4(\phi)$는 원형 말뚝일 경우와 동일하게 지반의 내부마찰각 ϕ와 점착력 c를 적용하여 $G_3(\phi) = N_\phi\tan\phi$, $G_4(\phi) = 2N_\phi^{1/2}\tan\phi + 1$로 사용해야 한다.

그림 4.10(d)는 원형 말뚝의 경우로 이미 위에서 설명하였으므로 그 결과를 사용하면 된다. 다만 구형 말뚝과의 차이를 비교해보면 그림 4.7의 파괴면 AE와 $A'E'$의 길이가 $\frac{1}{2}(D_1 - D_2)$

$\tan\left(\dfrac{\pi}{8}+\dfrac{\phi}{4}\right)$이므로 원형 말뚝의 말뚝형상계수 ξ는 $\dfrac{1}{2}\tan(\pi/8+\phi/4)$로 된다. 이 말뚝형상계수로부터 알 수 있는 바와 같이 원형 말뚝의 말뚝형상계수는 말뚝의 직경에 의하여 결정되지 않고 지반의 내부마찰각에 의하여 결정된다. 이는 그림 4.7에서 보는 바와 같이 말뚝 주변 지반의 파괴면 $\overline{AE}$ 및 $\overline{A'E'}$의 가정에 의거하기 때문이다. 원형 말뚝의 형상계수는 내부마찰각이 0°인 점토의 0.21에서부터 내부마찰각이 45°인 사질토의 0.33까지의 범위에 있게 될 것이다.

(4) 단일말뚝

그림 4.9의 구형 말뚝 중 한 개만의 말뚝 $AEGH$가 설치되어 있는 경우 지반의 측방변형에 의한 토압을 산정할 수 있는 이론식은 다음과 같이 유도할 수 있다.

우선 파괴면 $\overline{AE}$ 및 $\overline{HG}$에 작용하는 수직응력을 σ_α라 하면 이 부분에 작용하는 x축 방향 힘 p_1은 식 (4.46)과 같다.

$$p_1 = 2\xi B_1(\sigma_\alpha \tan\phi_0 + c_0) \tag{4.46}$$

한편 삼각형 쐐기부 EBG의 파괴면 EB 및 BG에 작용하는 x축 방향 힘 p_2는 다음과 같다.

$$p_2 = \sigma_\alpha B_1 + \frac{B_1}{\tan\alpha}(\sigma_\alpha \tan\phi + c) \tag{4.47}$$

따라서 말뚝에 작용하는 측방토압 p는 p_1과 p_2로부터 다음과 같이 구해진다.

$$p = p_1 + p_2 = \left(\frac{1}{\tan\alpha} + 2\xi\frac{c_0}{c}\right)B_1 c + \left(1 + \frac{\tan\phi}{\tan\alpha} + 2\xi\tan\phi_0\right)B_1\sigma_\alpha \tag{4.48}$$

여기서 지반변형 방향의 주응력 σ_H에 대응하는 주응력을 σ_α로 근사시키면 항복조건에서 다음 관계가 성립한다.

$$\sigma_\alpha = \sigma_H N_\phi + 2c N_\phi^{1/2} \qquad (4.49)$$

식 (4.49)를 (4.48)에 대입하면 식 (4.50)이 구해진다.

$$p = (G_2(\phi) + 2\xi G_4(\phi))B_1 c + (G_1(\phi) + 2\xi G_3(\phi) + 1)B_1 \sigma_H \qquad (4.50)$$

4.3 모형실험 결과와의 비교

지반아치의 측면기초파괴 및 정상파괴에 의한 이론치와 모형실험에 의한 실험치를 서로 비교 검토함으로써 말뚝에 작용하는 측방토압의 범위를 산정하고, 제안식의 타당성을 확인할 수 있다. 실험치로는 모래와 점토에 대하여 기존에 수행된 모형실험 결과[21]를 이용한다.

4.3.1 모형실험 결과의 분석

그림 4.11은 모래 및 점토지반 속의 말뚝에 작용하는 측방토압의 발생기구를 규명하기 위하여 실시한 모형실험 결과[21]로서, 측방토압과 지반변위량 사이의 관계를 나타낸 것이다. 이 그림을 살펴보면, 말뚝에 작용하는 측방토압은 지반변위량이 증가함에 따라 점차적으로 증가하다가 극한측방토압에 도달하는 것으로 나타났다. 그리고 이 그림에 측면기초파괴 및 정상파괴에 의한 이론치를 함께 도시하였다. 측면기초파괴에 대한 이론치가 정상파괴에 대한 이론치보다 크게 나타남을 확인할 수 있다. 즉, 측방토압은 초기의 선형탄성구간을 지나 정상파괴로 추정되는 시점부터 측면기초파괴로 추정되는 시점까지 진행되는 동안 측방토압이 증가하는 항복영역을 그림에서 알 수 있다.[9]

한편 그림 4.12는 그림 4.11에 제시된 모래 및 점토에 대한 모형실험으로 측정된 측방토압과 지반변위량을 양면대수지상에 다시 도시한 것으로, 그림 4.11에서 산정된 극한측방토압 이하의 점만을 나타낸 것이다. 그림에서 보는 바와 같이 측방토압과 지반변위량의 관계는 두 개의 변곡점으로 표시된 두 개의 항복점을 가지는 것으로 판단된다. 따라서 여기서 첫 번째 변곡점으로 표시된 측방토압은 말뚝 주변지반에서 지반아치의 정상파괴 시에 작용하는 측방토압의 항복점으로 생각할 수 있으며, 두 번째 변곡점으로 표시된 측방토압은 지반아치의 측면기초파괴 시에 작용하는 측방토압의 항복점으로 생각할 수 있을 것이다.

따라서 모형실험에 의한 측방토압과 지반변위량 사이의 곡선에서 측면기초파괴 및 정상파괴 시 말뚝에 작용하는 측방토압 실험치를 구할 수 있다. 그리고 측면기초파괴에 의한 측방토압과 정상파괴에 의한 측방토압 사이를 억지말뚝에 작용하는 측방토압의 항복범위로 설정할 수 있을 것이다.

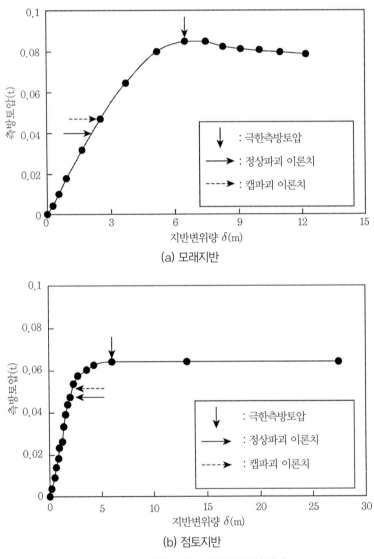

(a) 모래지반

(b) 점토지반

그림 4.11 측방토압과 지반변위량의 관계

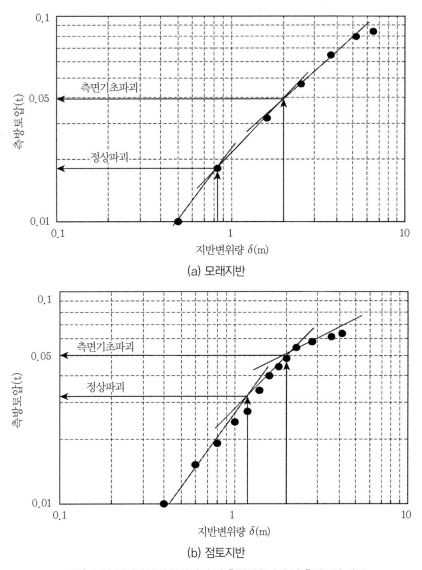

(a) 모래지반

(b) 점토지반

그림 4.12 지반아치의 정상파괴 및 측면기초파괴 시 측방토압 산정

4.3.2 모형실험치와 이론예측치의 비교

그림 4.13은 모형실험 결과[21]에 대하여 측면기초파괴 및 정상파괴 시 측방토압 p 를 말뚝 중심간격 D_1 으로 나눈 p/D_1 과 말뚝간격비 D_2/D_1 의 관계로 정리한 것이다.[9] 그림에서 실선 은 정상파괴에 대한 측방토압의 이론곡선이며, 점선은 측면기초파괴에 대한 측방토압의 이론 곡선이다. 그리고 흰 원과 검은 원으로 표시된 실험치는 그림 4.12에서 분석한 모형실험 결과

로부터 얻은 값이다.

이들 이론곡선 사이는 소성변형지반 속 억지말뚝에 작용하는 측방토압의 항복범위라고 정의할 수 있다. 그리고 그림 중 검은 원은 지반아치의 측면기초파괴 시, 즉 캡파괴 시의 측방토압 실험치를 나타낸 것이고, 흰 원은 지반아치의 정상파괴 시 측방토압 실험치를 나타낸 것이다.

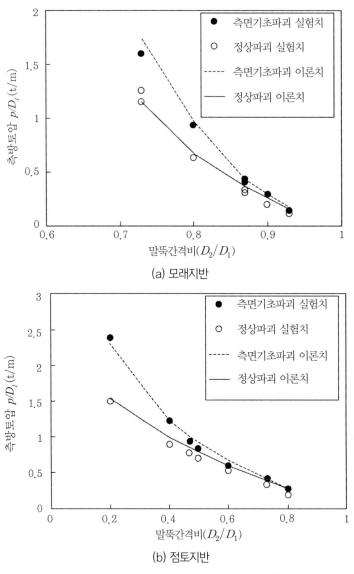

(a) 모래지반

(b) 점토지반

그림 4.13 측방토압과 말뚝간격비와의 관계

그림에서 보는 바와 같이 캡파괴 및 정상파괴 시 측방토압 실험치는 모두 이론곡선에 매우 근접하여 위치하고 있으므로 제안된 이론식의 합리성을 확인할 수 있다. 따라서 소성변형 지반 속의 억지말뚝에 작용하는 측방토압은 초기탄성영역에서는 선형적인 거동을 보이다가 지반아치의 정상파괴 발생 시의 제1 항복상태를 시작으로 지반아치의 캡파괴 발생 시의 제2 항복상태까지 항복영역을 지나 극한상태에 도달하는 것으로 판단된다.

한편 말뚝의 간격이 증가할수록 정상파괴의 이론곡선과 캡파괴의 이론곡선의 범위가 점점 좁아지다가 말뚝간격비 0.9 이상이 되면 거의 동일해지는 것으로 나타났다. 이것은 말뚝간격비 0.9 이상으로 말뚝간격이 넓어지면 지반아치의 캡파괴에 의하여 발생하는 전단력의 효과가 거의 소멸되어 지반아칭현상이 발현되지 않는 경우라고 생각할 수 있다. 즉, 말뚝간격비가 0.9 이상이 되면 단일말뚝의 경우로 간주하여도 무방한 말뚝간격임을 나타내는 것이다.

| 참고문헌 |

(1) 홍원표(1982), '점토지반 속의 말뚝에 작용하는 측방토압', 대한토목학회논문집, 제2권, 제1호, pp.45-52.

(2) 홍원표(1983), '수평력을 받는 말뚝', 대한토목학회지, 제31권, 제5호, pp.32-36.

(3) 홍원표(1983), '모래지반 속의 말뚝에 작용하는 측방토압', 대한토목학회논문집, 제3권, 제3호, pp.63-69.

(4) 홍원표(1984), '측방변형지반 속의 말뚝에 작용하는 토압', 1984년도 제9차 국내외한국과학기술자 종합학술대회논문집(II), 한국과학기술단체총연합회, pp.919-924.

(5) 홍원표(1984), '측방변형지반 속의 줄말뚝에 작용하는 토압', 대한토목학회논문집, 제4권, 제1호, pp.59-68.

(6) 홍원표(1989), '대한주택공사 부산덕천지구 사면안정검토 연구용역보고서', 대한토질공학회.

(7) 홍원표(1991), '말뚝을 사용한 산사태 억지공법', 한국지반공학회지, 제7권, 제4호, pp.75-87.

(8) 홍원표·이재호·전성권(2000), '성토지지말뚝에 작용하는 연직하중의 이론해석', 한국지반공학회 논문집, 제16권, 제1호, pp.131-143.

(9) 홍원표·송영석(2004), '측방변형지반 속 줄말뚝에 작용하는 토압의 산정법', 한국지반공학회논문 집, 제20권, 제3호, pp.13-22.

(10) 홍원표(2017), 수평하중말뚝 – 수동말뚝과 주동말뚝 – , 도서출판씨아이알.

(11) De Beer, E.E.(1977), "Piles subjected to static lateral loads", State-of-the-Art Report, Proc., 9th ICSMFE, Specialty Session 10, Tokyo, pp.1-14.

(12) De Beer, E.E. and Wallays, M.(1972), "Forces induced in piles by un-symmetrical surcharges on the soil around the pile", Proc., 5th ICSMFE, Moscow, Vol.4.3, pp.325-332.

(13) Hewlett, W.J. and Randolph, M.F.(1988), "Analysis of piled embankments", Ground Engineering, 21(3), pp.12-18.

(14) Hong, W.P.(1986), "Design method of piles to stabilize landslides", Proc., Int. Symp. on Environmental Geotechnology, Allentown, PA. pp.441-453.

(15) Ito, T. and Matsui, T.(1975), "Methods to estimate lateral force acting on stabilizing piles", Soils and Foundations, Vol.15, No.4, pp.43-59.

(16) Ito, T., Matsui, T. and Hong, W.P.(1979), "Design method for the stability analysis of the slope with landing pier", Soils and Foundations, Vol.19, No.4, pp.43-57.

(17) Ito, T., Matsui, T. and Hong, W.P.(1981), "Design method for stabilizing piles against landslides-One row of piles", Soils and Foundations, Vol.21, No.1, pp.21-37.

(18) Ito, T., Matsui, T. and Hong, W.P.(1982), "Extended design method for multi-rows stabilizing piles

against landslides", Soils and Foundations, Vol.22, No.1, pp.1-13.

(19) Low, B.K., Tang, S.K. and Choa, V.(1994), "Arching in piled embank-ments", Journal of Geotechnical Engineering, ASCE., Vol.120, No.11, pp.1917-1937.

(20) Marche, R. and Lacroix, Y.(1972), "Stabilite des culees de ponts etablies sur des pieux traversant une couche molle", Canadian Geotechnical Journal, Vol.9, No.1, pp.1-24.

(21) Matsui, T., Hong, W.P. and Ito, T.(1982), "Earth pressure on piles in a row due to lateral soil movements", Soils and Foundations, Vol.22, No.2, pp.71-81.

(22) Terzaghi, K.(1936), "Stress distribution in dry and saturated sand above yielding trap-door", Proc. Int. Conf. Soil Mech., Cambridge, Mass., Vol.1, pp.307-311.

(23) Terzaghi, K.(1943), *Theoretical Soil Mechanics*, John Wiley & Sons, New York. pp.66-76.

(24) Timoshenko, S.P. and Goodier, J.N.(1970), *Theory of Elasticity*, McGraw-Hill Book Comany, pp.65-68.

(25) Tschebotarioff, G.P.(1971), Discussion, Highway Research Record, No.354, pp.99-101.

엄지말뚝 흙막이벽 주변의
지반아칭

Chapter 05 | 엄지말뚝 흙막이벽 주변의 지반아칭

5.1 굴착지반에서의 지반아칭

그림 5.1은 직경이 d인 RC 말뚝을 D_1의 중심간격으로 일렬로 설치한 주열식 흙막이벽의 정면도와 평면도이다.[1,2,9-11,20] 또한 사진 5.1은 주열식 흙막이벽을 설치하여 굴착을 실시한 한 굴착현장의 사진이다.

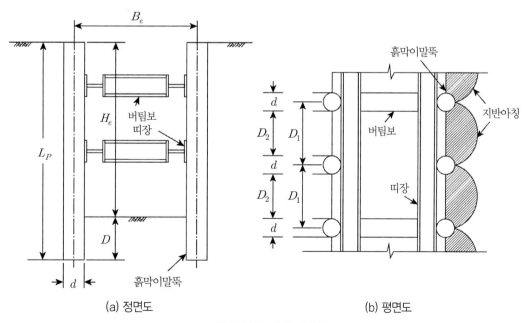

(a) 정면도   (b) 평면도

그림 5.1 주열식 흙막이벽

사진 5.1 주열식 흙막이벽 현장사진

　말뚝을 설치한 후 굴착이 진행됨에 따라 말뚝 사이의 지반이 말뚝열과 직각 방향으로 이동하려고 할 것이다. 이 경우 말뚝의 이동이 버팀보와 띠장 등으로 구속되어 있으면, 말뚝 사이의 지반에는 그림 5.1(b)에 도시된 바와 같이 지반아칭(soil arching)현상이 엄지말뚝 사이 지반에 발생하게 되어 지반이동에 말뚝이 저항할 수 있게 된다.[13]

　따라서 주열식 흙막이벽에 사용된 흙막이 말뚝의 설계에서는 이 말뚝의 저항력을 합하여 산정하여야 함이 무엇보다 중요할 것이다. 왜냐하면 이 저항력이 과소하게 산정되면 공사비가 과다하게 들 것이며 저항력이 과대하게 산정되면 말뚝 사이의 지반이 유동하여 흙막이벽의 붕괴를 초래하기 때문이다.[9-11]

　말뚝의 저항력은 지반의 상태와 말뚝의 설치상태에 영향을 받을 것이므로 말뚝저항력 산정 시에는 이들 요소의 영향을 잘 고려해야만 한다. 이러한 저항력은 측방변형지반 속의 수동말뚝에 작용하는 측방토압 산정이론식을 응용함으로써 산정할 수 있다.[3-8,15]

　이 측방토압은 말뚝주변지반이 Mohr-Coulomb의 파괴기준을 만족하는 상태에 도달하려 할 때까지 발생 가능한 토압을 의미한다. 따라서 말뚝이 충분한 강성을 가지고 있어 이 토압까지 충분히 견딜 수 있다면, 말뚝 주변지반은 소성상태에 도달하지 않은 탄성영역에 존재하게 될 것이다. 이 사실은 바꾸어 이야기하면 상기 식으로 산정된 측방토압이란 수치는 말뚝 사이 지반에 소성상태가 발생됨이 없이 충분한 강성을 가진 말뚝이 지반의 측방이동에 저항할 수 있는 최대치에 해당됨을 의미한다. 지반의 측방이동에 저항할 수 있는 이러한 말뚝의 특성을 이용하여 억지말뚝은 사면의 안정을 증가시키는 목적으로도 많이 사용되고 있다. 따라서 흙막이용 말뚝도 굴착지반의 안정을 위하여 사용될 수 있을 것이다.

5.2 흙막이말뚝의 저항력

사면과 같은 측방변형지반의 경우는 말뚝열 전후면에 지반이 존재하는 관계로 말뚝열 전후면의 토압차를 구하여 말뚝에 작용하는 측방토압으로 생각할 수 있다. 이와 같은 측방변형지반 속에 설치된 원형의 수동말뚝에 작용하는 측방토압 p의 산정이론식은 다음과 같이 유도한 바 있다.[3-8]

$$
\begin{aligned}
p = c\Bigg[D_1\bigg(\frac{D_1}{D_2}\bigg)^{G_1(\phi)} &\bigg\{ \frac{G_4(\phi)}{G_3(\phi)}\bigg(\exp\bigg(\frac{D_1-D_2}{D_2}\tan\bigg(\frac{\pi}{8}+\frac{\phi}{4}\bigg)G_3(\phi)\bigg)-1\bigg)+\frac{G_2(\phi)}{G_1(\phi)}\bigg\} \\
&- D_1\frac{G_2(\phi)}{G_1(\phi)}\Bigg] + \sigma_H\Bigg[D_1\bigg(\frac{D_1}{D_2}\bigg)^{G_1(\phi)}\exp\bigg(\frac{D_1-D_2}{D_2}\tan\bigg(\frac{\pi}{8}+\frac{\phi}{4}\bigg)G_3(\phi)\bigg)-D_2\Bigg]
\end{aligned} \quad (5.1)
$$

여기서, $G_1(\phi) = N_\phi^{1/2}\tan\phi + N_\phi - 1$

$\qquad\quad G_2(\phi) = 2\tan\phi + 2N_\phi^{1/2} + N_\phi^{-1/2}$

$\qquad\quad G_3(\phi) = N_\phi\tan\phi_0$

$\qquad\quad G_4(\phi) = 2N_\phi^{1/2}\tan\phi_0 + c_0/c$

$\qquad\quad N_\phi = \tan^2(\pi/4 + \phi/2)$

또한 상기 식 중 c = 지반의 점착력

$\qquad\qquad\quad \phi$ = 지반의 내부마찰각

$\qquad\qquad\quad D_1$ = 말뚝의 중심 간 간격

$\qquad\qquad\quad D_2$ = 말뚝의 순간격$(D_1 - d)$

$\qquad\qquad\quad \sigma_H$ = 말뚝열 전면에 작용하는 토압

한편 점토지반($c \neq 0$)의 경우는 식 (5.1) 대신 별도의 유도과정으로 식 (5.2)를 사용하도록 하였다.[3-8]

$$p = cD_1\left(3\ln\frac{D_1}{D_2} + \frac{D_1 - D_2}{D_2}\tan\frac{\pi}{8}\right) + \sigma_H(D_1 - D_2) \tag{5.2}$$

그러나 흙막이 말뚝의 경우는 그림 5.1(a)에서 보는 바와 같이 말뚝열 전면이 굴착지반에 해당하므로 식 (5.1)과 (5.2)에 포함된 σ_H, 즉 말뚝열 전면에 작용하는 토압 σ_H는 작용하지 않게 된다. 따라서 주열식 흙막이벽용 말뚝의 수평저항력 p_r은 수동말뚝의 측방토압 산정이론식 식 (5.1) 및 (5.2)에 $\sigma_H = 0$을 대입한 측방토압 p와 등치시킬 수 있다.

이와 같이 말뚝 주변지반이 소성영역에 막 들어서려고 할 때 말뚝에 작용하는 측방토압을 말뚝의 저항력으로 하고 이 측방토압에 충분히 견디게끔 말뚝의 강성과 흙막이 지지공을 설계·설치하면 말뚝배면의 지반은 탄성영역에 존재하게 된다.

따라서 지반의 내부마찰각이 0이 아닌 경우의 말뚝저항력 p_r은 식 (5.1)에 $\sigma_H = 0$을 대입하여 식 (5.3)을 구할 수 있다.

$$p_r = c\left[D_1\left(\frac{D_1}{D_2}\right)^{G_1(\phi)}\left\{\frac{G_4(\phi)}{G_3(\phi)}\left(\exp\left(\frac{D_1 - D_2}{D_2}\tan\left(\frac{\pi}{8} + \frac{\phi}{4}\right)G_3(\phi)\right) - 1\right) + \frac{G_2(\phi)}{G_1(\phi)}\right\}\right.$$
$$\left. - D_1\frac{G_2(\phi)}{G_1(\phi)}\right] \tag{5.3}$$

점토의 경우는 식 (5.2)에 $\sigma_H = 0$을 대입하여 식 (5.4)와 같이 구할 수 있다.

$$p_r = cD_1\left(3\ln\frac{D_1}{D_2} + \frac{D_1 - D_2}{D_2}\tan\frac{\pi}{8}\right) \tag{5.4}$$

점착력이 전혀 없는 완전 건조된 모래의 경우는 식 (5.3)에서 알 수 있는 바와 같이 본 이론식의 사용이 불가능하다. 실제 지반의 경우를 생각하면 이런 지반의 굴착 시 굴착으로 인한 굴착면의 응력해방이 발생하면 흙이 자립을 할 수 없어 붕괴될 것이다. 그러나 모래지반이라

해도 수분이 존재하게 되면 겉보기점착력이 존재하게 되므로 이 겉보기 점착력을 구하여 상기 식 (5.3)을 사용하여야 한다.

이상의 검토로부터 식 (5.3)과 (5.4)를 보다 간편한 형태의 식으로 정리하기 위해 저항력계수 K_r을 도입하면 식 (5.3)과 (5.4)로부터 단위폭당으로 환산한 말뚝의 저항력 p_r/D_1은 식 (5.5)와 같은 형태로 정리될 수 있다.

$$\frac{p_r}{D_1} = K_r c \tag{5.5}$$

여기서, 저항력계수 K_r은 식 (5.6)과 같다.

$$K_r = \left(\frac{D_1}{D_2}\right)^{G_1(\phi)} \left\{ \frac{G_4(\phi)}{G_3(\phi)} \left(\exp\left(\frac{D_1-D_2}{D_2} \tan\left(\frac{\pi}{8}+\frac{\phi}{4}\right) G_3(\phi)\right) - 1 \right) + \frac{G_2(\phi)}{G_1(\phi)} \right\} - \frac{G_2(\phi)}{G_1(\phi)}$$

$(\phi \neq 0$ 경우) $\tag{5.6a}$

$$K_r = 3\ln\frac{D_1}{D_2} + \frac{D_1-D_2}{D_2}\tan\frac{\pi}{8} \quad (\phi = 0 \text{ 경우}) \tag{5.6b}$$

저항력계수 K_r은 식 (5.6)에서 알 수 있는 바와 같이 ϕ와 D_2/D_1의 함수이므로 이들 사이의 관계를 도시해보면 그림 5.2와 같다. 여기서 말뚝간격비 D_2/D_1는 말뚝의 설치상태를 나타내는 변수로서 D_2/D_1이 0에 근접할수록 말뚝간격이 좁은 경우를 의미하며 D_2/D_1이 1에 근접할수록 말뚝간격이 넓은 경우를 의미한다.

이 그림에 의하면 말뚝간격비 D_2/D_1이 0에서 1로 커질수록, 즉 말뚝간격이 넓어질수록 저항력계수 K_r은 감소하며 말뚝 저항력 p_r도 감소함을 알 수 있다. 이는 말뚝간격이 넓어지면 기대할 수 있는 말뚝의 저항력은 그만큼 감소하게 됨을 의미한다. 한편 말뚝간격이 일정한 경우는 내부마찰각 ϕ가 증가할수록 저항력계수 K_r이 증가하여 말뚝저항력 p_r가 증가한다. 또한 식 (5.5)로부터도 점착력 c가 증가할수록 말뚝저항력 p_r도 증가한다. 즉, 지반강도가 큰 견고한 지반일수록 말뚝의 저항력도 커짐을 알 수 있다.

이상의 검토로부터 본 저항력 산정이론식에는 지반의 특성과 말뚝의 설치상태가 잘 고려되어 있음을 알 수 있다. 또한 저항력계수 K_r과 말뚝간격비 D_2/D_1 및 내부마찰각 ϕ의 관계를 나타낸 그림 5.2를 이용하면 식 (5.3)과 (5.4)에 의거하지 않고도 말뚝의 저항력을 도표로 용이하게 산정할 수 있다.

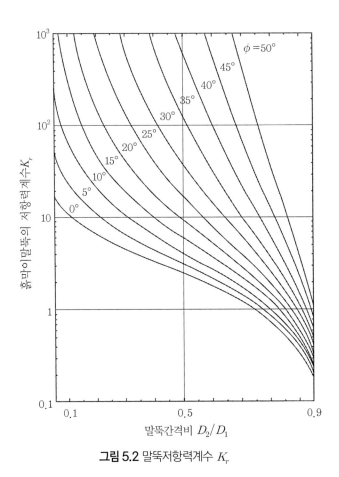

그림 5.2 말뚝저항력계수 K_r

5.3 흙막이말뚝의 설치간격

　제5.2절에서 설명한 흙막이말뚝의 저항력이라 함은 흙막이벽에 작용하는 측압이 이 저항력 이상으로 될 때 말뚝 사이의 지반에는 소성파괴가 발생하여 흙막이벽으로서의 기능을 발휘하지 못하게 됨을 의미한다.

　따라서 주열식 흙막이벽용 말뚝을 설치할 수 있는 말뚝의 최대간격은 이 말뚝의 저항력이 흙막이벽에 작용하는 측방토압과 일치하는 경우의 말뚝간격으로 제한될 것이다.

여기서 굴착깊이에 따른 흙막이 말뚝의 저항력과 흙막이벽에 작용하는 측방토압의 분포를 도시하면 그림 5.3과 같다.

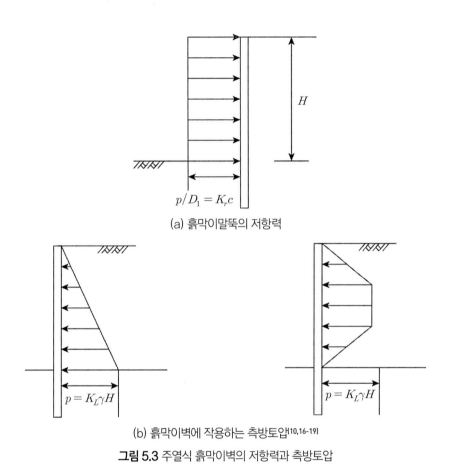

(a) 흙막이말뚝의 저항력

(b) 흙막이벽에 작용하는 측방토압[10,16-19]

그림 5.3 주열식 흙막이벽의 저항력과 측방토압

우선 흙막이벽에 작용하는 측압은 제안된 측방토압분포[10,12-14,16-19]를 적용할 수 있으나 가장 일반적인 측방토압분포는 그림 5.3(b)에 도시된 삼각형 분포나 구형 분포로 개략적으로 표현할 수 있다.[10,16-19] 이 측방토압분포 중 최대측방토압 p는 다음 식으로 표현될 수 있다.[21-25]

$$p = K_L \gamma H \tag{5.7}$$

여기서, H=굴착깊이

$\gamma =$ 지반의 단위체적중량

$K_L =$ 최대측압계수

말뚝간격은 최대측방토압이 작용하는 위치에서 측방토압과 저항력을 등치시킴으로써 얻을 수 있다. 따라서 식 (5.5)와 (5.7)로부터 식 (5.8)을 얻을 수 있다.

$$K_r c = K_L \gamma H \qquad (5.8)$$

식 (5.8)로부터 말뚝의 저항력계수 K_r은 식 (5.9)와 같이 된다.

$$K_r = K_L \frac{\gamma H}{c} \qquad (5.9)$$

여기서 $\dfrac{\gamma H}{c}$ 는 Peck(1969)의 안정수(stability nunber)[13,16] N_s와 일치하므로 식 (5.9)는 (5.10)으로 쓸 수 있다.[21-25]

$$K_r = K_L N_s \qquad (5.10)$$

식 (5.10)으로부터 말뚝의 저항력계수 K_r은 K_L과 N_s(즉, 지반의 점착력, 단위체적중량, 측압계수 및 굴착깊이)를 알면 결정되는 계수임을 알 수 있다. 그러나 이 저항력계수 K_r은 식 (5.6)에서 보는 바와 같이 말뚝간격비 D_2/D_1과 지반의 내부마찰각 ϕ의 함수이기도 하다. 따라서 식 (5.6)과 (5.10)을 연결시킴으로써 흙막이말뚝의 합리적인 설치간격을 구할 수 있을 것이다. 즉, 굴착을 실시할 지반의 지반조건과 굴착깊이가 알려지면 식 (5.10)으로 저항력계수 K_r이 구해지고 K_r이 구해지면 이러한 K_r을 얻을 수 있게 말뚝간격비 D_2/D_1을 식 (5.6)으로부터 구하면 된다. 말뚝간격비 D_2/D_1이 구해지면 식 (5.11)에 의거 말뚝설치간격 D_1을 구할 수 있다.

$$D_1 = \frac{d}{1 - D_2/D_1} \tag{5.11}$$

이상과 같은 흙막이말뚝의 설치간격의 결정과정을 도시하면 그림 5.4와 같다. 그림 5.4는 $N_s - K_r - D_2/D_1$ 사이의 관계도를 나타낸다. 즉, 좌측 반은 N_s와 K_r 및 K_L의 관계를 나타내고 있다. 먼저 측압계수가 K_{L1}이고 지반의 안정수가 $(N_s)_1$이면 그림 5.4 좌반부에서 화살표에 따라 $(K_r)_1$을 구할 수 있다.

다음으로 그림 5.4 우측 반의 K_r과 D_2/D_1 및 ϕ의 관계로 지반의 내부마찰각이 ϕ_1인 경우 $(K_r)_1$으로부터 화살표의 방향에 따라 $(D_2/D_1)_1$을 구할 수 있다. 한편 안정수가 Peck(1696)[16]의 기준에 따라 부적합하다고 판단되어 굴착깊이를 수정할 경우는 안정수가 $(N_s)_2$로 변경되며 역시 동일한 방법으로 $(D_2/D_1)_2$를 구할 수 있다. 지반의 내부마찰각과 측압계수가 다를 경우는 각각 다른 선(즉, ϕ_2, ϕ_3 및 K_{L2}, K_{L3}, …)을 사용하여 동일 방법으로 계산할 수 있다.

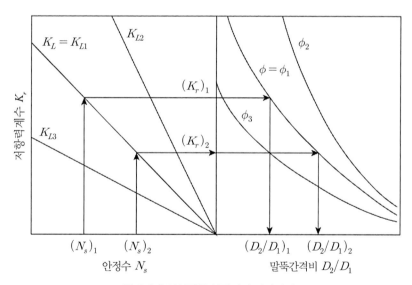

그림 5.4 흙막이말뚝 설치간격 결정방법도

5.4 흙막이말뚝의 근입장

흙막이말뚝은 굴착저면부에서 토압에 의한 지반파괴 및 지반융기에 안전하게 흙막이말뚝으로서의 기능을 다하도록 적절한 근입장을 결정하여야 한다.

식 (5.5)로 표현된 말뚝근입부의 저항력을 이용하면 지반융기 현상에 대하여도 흙막이말뚝을 고려하여 안정검토를 할 수 있다. 그림 5.5에서 보는 바와 같이 지반융기에 대한 저항력은 지반파괴면을 따라 발생하는 전단저항력과 말뚝의 저항력으로 생각할 수 있고, 지반의 활동력은 흙막이벽 배면부의 굴착저면 상부의 흙의 무게가 될 것이다. 따라서 이들 관계식은 식 (5.12)와 같다.

$$(F_s)_{heav.} = \frac{(M_{rs} + M_{rp})}{M_d} \tag{5.12}$$

여기서, M_{rs} = 최하단지지공 설치위치에서 지반파괴면을 따라 발생되는 전단저항력에 의한 저항모멘트

M_{rp} = 말뚝저항력에 의한 저항모멘트

M_d = 지반파괴활동모멘트

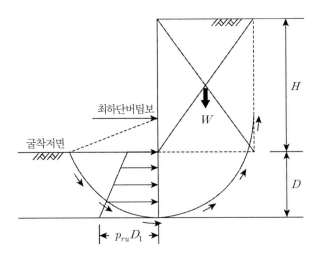

그림 5.5 지반융기 안정해석

M_{rp} 산정 시에는 식 (5.5)를 적용하고 이 안전율 $(F_s)_{heav.}$ 가 소요안전율 이상이 되어야 한다.

| 참고문헌 |

(1)   중앙대학교 건설산업연구소(1993), SIG공 공사비 산정에 관한 연구 보고서.

(2)   한국지반공학회(1992), 굴착 및 흙막이 공법, 지반공학시리즈 3.

(3)   홍원표(1982), '점토지반 속의 말뚝에 작용하는 측방토압', 대한토목학회논문집, 제2권, 제1호, pp.45-52.

(4)   홍원표(1983a), '모래지반 속의 말뚝에 작용하는 측방토압', 대한토목학회논문집, 제3권, 제3호, pp.63-69.

(5)   홍원표(1983b), '측방변형지반 속의 원형 말뚝에 작용하는 토압의 산정', 중앙대학교논문집(자연과학편), 제27집, pp.321-330.

(6)   홍원표(1984a), '측방변형지반 속의 말뚝에 작용하는 토압', 1984년도 제9차 국내외 한국과학기술자 종합학술대회 논문집(II), 한국과학기술단체총연합회, pp.919-924.

(7)   홍원표(1984b), '측방변형지반 속의 줄말뚝에 작용하는 토압', 대한토목학회논문집, 제4권, 제1호, pp.59-68.

(8)   홍원표(1984c), '수동말뚝에 작용하는 측방토압', 대한토목학회논문집, 제4권, 제2호, pp.77-89.

(9)   홍원표(1985), '주열식 흙막이벽의 설계에 관한 연구', 대한토목학회논문집, 제5권, 제2호, pp.11-18.

(10) 홍원표(2018), 흙막이말뚝, 도서출판씨아이알.

(11) 홍원표·권우용·고정상(1989), '점성토지반 속 주열식 흙막이벽의 설계', 대한토질공학지, 제5권, 제3호, pp.29-38.

(12) Bjerrum, L. and Eide, O.(1956), "Stability of struted excavation in clay", Geotechnique, Londen, England, Vol.6, No.1. pp.32-47.

(13) Bowles, J.E., *Foundation Analysis and Design*, 3rd ed. McGraw-Hill, Tokyo, pp.516-547.

(14) NAVFAC(1971), DESIGN MANUAL DM-7, US Naval Publication and Forms Center, Philadelphia, pp.7-10-1-7-10-28.

(15) Matsui, T., Hong, W.P. and Ito, T.(1982), "Earth pressures on piles in a row due to lateral soil movements", Soils and Foundations, Vol.22, No.2, pp.71-81.

(16) Peck, R.B.(1969), "Deep Excavations and Tunnelling in Soft Ground", Proc., 7th ICSMFE, State-of-the Art Volume, pp.225-290.

(17) Terzaghi, K. and Peck, R.B.(1967), *Soil Mechanics in Engineering Practice*, 2nd ed., John Wiley and Sons, New York, pp.394-413.

(18) Tschebotarioff, G.P.(1973), Foundations, *Retaining and Earth Structure*, McGraw-Hill, New York, pp.415-457.

(19) Winterkorn, H.F. and Fang, H.Y.(1975), *Foundation Engineering Handbook*, Van Nostrand Reinhold Company, New York, pp.395-398.

(20) 梶原和敏(1984), 柱列式地下連續壁工法, 鹿島出版會, 東京.

(21) 日本建築學會(1974), 建築基礎構造設計基準 · 同解說, 東京, pp.400-403.

(22) 日本道路協會(1977), 道路土工擁壁 · カルバト · 假設構造物工指針, 東京, pp.179-183.

(23) 日本土質工學會(1978a), 掘削にともなう公害とその對策, 東京.

(24) 日本土質工學會(1978b), 土留め構造物の設計法, 東京, pp.30-58.

(25) 日本土質工學會(1982), 構造物基礎の設計計算演習, pp.241-271.

성토지지말뚝 주변의 지반아칭

성토지지말뚝 주변의 지반아칭

6.1 성토지지말뚝으로의 성토하중전이

연약지반상의 성토하중이나 뒤채움하중에 의한 연약지반의 파괴나 측방유동현상을 방지하기 위해 여러 대책공법들이 제시되었다.[1-3,5-7,50-53] 그중에서 말뚝을 이용하여 연약지반의 측방유동을 방지하는 공법인 성토지지말뚝공법은 북유럽과 동남아시아 지역에서 경험적으로 많이 사용되고 있다.[24,25,30,45]

성토지지말뚝공법을 적용한 측방유동대책공법의 기본적인 원리는 연약지반 속에 말뚝을 설치한 후 이들 말뚝 위에 성토를 실시함으로써 성토하중을 연약지반에 직접 작용시키지 않고 말뚝으로 전이시키는 공법이다.[27-29,32]

이때 성토지지말뚝으로의 성토하중전이는 말뚝으로 지지된 성토지반 속에 발달하는 지반아칭원리에 의하여 가능하게 된다. 즉, 말뚝 사이의 연약지반 위 성토지반 속에는 지반아칭이 발달하여 대부분의 성토하중이 말뚝을 통하여 연약지반 하부의 견고한 지지층으로 전달된다. 따라서 연약지반에는 미소한 성토하중만 작용하게 되어 성토하중으로 인하여 유발되는 연약지반의 파괴나 측방유동을 억지시킬 수 있는 공법이다.[46,47]

6.1.1 성토지반 내 지반아칭현상

우선 지반아칭에 대하여 기본적인 발생기구를 알아본다. 지반아칭은 모래와 같은 입상체로 구성된 물체 내에 변형이 발생하였을 때 응력의 재분배 과정에서 발달하는 자연현상이라 할 수 있다.[33]

일찍이 Terzaghi(1943)는 지반아칭현상을 '흙의 파괴영역에서 주변지역으로의 하중전달'이라고 정의하고 모형실험으로 지반아칭현상을 관찰하였다.[48] 작은 개구부(trap door)가 출구판으로 막혀 있는 상자 속에 모래를 채우고 이 출구판을 아래로 조금씩 이동시키면 출구판에 작용하던 압력은 점차 감소하는 반면 인접부근의 압력은 증가하는 경향이 나타나게 된다. 이러한 현상은 움직임이 없는 정적상태의 모래덩어리 부분과 출구판 부근 모래의 이동으로 인해 출구판 인접부에 위치한 움직임이 없는 모래층의 압력이 증가함으로써 두 상태의 경계면을 따라 전단력이 작용하며 이로 인해 출구판에 작용하는 총압력은 전단저항력만큼 줄어들게 된다.[21] 즉, 출구판 위의 압력이 출구판 인접부의 모래로 이동하였음을 보여주는 것이며 이러한 현상을 Terzaghi는 '지반아칭현상'이라고 불렀다.[48] Terzaghi(1943)가 지반아칭현상을 정의한 이후에 터널, 지하매설물 등 지반공학 분야에서 지반아칭현상을 도입한 많은 이론이 연구되었다.[4,33,48] 사면안정 분야에서도 지반아칭이론을 이용한 새로운 이론이 연구되었다.[39,44]

최근에는 Atkinson & Potts(1977)[22]과 Bolton(1986)[23]이 이러한 지반아칭효과를 터널의 안정효과에 적용시켰다. Koutsableolis & Griffiths(1989)는 유한요소법을 사용하여 이러한 개구부 효과를 연구했으며,[42] Hewllet & Randolph(1988)[35]과 Low et al.(1994)[43]은 각각 성토지지말뚝의 3차원 아칭효과와 2차원 아칭효과를 연구하였다. 홍원표 외 2인[11-13,17-20]도 단독캡 혹은 말뚝캡보를 사용한 성토지지말뚝의 지반아칭효과에 대한 연구를 수행하였다. 그 밖에도 성토지지말뚝에 대한 관심과 실험적 및 해석적[28] 연구는 점차 활발히 이루어지고 있다.[8-10,14-16,40-41]

성토지지말뚝의 효과는 그림 6.1에 도시된 것과 같이 크게 두 가지로 대별할 수 있다.

① 성토지지말뚝이 연약지반의 측방유동에 저항함으로써 연약지반을 보강하는 효과가 있다. 그림 6.1(a)는 연약지반에 설치된 말뚝기초교대 사례로서 말뚝기초교대를 설치한 후 배면 뒤채움 성토를 실시하면 연약지반은 측방으로 유동하게 되어 교대기초말뚝과 교대의 안전성을 크게 훼손시킨다. 여기에 연약지반 속에 말뚝을 설치하면 이들 말뚝은 연약지반의 유동 방향에 수직으로 설치되므로 연약지반의 측방유동이 발생할 경우 이들 말뚝은 일차적으로 연약지반의 측방유동을 억지시킬 수 있는 기능을 갖게 된다.

② 연약지반에 직접 작용하는 성토하중을 지반아칭현상을 통해 경감시키는 효과가 있다. 그림 6.1(b)는 연약지반상에 성토를 성토지지말뚝 위에 시공할 경우의 사례를 개략적으로 도시한 그림이다. 말뚝 사이 성토지반 속에는 지반아치가 발달하게 되고 지반아칭

결과 성토하중이 연약지반에 직접 작용하지 않고 말뚝으로 전이되게 된다. 물론 그림 6.1(a)의 뒤채움 성토의 경우에서도 지반아칭의 발달로 인한 뒤채움 성토하중의 전이현상이 나타난다.

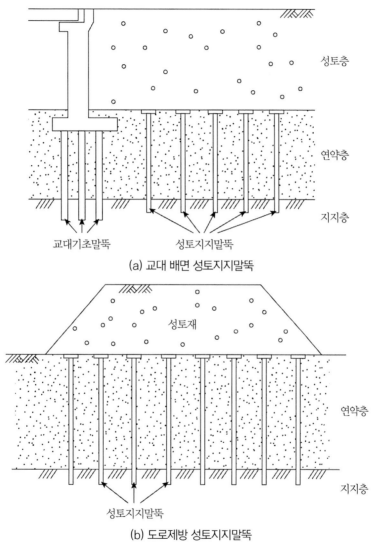

(a) 교대 배면 성토지지말뚝

(b) 도로제방 성토지지말뚝

그림 6.1 성토지지말뚝(토목섬유 무보강) 사례

성토지반 속에 지반아칭이 발달하는 이유는 말뚝과 연약지반의 강성에 차이가 있기 때문이다. 성토지지말뚝공법을 성공적으로 적용하기 위해서는 성토지반 속에 지반아칭이 반드시

발달할 수 있게 설계·시공되어야 한다.

이 지반아칭이 충분히 발달하기 위해서는 크게 두 가지 요소의 설계를 잘해야 한다. 하나는 말뚝 사이의 적절한 간격이고[36] 또 하나는 충분한 성토 높이다.[20] 만약 말뚝 사이의 간격이 너무 넓으면 말뚝 사이에 지반아칭이 형성되지 못할 것이고 성토 높이도 지반아치가 조성될 수 있는 높이 이상으로 성토가 되어야만 한다.

홍원표·강승인(2000)은 성토지지말뚝에 작용하는 성토하중은 말뚝설치 간격과 성토고에 큰 영향을 받음을 모형실험에서 확인할 수 있었다.[13] 이 모형실험 결과에 의하면 성토지지말뚝의 성토하중 분담효과는 말뚝캡보 간격비가 작을수록 큼을 보여주었다. 따라서 성토하중분담효과를 증대시킬 필요가 있을 때는 말뚝의 설치 간격을 줄이거나 말뚝캡보의 폭을 크게 하여 말뚝캡보 간격비를 감소시켜야 하고 성토지지말뚝공법의 설계·적용 시에는 성토고에 따라 경제성 및 안정성을 모두 고려하여 성토지지말뚝의 효율적인 설치형태를 결정해야 한다.

6.1.2 지반아칭모드와 펀칭파괴모드

성토지지말뚝에 전이되는 성토하중을 산정하는 데는 말뚝으로 지지된 성토지반 내 어떤 파괴가 발달하는가에 따라 지반아칭파괴모드와 펀칭파괴모드의 두 가지의 파괴모드를 고려할 수 있다.[11]

첫 번째 경우의 지반아칭파괴모드는 성토지지말뚝의 성토지지로 성토지반 내에 지반아칭이 발달할 경우이고 두 번째 경우는 성토지지말뚝 사이의 간섭효과가 없이 발달하는 펀칭파괴모드이다. 이들 두 경우의 파괴해석에서는 모두 흙의 소성한계상태를 고려한다.[11,37]

일반적으로 성토지지말뚝공법을 적용할 경우는 말뚝으로의 성토하중전이가 성토지반 내에 발달하는 지반아칭현상에 기인하기를 기대한다. 그러나 성토지지말뚝의 간격이 너무 넓거나 말뚝의 설치 간격에 비하여 성토고가 상대적으로 낮은 경우에는 성토지반 내에 지반아칭이 발달되기가 어려워 지반아칭모드에 의한 말뚝으로의 성토하중 전이효과는 기대하기가 어렵게 된다. 이러한 경우에는 성토지반 내에 지반아칭이 발달하지 못하고 말뚝캡보 윗부분 성토지반 내 펀칭전단에 의한 파괴만 발생하게 된다.[15] 따라서 이 경우 성토지지말뚝으로의 성토하중전이는 지반아칭파괴모드보다는 펀칭전단파괴모드에 의해 이루어진다. 결국 성토지지말뚝의 설계에 있어서는 지반아칭파괴모드뿐만 아니라 펀칭전단파괴모드에 의한 성토하중전이도 반드시 함께 고려하여야 할 것이다.

홍원표·강승인(2000)은 성토지지말뚝으로 지지된 성토지반 내의 지반아칭모드는 성토고가 최소한 외부아치 높이보다 33% 정도 더 커야만 충분히 발생됨을 모형실험으로 밝힌 바 있고,[11] 홍원표 외 2인(2010)은 말뚝으로 지지된 성토지반 내 지반아칭이 발달될 수 있는 한계성토고의 산정식을 이론적으로 유도하고 실측치로 검증한 바 있다.[20]

이와 같이 하중전이거동은 말뚝지지성토지반 내에 지반아칭이 발달될 수 있느냐 여부를 결정짓는 성토고에 영향을 많이 받는다. 저성토단계에서는 성토지반 속에 지반아칭이 아직 발달되지 못한 관계로 펀칭전단파괴모드에 의하여 성토하중이 말뚝캡보에 하중전이가 진행되었고 고성토단계에서는 지반아칭이 발달하여 지반아칭파괴모드에 의하여 하중전이가 진행되었다.[20]

홍원표 외 2인(2000)은 지반아칭파괴모드를 아칭영역 내의 응력상태를 고려하여 두 가지 지반아칭파괴모드로 구분 설명하였다.[11] 즉, 지반아치영역 내의 응력상태를 살펴보면 지반아치 정상부에서는 전단응력이 작용하지 않는 상태, 즉 수직응력만 작용한다고 생각할 수 있다. 그러나 지반아치정상에서에서 양쪽 말뚝캡보 부근으로 접근하면서 전단응력이 점차 크게 작용하게 된다. 이러한 전단응력의 점진적인 증가는 말뚝을 둘러싼 연약지반 변위(침하)가 클 때 더욱 커진다. 연약지반의 변위량(침하량)은 성토고가 커짐에 따라 증가하므로, 성토고가 매우 클 때는 말뚝캡보 위의 쐐기영역에 발생하는 전단응력을 고려한 해석이 이루어져야 할 것이다. 즉, 지반아칭해석에 있어서 지반아치정점에서의 응력검토와 말뚝캡보상에서의 응력상태가 모두 검토되어야 한다.[17]

따라서 홍원표 외 2인(2000)은 캡보말뚝 시스템의 지반아칭해석은 성토고에 따라서 크게 두 가지로 나눴다.[11] 첫째는 지반아치영역의 가장 취약한 부분인 아치정점에서의 응력상태를 고려한 해석이며, 둘째는 성토하중이 매우 큰 경우에 해당되는 지반아치의 말뚝캡보 부근 영역에서의 전단응력을 고려한 해석이다.[20] 여기서는 전자를 정상파괴(crown failure)라 하고, 후자를 캡파괴(cap failure)라 한다.[17]

6.1.3 효율과 응력감소비

성토지지말뚝공법은 말뚝으로 지지된 성토지반 속에 발달하는 지반아칭현상에 의하여 성토하중을 말뚝으로 전이시켜 직접 지지층에 전달함으로써 성토하중으로 인한 연약지반의 측방유동과 활동파괴를 억제시키는 공법이다.

Terzaghi(1943)가 입상체 토사지반 내에 발달하는 지반아칭현상을 처음으로 정의한 이후,[48] 터널이나 사면 등 여러 지반공학문제에 지반아칭이론을 적용하여 이론해석이 이루어졌다. 특히 홍원표 연구팀은 다년간 지반아칭현상을 성토지지말뚝에 전이되는 성토하중 산정이론식 유도에 적극 적용하였다.[8-19]

성토지지말뚝공법에서 연약지반에 작용하는 연직응력이 성토압(γH)보다 작을 때 혹은 말뚝에 작용하는 연직응력이 성토압보다 클 때 지반아칭현상이 발달한다. 여기서, γ는 성토재의 단위체적중량, H는 성토고이다. 이와 같이 연약지반에 작용하는 응력이 감소하고 말뚝에 작용하는 응력이 증가하는 이유는 연약지반이 말뚝에 비해 상대적으로 강성이 작고, 압축성이 크기 때문이다.[38]

지반아칭효과에 의한 성토하중의 말뚝하중전이효과 정도를 가늠하는 지표로는 효율(efficiency)과 응력감소비(SRR: Stress Reduction Ratio)가 있다. 이 두 지표를 식으로 표현하면 각각 식 (6.1) 및 (6.2)와 같다.

$$효율(E_f) = \frac{P_v}{A\gamma} \times 100\% \tag{6.1}$$

$$응력감소비 = \frac{\sigma_s}{\gamma H} \tag{6.2}$$

여기서, P_v = 말뚝 혹은 말뚝캡에 전이되는 성토하중($= D \cdot H$)

$\quad\quad A$ = 말뚝의 성토하중 분담면적

$\quad\quad \sigma_s$ = 연약지반에 작용하는 연직응력

먼저 효율(E_f)은 하나의 말뚝(혹은 단위길이 당 말뚝캡)이 분담하는 성토중량($A\gamma$)에 대한 말뚝에 전이되는 성토하중(P_v)의 중량백분율이다. 한편 응력감소비(SRR)는 성토압(γH)에 대한 실제 연약지반에 작용하는 연직응력(σ_s)의 비율을 나타낸다.

그림 6.2(a) 및 (b)는 각각 열말뚝을 말뚝캡보로 연결한 경우(즉, 2차원 평면변형률해석의 경우)의 효율(E_f)과 응력감소비의 개념도이다. 이 경우 하나의 말뚝이 분담하는 성토중량은 말뚝캡축 방향으로 단위길이를 고려하게 되므로 말뚝의 성토하중분담면적 A는 $D_1 \times 1$이 된

다. 여기서, D_1는 말뚝캡의 중심간격이다. 만약 아무런 지반아칭효과가 없다면 효율은 $a/A \times 100\%$(a는 캡의 면적)가 되며, 응력감소비는 성토압이 모두 연약지반에 작용하게 되므로 1이 된다.

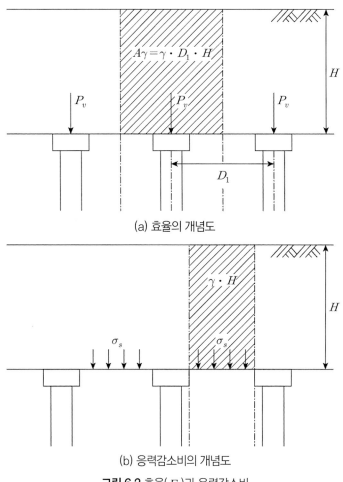

(a) 효율의 개념도

(b) 응력감소비의 개념도

그림 6.2 효율(E_f)과 응력감소비

만일 말뚝두부상부에 토목섬유(geosynthetics)를 포설하고 성토를 시공하면 연약지반에 작용할 연직응력이 토목섬유의 인장저항을 통해 말뚝으로 전달되므로 말뚝의 효율은 증가하고, 응력감소비는 작아지게 된다.

한편 토목섬유는 성토지지말뚝 시스템에서 성토지반 속의 지반아칭의 효과를 극대화시킬 수 있다. 성토지지말뚝 시스템의 설계에 있어서는 이러한 말뚝의 효율 및 응력감소비를 정량적으로 예측할 수 있는 해석법이 필요하다.

6.2 성토지반 속 파괴형태

6.2.1 간편법

(1) Carlsson 방법

Carlsson(1987)은 지반아칭에 관한 간편법으로서, 말뚝순간격 D_2를 밑변으로 하고 중심각이 30°인 흙쐐기가 연약지반에 하중으로 작용한다고 가정하였다.[26] 그림 6.3에 나타나 있듯이 쐐기의 밑변폭은 $D_2 = (c-b)$가 되며, 단위길이당 흙쐐기의 중량 W는 식 (6.3)과 같다.

$$W = \frac{(c-b)^2}{4\tan 15°}\gamma \tag{6.3}$$

이 방법은 본질적으로 쐐기 높이를 $1.87(c-b)$로 가정하기 때문에 이 높이보다 더 낮은 성토고에서는 토목섬유강재에 작용하는 하중이 과대평가된다.

한편 토목섬유의 변형은 그림 6.4와 같은 형상으로 가정하였다. 이때 토목섬유 변형률 ϵ과 처짐량 s와의 관계는 식 (6.4)와 같다.

$$s = (c-b)\sqrt{\frac{3}{8}\epsilon} \tag{6.4}$$

토목섬유 인장력은 Chains의 방정식(Hellan, 1969)[34]으로부터 식 (6.5)와 같이 구할 수 있다.

$$T = \frac{(c-b)^3}{16\tan 15°}\gamma\frac{1}{2d}\sqrt{1+\frac{16d^2}{(c-b)^2}} = W\frac{c-b}{8d}\sqrt{1+\frac{16d^2}{(c-b)^2}} \tag{6.5}$$

식 (6.5)를 토목섬유 변형률을 고려한 형태로 바꾸면 식 (6.6)과 같이 된다.

$$T_s = \frac{W}{2} \sqrt{1 + \frac{1}{6\varepsilon}} \tag{6.6}$$

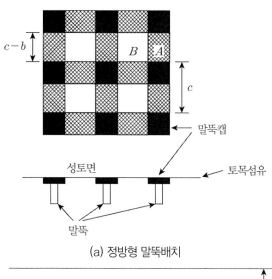

(a) 정방형 말뚝배치

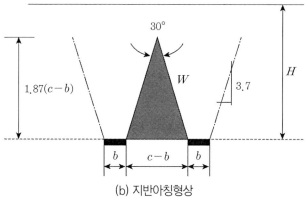

(b) 지반아칭형상

그림 6.3 말뚝캡 형상과 하중전달 영역(Carlsson, 1987)[26]

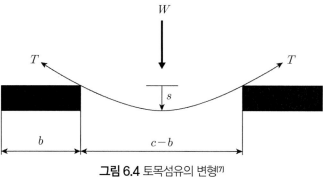

그림 6.4 토목섬유의 변형[7]

(2) Guido 방법

Guido(1987) 방법은 그림 6.5와 같이 피라미드의 중심각이 직각인 흙쐐기 자중이 연약지반 및 토목섬유 보강재에 작용한다는 지반아칭해석의 간편법이다.[31] Carlsson 방법과 유사하며 흙쐐기의 각도만 차이가 있다.

Guido 방법은 지반아칭이 기하학적으로만 결정되므로, 성토재의 종류에 관계없이 지반아칭효과가 동일하게 예측된다. 또한 피라미드의 정점이 상당히 저성토에 해당되기 때문에 성토상부에 작용하는 상재하중의 영향이 고려되지 않는다.

따라서 Guido 방법은 토목섬유 보강재에 작용하는 응력을 과소평가할 우려가 있어 토목섬유 선정에 주의해야 할 것으로 평가된다. 한편 본 방법으로 예측되는 3차원 응력감소비는 식 (6.7)과 같다.[31]

$$SRR_{3D} = \frac{(D_1 - b)}{3\sqrt{2H}} \tag{6.7}$$

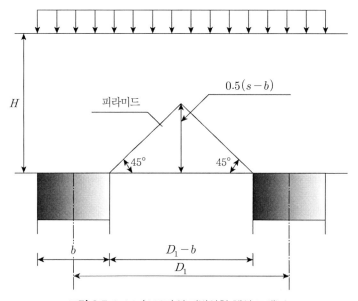

그림 6.5 Guido(1987)의 지반아칭 해석 모델[31]

6.2.2 지반아칭파괴형태

말뚝으로 지지된 성토지반 속에 발생하는 지반아칭의 발생기구는 정확히 밝혀야 한다.[25] 왜냐하면 그 결과는 성토지지말뚝공법의 합리적인 거동해석 및 설계에 기본이 되기 때문이다.

따라서 말뚝으로 지지된 성토지반 속에 발달하는 지반아칭의 발생기구를 먼저 정량적으로 밝히는 것이 선행되어야 한다.

지반아칭효과는 성토지지말뚝뿐만 아니라 모든 지반과 구조물 사이의 상호작용에 적용할 수 있는 자연현상이기 때문에 이를 정량화하여 실제 구조물에 적용한다면 다른 연구·개발에도 큰 시너지효과를 가져올 수 있을 것이다.

제6.2.2절에서는 우선 말뚝캡보로 지지된 성토지반 속의 지반아칭 파괴형태를 규명하기 위해 실시한 실내모형실험에 대하여 설명한다. 이 모형실험에서는 성토지지말뚝의 성능을 증대시키기 위해 일정 간격의 줄말뚝형태로 설치하고 이들 줄말뚝의 두부를 말뚝캡보를 사용하여 지중보의 형태로 연결시킨다. 홍원표 연구팀은 말뚝으로 지지된 연약지반상 성토지반 속의 파괴형태를 조사하기 위해 수차례의 실내모형실험을 실시하였다.[11,18]

이들 모형실험에서 말뚝은 성토하중의 지지효과를 증대시키기 위해 그림 6.6에서 보는 바와 같이 줄말뚝의 형태로 설치하였으며 각 줄말뚝의 두부는 지중보 형태의 말뚝캡보로 연결시켰다.

그림 6.7에서 보는 바와 같이 말뚝캡보를 성토지반의 장축 방향에 직각이 되도록 연결시키면 성토지지말뚝 시스템은 말뚝캡보 및 성토지반의 장축 방향으로 2차원 평면변형률상태로 거동한다.

이들 모형실험으로 성토지반 속에 발달하는 파괴형태는 지반아칭파괴와 편칭전단파괴의 두 가지임을 알 수 있었다.[11,18]

성토지반 속에 어떤 파괴형태가 발달할 것인가는 전적으로 성토고와 말뚝캡보 사이의 간격에 의존하였다. 즉, 성토고가 말뚝캡보 사이의 간격에 비하여 충분히 높으면 성토지반 속에 지반아칭이 발달하나 그 반대의 경우는 펀칭파괴가 발생하였다.

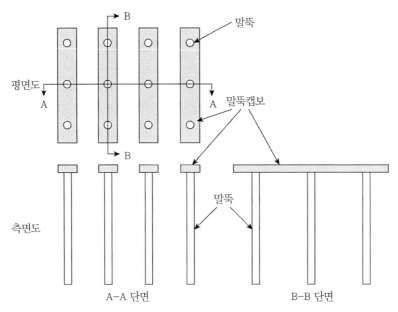

그림 6.6 성토지지말뚝의 평면도와 측면도

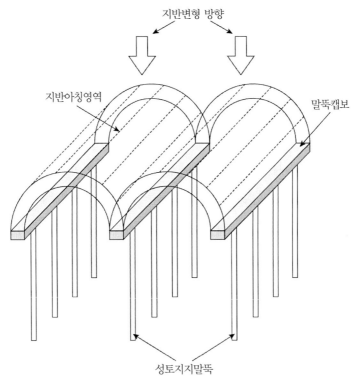

그림 6.7 성토지반 속의 지반아칭현상

(1) 지반아칭모형실험

그림 6.6은 줄말뚝을 지중보형태로 연결시킨 성토지지말뚝의 평면도와 측면도이다. 이 경우 성토지반 내 지반아칭현상은 그림 6.7에 도시된 바와 같이 반원통형 모양으로 발달할 것이고 성토지반의 변형거동은 장축 방향으로 2차원 변형상태인 평면변형률상태로 발생할 것이다.

줄말뚝 사이의 연약지반이 하부로 침하되는 현상을 모형실험 장치 내에서 재현시켜 성토지반파괴가 발생되도록 모형실험을 실시하였다. 이 경우 성토고 및 말뚝중심간격을 변화시켜 이들 변화에 따른 성토지반 내 파괴형태를 관찰하였다. 이러한 모형실험을 통하여 성토지반 속에 발생하는 각종 파괴형태의 기하학적 형상과 발달과정 등을 상세히 규명할 수 있었다.

말뚝캡보로 지지된 성토지반 속에 발생되는 지반파괴형태를 모형실험으로 관찰하기 위해 그림 6.8에 도시된 모형실험장치를 제작하였다. 이 모형실험장치는 그림 6.8(a)에서 보는 바와 같이 모형토조 본체(모형토조, 모형말뚝), 모형성토지반(하부연약지반, 상부성토지반) 및 지반변형제어장치의 세 부분으로 구성되어 있다.[11,36] 모형토조 본체는 모형토조와 모형말뚝으로 구성되어 있으며 모형성토지반은 하부의 연약지반과 상부의 성토지반으로 구성되어 있다. 성토지반 속의 지반변형에 의하여 발달하는 지반아칭형상을 관찰하기 위해 지반변형제어장치를 설치하였다. 이 장치로 연약지반의 침하를 재현함으로 변형률제어(strain control)방식에 의해 연약지반의 침하를 조성하고 상부 성토지반 내에 지반아칭이 발달하게 하는 원리이다.

모형말뚝과 지반변형제어장치의 높이는 연약지반의 변형량을 고려하여 328mm로 제작하였다. 모형토조 내부의 크기는 모형말뚝과 지반변형제어장치의 높이, 성토 높이, 말뚝캡의 길이 등을 고려하여 폭 30cm, 길이 100cm, 높이 100cm로 제작하였다.

모형말뚝의 직경은 2cm, 길이는 30cm이고 말뚝재질은 성토하중에 대하여 충분히 견딜 수 있도록 강재로 제작하였다. 모형말뚝은 줄말뚝 형태로 설치하였으며, 이들 각 말뚝열에 속하는 말뚝의 두부를 아크릴 캡으로 연결하여 캡보를 제작하였다(그림 6.6 및 그림 6.7 참조). 말뚝캡보는 폭 3cm, 높이 2cm, 길이 30cm로 하였으며 각 말뚝캡들의 중심간격은 12cm로 하였다(그림 6.8(b) 참조).

그림 6.8(c)에 도시된 재하판은 강제로 제작하였다. 이 재하판은 말뚝캡보 사이의 성토토사를 지지하고 있는 상태에서 연약지반이 서서히 침하할 때 성토지반 속에 지반아칭이 발달할 수 있게 하는 장치이다. 즉, 재하판을 서서히 하강시키는 것은 연약지반의 침하를 모사하는 것이다.

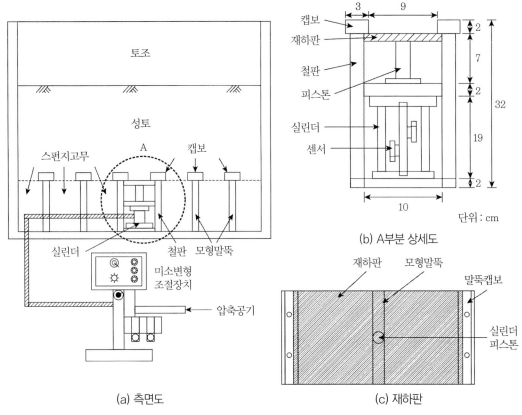

(a) 측면도

(b) A부분 상세도

(c) 재하판

그림 6.8 지반아칭모형 실험장치 개략도

모형토조는 사진 6.1에서 보는 바와 같이 말뚝캡으로 지지된 성토지반의 변형거동을 관찰
할 수 있게 투명한 아크릴판으로 제작하였다. 이 아크릴판의 강성을 충분히 확보시키기 위해
두께를 20mm로 하였다.

사진 6.1 모형말뚝과 지반변형제어장치가 설치된 모형토조

모형실험에서 재하판은 그림 6.8(a) 및 (b)에서 보는 바와 같이 말뚝캡보 아래 두 개의 강재 벽체 사이에 설치하였다. 이 모형실험에서 재하판 옆의 말뚝캡이 있는 부분에서의 연약지반은 스펀지고무로 대체하여 사용하였기 때문에 재하판과 실린더를 이들 스펀지고무와 분리시키기 위해 이곳 위에는 말뚝캡보를 마련하였고 이 말뚝캡보 아래에는 모형말뚝 대신 벽체를 설치하였다. 이 벽체의 두께는 모형말뚝의 직경과 동일하게 제작하였다. 이 재하판은 60mm 스트로크의 실린더 피스톤에 연결되어 있다.

지반변형제어장치는 성토지반 속의 지반아칭현상을 관찰하기 위하여 그림 6.8(b)와 같이 제작하였다. 즉, 두 개의 말뚝캡 사이의 성토지반을 변형시키기 위한 제어장치이다. 본 장치는 그림 6.8(b)의 상세도에서 보는 바와 같이 말뚝과 실린더 및 변형제어기로 구성되어 있으며 재하판이 부착되어 있는 실린더 피스톤은 압축공기압에 의해 작동된다.

이 실린더는 지반변형제어장치에 의해 작동된다. 실린더에는 변위량을 감지할 수 있는 센서가 그림 6.8(b)에 도시된 바와 같이 부착되어 있다. 이 센서는 제어장치와 연결되어 있어 연약지반면에 해당되는 재하판의 변위량을 변형제어방식으로 자유롭게 조절할 수 있게 되어 있다. 재하판의 변위제어속도는 약 2mm/min로 하였다.

토조와 성토지반 사이에서 발생하는 벽면마찰을 제거하기 위하여 토조벽면에 오일을 바르고 그 위에 얇은 비닐랩을 부착하였다. 모형토조 안에는 그림 6.8(a)에 도시된 바와 같이 지반변형제어장치를 중심으로 양옆에 2열의 모형말뚝과 말뚝캡을 설치하였다.

성토재로는 모래를 사용하였다. 모형실험에 사용된 성토재료는 한국표준사인 주문진표준사를 사용하였다. 사용한 주문진표준사의 물성시험 결과는 표 6.1과 같다. 유효입경은 0.41mm이고 균등계수 C_u와 곡률계수 C_c는 각각 1.78 및 0.9이며 비중 G_s는 2.62였다. 최대건조단위중량 $\gamma_{d\,max}$과 최소건조단위중량 $\gamma_{d\,min}$은 각각 1.60g/cm³와 1.4g/cm³로 나타났다.

예비실험 결과 토조 속 재하상태하 성토모래의 상대밀도는 약 72.8%였고 건조단위체적중량 γ_d =1.54g/cm³인 것으로 얻어졌다. 이 상대밀도는 이 모래시료를 80cm 높이에서 강사법으로 자유낙하시킨 경우 얻어진 밀도였다.

72.8%의 상대밀도를 갖는 공시체를 제작하여 삼축압축시험을 실시한 결과 내부마찰각은 ϕ =40.2°로 나타났다. 본 삼축시험에 의한 성토모래의 응력－변형률 거동은 그림 6.9와 같다.

표 6.1 주문진표준사의 물리적 특성

체분석	D_{10}		0.41
	D_{30}		0.52
	D_{60}		0.73
	C_u		1.78
	C_c		0.9
비중(G_s)			2.62
최대건조밀도 $\gamma_{d\max}$(g/cm^3)			1.60
최소건조밀도 $\gamma_{d\min}$(g/cm^3)			1.40
내부마찰각 ϕ(상대밀도 D_r =72.8%)(°)			40.2

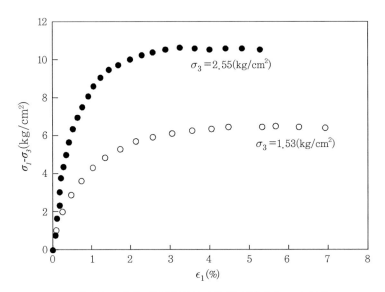

그림 6.9 모래시료의 삼축압축시험 결과(상대밀도 72.8%)

하부연약지반의 대체재료로는 스펀지고무를 사용하였다. 이 스펀지고무를 연약지반의 대체재료로 사용할 수 있는지를 검토하기 위해 실제연약점토를 사용한 경우와 스펀지고무를 사용한 경우의 사전예비실험을 실시하여 비교해보았다.

실제연약점토로는 안산점토를 사용하여 실시한 성토지지말뚝시험과 스펀지고무를 사용하여 실시한 성토지지말뚝시험 결과를 비교해보았다. 이들 모형실험에서 측정한 말뚝전이 성토하중을 비교하면 그림 6.10과 같다.

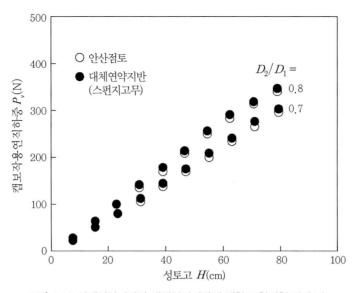

그림 6.10 실제연약지반과 대체연약지반에 대한 모형실험 결과 비교

여기서, 사용한 안산점토는 안산신도시 고잔지구에서 채취한 점토로 14.5~15m 두께의 연약층을 가지고 있으며 6m 깊이에서 시료를 채취하였다. 채취 점토의 비중은 2.65, 자연함수비는 53%, 액성한계 59%, 소성지수 29%였다. 모형실험에 사용한 안산점토는 액성한계의 1.2배의 함수비인 70%를 가지는 시료를 조성하여 사용하였다.

일축압축강도와 초기변형계수는 각각 0.09kg/cm²과 8.77kg/cm²였다. 반면에 스펀지고무의 단위중량은 0.015kg/cm³이었다. 말뚝캡의 간격비 D_2/D_1은 말뚝캡보들의 중심 간 거리이고 D_2는 말뚝캡보들의 순간격)는 0.7과 0.8의 두 경우에 대하여 실시하였다.

이 비교실험 결과는 그림 6.10과 같이 정리하였다. 이 그림에 의하면 연약지반으로 안산점토와 스펀지고무를 사용한 경우의 성토지지말뚝에 작용하는 성토하중의 차이는 말뚝캡의 간격비가 0.7인 경우는 최대 0.75kg으로 3.5% 정도의 오차를 보이며 말뚝캡의 간격비가 0.8인 경우는 최대 0.37kg으로 2.3% 정도의 오차를 보이고 있다.

스펀지고무를 사용한 경우가 실제점토를 사용한 경우보다 성토하중이 약간 크게 측정되었다. 그러나 연약지반으로 스펀지고무를 사용한 경우의 실험 결과는 실제 점토를 사용한 경우와 차이가 거의 없기 때문에 연약지반의 대체재료로 스펀지고무를 사용하였다.

모형실험은 다음과 같은 순서로 진행한다.

① 토조 내에 지반변형제어장치인 실린더와 재하판을 중앙의 두 말뚝캡보 사이에 그림 6.8(a)에 도시한 대로 넣는다.

② 이 지반변형제어장치의 양쪽에 2열씩의 모형말뚝을 설치한다. 즉, 모형토조에 모형말뚝을 줄말뚝 형태로 여러 말뚝열을 설치한다. 이때 말뚝하부는 토조 바닥에 마련된 홈에 고정시키며 말뚝두부는 아크릴말뚝캡보로 연결·설치한다.

③ 그림 6.8(a)에 표시한 지반변형제어장치의 A부분(두 개의 철판벽) 양옆의 말뚝캡보 사이 아래 공간에 스펀지고무를 넣어 대체 연약지반을 조성한다. A부분에 있는 두 개의 철판벽의 선단은 토조 바닥에 마련된 홈에 끼워 넣고 두부는 말뚝캡보로 연결시킨다.

④ 실린더, 모형말뚝, 말뚝캡보 및 스펀지고무를 설치한 후 주문진표준사를 말뚝캡보와 재하판 위에 강사장치로 60cm 두께까지 채운다. 이때 모래의 낙하 높이는 80cm로 한다.

⑤ 지반변형거동을 관찰할 아크릴면 쪽에는 4mm 두께의 주문진표준사와 3mm 두께의 색사(흑연가루를 입힌 모래)를 번갈아가며 성토하여 성토체 내에 줄무늬가 존재하도록 한다.

⑥ 지반변형제어장치를 이용하여 재하판을 정해진 변위량만큼 연직하 방향으로 이동시키면서 지반변형에 따른 줄무늬의 변화상태를 사진촬영으로 관찰한다.

(2) 지반아칭의 발달

사진 6.2(a)와 (b)는 말뚝캡보 사이 재하판의 연직변위량이 10mm와 60mm로 발생되었을 때의 성토지반 내의 소성변형상태를 관찰한 사진이다. 성토지반변형은 초기재하단계의 미소변형단계에서부터 극한파괴모드에 도달하는 대변형단계까지를 관찰범위로 정하였다.[36]

먼저 사진 6.2(a)는 변형초기단계로서 말뚝캡보 사이 재하판의 연직변위량이 10mm 발생하였을 때의 성토지반의 변형상태이다. 전체적으로 성토지반 내에 소성변형영역이 발달하고 있음을 알 수 있다.[11,36] 그러나 이 재하단계에서는 국부전단(local shear band)현상이 나타났다. 이 국부전단에서는 완전한 지반아칭이 발달하지 못한다. 재하초기단계에서는 비록 지반아칭의 형상이 명확히 나타나지는 않으나 모래성토지반 내에서는 이미 소성변형이 국부전단의 출현과 함께 하방향으로 나타났다. 즉, 사진 6.2(a)의 우측 사진 속에 흰색의 참고원 내의 색사의 수평띠가 실험초기의 위치인 수평 흰 선보다 하방향으로 약간 이동하였음을 볼 수 있다.

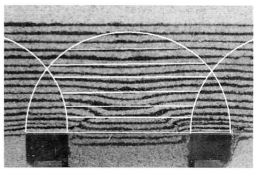

(a) 재하판변위량이 10mm일 때

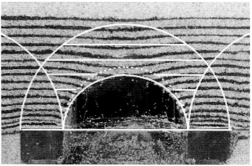

(b) 재하판변위량이 60mm일 때

사진 6.2 지반아칭파괴 모형실험 결과[11,36]

여기서, 사진 6.2(a)의 우측 사진 속에 표시한 흰색의 참고반원은 인접한 두 말뚝캡보의 외측모서리를 연결한 길이를 직경으로 하는 반원에 해당한다. 이 영역 내의 모래 입자들은 이 반원의 중심 방향을 향하여 움직였다. 반면에 이 영역 밖에 있는 모래 입자들은 변형하지 않았다. 따라서 이 영역을 지반아칭영역의 경계구간, 즉 외부아칭영역으로 정의할 수 있다.

한편 말뚝캡보 바로 위에는 지반의 움직임이 거의 없는 쐐기영역이 존재하는데, 이 쐐기영역의 정점은 서로 인접한 두 개의 외부아치영역이 서로 교차하는 점에 해당된다. 즉, 이 쐐기영역은 지반변형이 발생되지 않고 쐐기모양으로 남아 있는 것으로 생각된다.

한편 사진 6.2(b)는 재하판변위가 60mm로 크게 발생하였을 경우의 성토지반의 변형상태를 나타낸 것이다. 이때 지반변형상태는 극한파괴상태에 도달하여 내부에 아치모양의 성토토사의 붕락영역이 발생하였다. 이와 같이 재하판변위가 60mm로 크게 발생하면 두 말뚝캡보 사이의 내부지반아칭영역 내의 모래는 완전히 붕락한 것을 볼 수 있다.

사진 6.2(b)의 우측 사진 속에 표시한 성토지반 속 흰색 실선 반원으로 표시된 내부아치모

양의 지반아칭파괴영역이 뚜렷하게 발생하였다. 이 파괴영역의 원호중심은 사진 6.2(a)와 같이 두 말뚝캡보 사이의 중간 지점이 아니다. 즉, 이 파괴영역의 원호중심이 말뚝캡보면보다 아래로 이동한 것처럼 보인다. 그러나 이 내부지반아칭파괴영역의 정점부에 위치한 색사선은 위로부터 일곱 번째 색사선에 해당된다. 이 일곱 번째 색사선은 원래 사진 6.2(b)의 우측 사진 속에 참고반원으로 표시한 흰색 점선반원의 정점부에 위치하였던 색사선이다.

이와 같이 흰색 실선반원으로 표시한 내부아칭영역은 정확히 반원을 이루지는 못한다고 있다. 그러나 이 흰색 실선반원은 원래는 점선으로 표시한 반원의 위치에 있었다. 이 점선반원은 인접한 두 말뚝캡보 사이의 순간격을 지름으로 한 반원이다. 원래 이 점선반원의 영역 내에 있던 모래 입자들은 재하판을 60mm까지 낮추는 동안 실선반원으로 표시한 위치로 이동한 결과이다.

결국 결과는 사진 6.2(b)에 흰색 점선반원으로 표시된 내부아칭영역원이 지반변형과 더불어 흰색 실선반원으로 표시된 내부아칭영역 위치까지 하강하여 지반아칭파괴에 이르렀음을 의미한다. 따라서 원래의 내부아칭영역은 흰색 점선반원으로 도시된 영역으로 결정할 수 있을 것이다.

한편 말뚝캡보 위의 수평색사선은 제하판을 60mm까지 하강시키는 동안에도 이동하지 않았다. 두 말뚝캡 사이의 내부아치영역 내의 모래 입자들이 완전히 붕락하였음에도 불구하고 말뚝캡보 바로 위에 있는 영역에서는 모래 입자가 변형이 되지 않은 상태로 남아 있었다. 따라서 이 영역을 쐐기영역이라 정의할 수 있다. 이 쐐기영역은 연속후팅기초 하부지반 속에서 발생하는 쐐기영역과 유사하다. 모래채움에 의한 성토하중은 이 쐐기영역을 통하여 말뚝캡보에 전이된다.

결론적으로 사진 6.2는 말뚝으로 지지된 성토지반 내 지반아칭의 영역을 보여준 실험 결과라고 할 수 있다. 이들 사진 속에 실선의 반원으로 표시한 외부아칭영역 내의 흙 입자만이 변형하고 외부아칭영역 외부의 흙 입자는 변형하지 않는 지반아칭의 발달을 확인할 수 있다. 이때 말뚝캡 위의 쐐기영역은 변형하지 않았다. 특히 내부아칭영역 내의 흙 입자는 현저히 변형한다. 따라서 말뚝으로 지지된 성토지반 속 지반아칭영역의 형상은 두 개의 인접한 말뚝캡보의 외측 모서리 사이의 거리를 지름으로 하는 반원의 외부아칭영역과 말뚝캡보의 폭을 두께로 하는 반원통 모양으로 정의할 수 있다.

특히 사진 6.2(b)에서 나타난 지반변형형상은 내부아칭영역에 속하는 말뚝캡보 사이의 지반이 완전히 붕락한 경우에 발생한 결과이다. 그러나 실재지반에서는 내부아칭영역 속의 지반변형이 이와 같이 붕락하지는 않을 것이다. 따라서 지반아칭거동은 말뚝캡보 사이의 재하판변위가 10mm 이내인 사진 6.2(a)의 결과로 고찰하는 것이 타당할 것이다.

(3) 지반아치의 기하학적 형상

사진 6.2의 실험 결과에서 관찰된 바와 같이 말뚝캡보 사이의 지반아칭에 의하여 성토지반 속에는 지반아칭이 발달함을 알 수 있었다.[12]

사진 6.2에서 관찰된 모형실험에 근거하여 지반아치형상을 도면으로 정리하면 그림 6.11(a)와 같다.

즉, 지반아칭영역은 말뚝캡보 사이에 말뚝캡보폭 b와 같은 두께를 가지는 두 개의 반원으로 지반아치형상을 나타낼 수 있다. 이 중 내부아치는 말뚝캡보 사이의 순간격 D_2를 지름으로 하는 반원이고 외부아치는 두 개의 말뚝캡보 외측 모서리 간 거리 $(D_1 + b)$을 직경으로 하는 반원으로 나타낼 수 있다. 이들 내·외부 아치의 중심 O는 서로 일치한다.

이 지반아칭영역은 그림 6.11(a)에서 보는 바와 같이 외부지반아칭영역과 내부지반아칭영역으로 구분할 수 있다. 외부아칭영역에는 말뚝캡보 바로 위에 쐐기영역이 존재한다. 이 쐐기영역은 인접한 두 개의 외부아치 반원이 중복되는 위치에 발달한다.

이러한 지반아칭의 발생은 Hewtett & Randolph(1988),[35] Low et al.(1994)[43]에 의해서도 제안된 바 있다. 그러나 실제 지반아치형상은 이들 선행연구와 차이가 있음을 발견할 수 있다.

실제 모형실험에서 관찰된 지반아치형상은 Hewtett & Randolph(1988)[35]와 Low et al.(1994)[43]의 선행연구에서 정의한 지반아칭영역보다 크게 발달하였다. 예를 들면, 모형실험에서 관찰된 지반아칭영역과 Low et al.(1994)[43]에 의해서도 제안된 지반아칭영역 사이의 두 가지 큰 차이점이 있다.

첫째는 외부아칭영역의 크기가 다른 점이다. Low et al.(1994)은 그림 6.11(b)에 도시된 바와 같이 역시 두 개의 반원으로 지반아칭영역을 생각하였다.

그림 6.11(a)와 (b)를 비교해보면 내부아치영역의 크기는 서로 동일하나 외부아칭영역의 크기가 다르다. 즉, Low et al.(1994)은 외부아칭영역의 크기를 말뚝캡보의 중심 간 거리 D_1을 지름으로 하는 반원으로 생각하였으나[43] 본 실험 결과에서는 그림 6.11(a)와 같이 말뚝캡보 외측 모서리 간 거리 $(D_1 + b)$를 지름으로 하는 반원으로 밝혀졌다.[11,36]

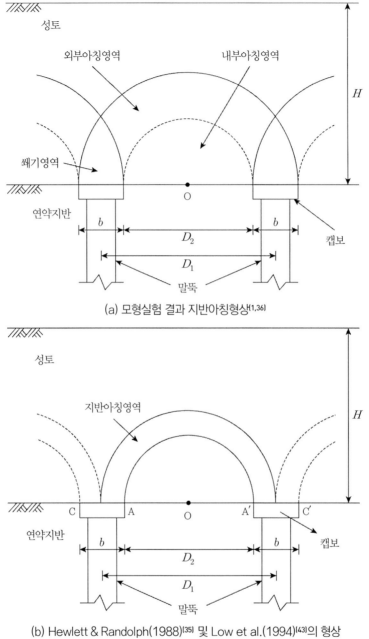

(a) 모형실험 결과 지반아칭형상[1,36]

(b) Hewlett & Randolph(1988)[35] 및 Low et al.(1994)[43]의 형상

그림 6.11 지반아칭형상의 기하학적 형상

두 번째는 말뚝캡보 위에 쐐기영역이 존재한다는 점이다. Low et al.(1994)의 지반아칭영역
에는 말뚝캡보 위에 쐐기영역이 존재하지 않으나[43] 본 모형실험 결과에서는 사진 6.2에 흰색
의 인접한 두 개의 외부아치가 중복되는 실선으로 표시된 바와 같이 말뚝캡보 위에 변형이

발생하지 않는 쐐기영역이 존재하였다.[11,36] 외부지반아치 천정에서부터 이 쐐기영역에 접근하면서 전단응력이 점차 크게 작용하고 있는 것으로 생각된다. 이 쐐기영역은 이등변 삼각형 모양으로 간주하여 밑면의 쐐기각 ω를 모형실험 결과에서 측정하면 약 70°가 된다. 이 값은 $(\pi/4 + \phi/2)$로 계산된 65°와 비슷한 값이라 생각된다. 따라서 삼각형 쐐기각 ω는 대략 식 (6.8)로 근사시켜 표현할 수 있다.

$$\omega = \frac{\pi}{4} + \frac{\phi}{2} \tag{6.8}$$

여기서, ϕ는 성토지반의 내부마찰각이다.

(4) 지반아칭영역의 천정 높이

그림 6.11(a)에서 보는 바와 같이 지반아칭영역의 천정 높이는 두 부분으로 나눌 수 있다.[20] 첫째는 내부아칭영역의 천정 높이 H_2이고 두 번째는 이 영역 외부의 소성변형영역의 외부아칭영역의 천정 높이 H_1이다. 이들 높이 H_1와 H_2의 크기는 각각 내부아칭영역과 외부아칭영역의 반경이기도 하다. 따라서 이들 높이는 식 (6.9)와 (6.10)과 같이 구할 수 있다.

$$H_1 = \frac{D_1 + b}{2} = D_1 - \frac{D_2}{2} \tag{6.9}$$

$$H_2 = \frac{D_2}{2} \tag{6.10}$$

모형실험에서 말뚝캡보 사이의 중심간격 D_1는 12cm이고 말뚝캡보 사이의 순간격 D_2는 9cm이며 말뚝캡보의 폭 b는 3cm이면 식 (6.9)와 (6.10)에 의하여 H_2=7.5cm, H_3=4.5cm로 계산된다. 이 값을 모형실험에서 측정한 결과 H_2=7.2cm와 H_3=4.5cm로 나타났다. 따라서 모형실험 결과와 예측치가 좋은 일치를 보이고 있음을 알 수 있다.

6.2.3 펀칭전단파괴형태

(1) 펀칭전단모형실험

성토지지말뚝캡보의 간격이 너무 넓거나 말뚝캡보의 설치 간격에 비하여 성토고가 상대적으로 낮은 경우에는 성토지반 내에 지반아칭이 발달되기가 어려워 지반아칭현상에 의한 말뚝으로의 성토하중 전이효과는 기대하기가 어렵게 된다. 이러한 경우에는 성토지반 내에 지반아칭이 발달하지 못하고 말뚝캡보 윗부분 성토지반 내에 펀칭전단파괴가 발생하게 된다.[18] 따라서 성토지지말뚝으로의 성토하중전이는 지반아칭현상보다는 펀칭전단현상에 의해 이루어질 것으로 판단된다.

제6.2.3절에서는 말뚝캡보로 지지된 성토지반 속의 펀칭전단파괴형태를 규명하기 위해 실시한 실내모형실험에 대하여 설명한다. 이 모형실험에서는 성토지지말뚝의 성능을 증대시키기 위해 일정 간격의 줄말뚝형태로 설치하고 이들 줄말뚝의 두부를 말뚝캡보를 사용하여 지중보의 형태로 연결시킨다.

말뚝과 말뚝캡보로 지지된 성토지반 속에 펀칭전단파괴가 발생하려면 위에서 언급한 바와 같이 말뚝캡의 간격이 아주 넓거나 성토고를 상대적으로 낮게 해야 한다. 성토지지말뚝을 설계·시공하는 실용적인 측면에서 고려하면 말뚝캡보의 설치 간격을 너무 넓게 하면 성토지반 속에 지반아칭현상이 발생하지 못하고 펀칭전단파괴가 발생하여 효과적으로 성토지지말뚝공법을 적용하지 못하게 될 것이다. 이런 경우는 설계·시공 시에 바람직하지 못하므로 가급적 피해야 한다. 그러나 이런 경우를 피하기 위해서는 말뚝캡보의 간격을 아주 넓게 하고 이들 말뚝캡보 위에 성토를 실시하여 펀칭전단파괴상태를 용이하게 발생시켜 관찰할 필요가 있다.

따라서 제6.2.3절의 펀칭전단모형실험에서는 3열의 말뚝캡보를 아주 넓은 간격으로 설치하고 성토를 실시한 경우의 모형실험을 실시하였다. 이들 말뚝캡보 위에 성토모래을 충분히 높게 채운 후 중앙의 말뚝캡보 좌우의 재하판을 동시에 하강시키면서 중앙의 말뚝캡보 위의 성토지반의 변형거동을 관찰하였다.

펀칭전단모형실험에 사용한 모형실험장치는 근본적으로 지반아칭모형실험에 사용한 모형실험장치(그림 6.8 참조)를 일부 수정하여 사용하였다. 또한 사용시료도 동일한 주문진표준사를 사용하였다. 따라서 펀칭전단모형실험에 관한 제반 사항은 제6.2.2절에 설명한 지반아칭

모형실험에 대한 설명을 참조하도록 하고 주요 특징과 변경 사항만을 요약하면 다음과 같다.

말뚝으로 지지된 성토지반 속에 발생되는 펀칭전단파괴형태를 모형실험으로 관찰하기 위해 그림 6.12에 도시된 모형실험장치를 마련하였다. 이 모형실험장치도 그림 6.8에서 설명한 지반아칭모형실험장치와 유사하게 그림 6.12(a)에서 보는 바와 같이 모형토조 본체(모형토조, 모형말뚝), 모형성토지반(하부연약지반, 상부성토지반) 및 지반변형제어장치의 세 부분으로 구성되어 있다.[18,37] 모형토조 본체는 모형토조와 모형말뚝으로 구성되어 있으며 모형성토지반은 하부의 연약지반과 상부의 성토지반으로 구성되어 있다. 성토지반 속의 펀칭전단파괴를 관찰하기 위해 지반변형제어장치를 설치하였다. 이 장치로 하부연약지반의 침하를 재현함으로써 변형률제어(strain control)방식에 의해 연약지반의 침하를 조성하고 상부성토지반 내에 펀칭전단이 발달하게 하는 원리이다.

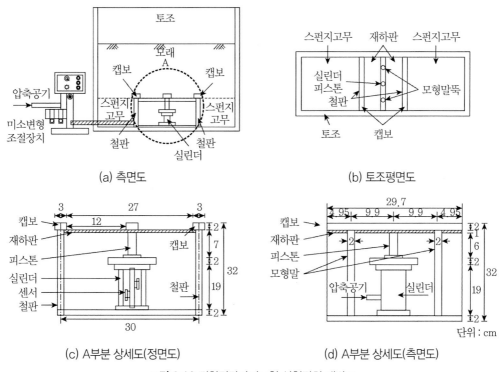

(a) 측면도

(b) 토조평면도

(c) A부분 상세도(정면도)

(d) A부분 상세도(측면도)

그림 6.12 펀칭전단파괴모형 실험장치 개략도

모형토조는 말뚝과 말뚝캡보로 지지된 성토지반의 변형거동을 관찰할 수 있게 투명한 아크릴판으로 제작하였으며, 아크릴판의 강성을 충분히 확보시키기 위해 두께를 20mm로 하였다. 모형토조 내부의 크기는 모형말뚝과 지반변형제어장치의 높이, 성토 높이, 말뚝캡 길이 등을 고려하여 폭 30cm, 길이 100cm, 높이 100cm로 제작하였다. 토조와 성토지반 사이에서 발생하는 벽면마찰을 제거하기 위하여 토조 내부 벽면에 오일을 바르고 그 위에 얇은 비닐랩을 부착한 후 모래채움을 실시하였다.

모형말뚝의 직경은 2cm 길이는 30m이고 말뚝재질은 성토하중에 대하여 충분히 견딜 수 있도록 강재로 제작하였다. 모형말뚝은 줄말뚝 형태로 설치하였으며 이들 각 말뚝열에 속하는 말뚝의 두부를 아크릴캡으로 연결하여 말뚝캡보를 제작하였다. 말뚝캡보는 폭 3cm, 높이 2cm, 길이 30cm로 하였다.

세 개의 말뚝캡보를 중심간격 15cm로 넓게 그림 6.12(c)와 같이 설치하였다. 세 말뚝캡보 중 중앙의 말뚝캡보는 두 개의 강재 모형말뚝으로 지지시켰으며 양측면의 두 개의 말뚝캡보는 강제벽체로 지지시켰다(그림 6.12(b) 참조). 이들 강제벽체는 재하판과 실린더를 대체 연약지반 재료인 스펀지고무와 격리시키기 위해 적용하였다(그림 6.12(a) 참조). 이 강재벽체의 두께는 모형말뚝의 작경과 동일하게 제작하였다.

재하판은 1cm 두께의 강제로 제작하였다. 이 재하판은 말뚝캡보 사이의 성토토사를 지지하고 있는 상태에서 연약지반이 서서히 침하할 때 성토지반 속에 펀칭파괴가 발달할 수 있게 하는 장치이다. 재하판은 말뚝캡보 아래 두 개의 강제벽체 사이에 설치하였다. 재하판 중앙에는 두 개의 구멍을 마련하여 중앙 말뚝캡을 지지하는 말뚝이 통과할 수 있도록 하였다. 재하판은 중앙 말뚝캡의 양쪽에서 동시에 하강할 수 있게 하였다(그림 6.12(c) 및 (d) 참조).

이 재하판은 60mm 스트로크의 실린더 피스톤에 연결되어 있고 이 실린더는 지반변형제어장치로 작동된다. 실린더에는 변위량을 감지할 수 있는 센서가 그림 3.7(c)에 도시된 바와 같이 부착되어 있다. 이 센서는 제어장치와 연결되어 있어 연약지반면에 해당되는 재하판의 변위량을 변형제어방식으로 자유롭게 조절할 수 있게 되어 있다. 재하판의 변위제어 속도는 약 2mm/min로 하였다.

모형실험은 다음과 같은 순서로 진행한다.

① 토조 내에 지반변형제어장치인 실린더와 재하판을 그림 6.12(a)의 'A부분'으로 도시한 데로 두 강재철판벽체 사이에 넣는다. 이들 철판의 선단은 토조 바닥에 마련된 홈에 끼워 넣고 두부는 아크릴 말뚝캡으로 연결시킨다.

② 중앙 말뚝캡을 지지시킬 두 개의 말뚝은 재하판 중앙에 마련된 구멍(그림 3.7(b) 참조)을 통과시켜 설치한다. 이들 말뚝의 선단도 토조 바닥에 마련된 홈에 끼워 넣고 두부는 아크릴 말뚝캡으로 연결시킨다.

③ 그림 6.12(a)의 'A부분' 양옆에 스펀지고무를 말뚝캡보 아래에 넣어 대체연약지반을 조성한다. 이 스펀지고무를 강재철판벽으로 중앙의 실린더와 격리시킨다.

④ 실린더, 재하판, 말뚝캡보와 스펀지고무를 설치한 후 강사장치로 80cm 높이의 낙하에서 주문진표준사를 토조속 말뚝캡보 및 재하판 위로 50cm 두께로 채운다.

⑤ 지반변형거동을 관찰할 아크릴면 쪽에는 매 4mm 두께의 주문진표준사와 3mm 두께의 카본코팅색사(흑연가루를 입힌 모래)를 번갈아가며 토조 속에 채워 7층의 흑색모래줄무늬를 조성한다.

⑥ 지반변형제어장치를 이용하여 변형률제어방식으로 재하판을 하강시켜 정해진 변위량만큼 연직하 방향으로 이동시키면서 지반변형에 따른 흑색모래줄무늬의 변화상태를 사진 촬영하여 흑색모래줄무늬의 초기위치와 비교 관찰하여 지반변형거동을 조사한다.

(2) 모형실험 결과

사진 6.3은 말뚝캡보 위에 발생하는 펀칭전단파괴형상을 관찰하기 위하여 실시한 모형실험 결과로 말뚝캡보 상부 성토지반의 변형거동을 보여주고 있다. 이 모형실험에서 재하판변위가 5, 10, 60mm일 때의 말뚝캡보 위의 성토지반 내 지반변형상태를 관찰하였다.

우선 사진 6.3(a)는 재하판변위가 5mm인 초기변형단계의 결과이다. 이 단계에서부터 말뚝캡보를 중심으로 성토지반 내 말뚝캡보 양쪽지반에서 소성변형영역이 서서히 나타나기 시작한다. 아직 이 영역이 명확히 나타나지는 않으나 사진 중에 흰색 선으로 표시된 참고선을 기준으로 말뚝캡보 주변에 소성변형이 발달하고 있음을 알 수 있다.

사진 6.3(b)는 재하판변위가 10mm인 경우로서 이때는 5mm 변위에서 관찰한 것보다 명확한 소성변형영역이 보인다. 즉, 사진 중에 흰색 선으로 표시된 참고선을 기준으로 관찰해보면 말뚝캡보 위의 지반변형은 거의 발생하지 않았으며 말뚝캡보 위의 삼각형 쐐기영역 옆에는 대수나선모양의 소성변형영역이 발달하였다.

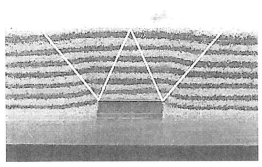 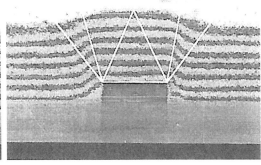

(a) 재하판변위량이 5mm일 때　　　　　　　(b) 재하판변위량이 10mm일 때

(c) 재하판변위량이 60mm일 때

사진 6.3 펀칭전단파괴 모형실험 결과[18,37]

이 소성변형영역의 외측 지반에서는 지반이 연직하 방향으로 강체거동을 보여 흑색모래 줄무늬가 변하지 않았다. 10mm 재하판 변위 시 말뚝캡보 위의 삼각형 쐐기부의 지반변형상태는 사진 6.2에서 관찰하였던 지반아칭파괴실험에서 볼 수 있었던 말뚝캡보 위의 쐐기와 매우 흡사하였다. 즉, 말뚝캡보 위의 삼각형 쐐기부 내 지반은 움직이지 않았으며 이 삼각형 쐐기 영역 양옆에서는 복잡한 소성변형이 발생하였음을 알 수 있다. 말뚝캡보 위의 파괴형태는 마치 얕은기초의 펀칭전단파괴형태를 뒤집어놓은 것과 유사하다.

마지막으로 사진 6.3(c)는 재하판변위량이 60mm일 때의 성토지반의 파괴형태를 관찰한 결과로서 말뚝캡보 위에는 삼각형 쐐기모양의 지반만 남아 있다. 이때 말뚝캡보 위에 발생하는 파괴는 흙의 안식각 정도의 각도를 가지는 이등변삼각형으로 보인다.

그러나 이와 같은 파괴에 이르기 이전에는 사진 6.3(b)에서 보는 바와 같이 삼각형 쐐기의 각도는 사진 6.3(c)의 각도보다는 훨씬 큼을 알 수 있다. 따라서 말뚝캡보 좌우의 지반이 완전

히 하방향으로 이동하게 되면 지반이 존재하였을 경우의 삼각형 쐐기(사진 6.3(c) 중에 흰색
선으로 표시된) 내의 일부 모래가 하방향으로(모래의 안식각을 이루는 모양이 될 때까지) 흘
러내림을 알 수 있다. 그러나 실제지반에서는 말뚝캡보 주변의 지반변형이 사진 6.3(c)의 경우
와 같이 과다하게 발생하지는 않는다. 따라서 펀칭전단파괴형태는 사진 6.3(b)까지의 지반변
형시기만으로 관찰함이 바람직하다.

(3) 쐐기영역과 소성상태영역

사진 6.4는 앞에서 설명한 사진 6.3의 펀칭전단모형실험 결과를 근거로 파악한 말뚝지지된
모래성토체 속에 발생하는 지반변형의 일반적 패턴을 도시한 결과이다. 이 지반변형패턴은
재하판의 하강변위가 미소변위에서 펀칭전단파괴모드에 도달하기에 충분한 대변위까지 진행
된 지반변형 형상이다. 이 펀칭전단파괴시험 동안 성토지반변형은 성토체 내에 마련해둔 흑
색 수평줄무늬의 초기위치에서부터의 이동 거동을 관찰함으로써 조사할 수 있었다.

재하판을 하강시킬 때 중앙에 위치한 말뚝캡보의 양쪽에서 흑색 줄무늬가 동시에 내려갔
다. 예를 들면, 제일 상부의 흑색 모래줄무늬는 사진 6.4(a) 속에 흰색 수평실선으로 표시한
초기위치에서 점선으로 표시한 위치까지 이동하였음을 알 수 있다. 그러나 말뚝캡보 위의 쐐
기영역(wedge zone)인 제1영역 내의 흑색모래의 수평 줄무늬는 사진 6.4(b)에서 보는 바와 같
이 재하판을 10mm까지 하강시켜도 이동하지 않았다. 즉, 제2 영역(zone 2) 외측의 모래가 10mm
하강하였어도 말뚝캡보 위의 쐐기영역 1 내에 있는 모래는 교란되지 않은 상태로 남아 있었
다. 여기서, 이 제1 영역을 지반쐐기영역(예를 들어, Prandle 영역)이라 정의할 수 있다. 즉, 이
제1 영역은 펀칭전단이 발달하는 동안에도 교란되지 않는다고 가정되는 영역이다. 이 쐐기영
역은 얕은기초의 연속후팅 하부 지반에 발달하는 쐐기영역과 유사하다. 성토모래의 중량은
이 쐐기영역을 통하여 말뚝캡보에 전이된다.

한편 제2 영역과 제3 영역 사이의 모래에는 전단밴드가 말뚝캡보의 양단부에서부터 발달
하였다. 이 전단밴드영역 최상부의 수평 흑색줄무늬 실선은 사진 6.4에 흰색 실선으로 표시한
위치에서 점선으로 표시한 위치까지 이동하였다. 이때 초기 수평 흑색줄무늬는 변형되지 않
았다. 이는 전단밴드 외측 모래는 변형되지 않았음을 의미한다. 따라서 초기재하단계에서는
펀칭전단이 명확하지 않지만 전단밴드가 발달하는 동안 소성흐름은 이미 하방향으로 진행되
고 있었음을 의미한다.

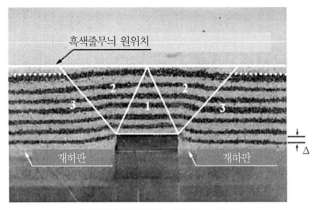

(a) 재하판변위량(Δ)이 5mm일 때

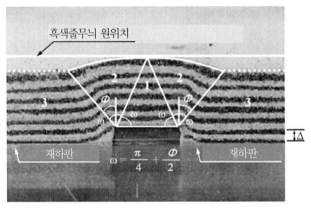

$$\omega = \frac{\pi}{4} + \frac{\Phi}{2}$$

(b) 재하판변위량(Δ)이 10mm일 때

사진 6.4 펀칭전단파괴 모형실험 결과

쐐기영역 1과 사진 6.4(a)에 흰색 선으로 표시한 전단밴드선 사이의 경계영역에서는 수평 흑색줄무늬가 복잡하게 하강하였음을 볼 수 있다. 이 영역 2 내의 모래 입자는 말뚝캡보 위의 쐐기영역과의 경계면을 따라 변형하였다. 그러나 이 영역 밖의 흙, 즉 영역 3에 있는 흙은 변형되지 않았다. 따라서 이 영역 2로 표시되는 영역은 소성상태영역(plastic state zone)이라 정의된다. 재하판이 10mm로 하강하였을 때 말뚝캡보 위의 쐐기영역 1과의 경계면을 따라 영역 2에는 소성변형이 상당히 발달하였다. 따라서 말뚝캡보의 단부모서리에서 그린 흰색 직선과 상부 경계곡선으로 둘러싸인 영역을 소성상태영역으로 정의할 수 있다.

재하판을 극한상태로 하강시킬 때 소성상태영역 2는 쐐기영역 때문에 측면으로 밀려나게 된다. 이로 인하여 이런 움직임에 저항하기 위해 전단저항이 쐐기영역 1의 측면에 발달하게 된다. 말뚝캡보 위의 쐐기영역 1은 실험을 실시하는 동안 변형되지 않았으나 소성상태영역

2에서는 상당한 소성흐름이 발생하였고 파괴면까지 발달하였다. 여기서, 영역 2의 상부 경계 곡선은 대수나선으로 가정할 수 있다.

결론적으로 사진 6.4에서는 말뚝지지성토지반 내에 발생하는 펀칭전단영역의 경계를 도시한 그림이다. 소성상태영역 2에서만 지반변형이 발생하며 말뚝캡보 위 쐐기영역 1과 영역 3에서는 지반변형이 발생하지 않았다. 따라서 말뚝지지성토지반 속에서의 펀칭전단형상은 말뚝캡보 위의 쐐기영역 1과 이 쐐기영역 양측면에서 발달하는 소성상태영역 2로 표현할 수 있다.

(4) 펀칭파괴의 기하학적 형상

펀칭전단실험 결과에 근거하여 펀칭전단영역의 기하학적 형상은 그림 6.13과 같이 정의할 수 있다. 말뚝캡보 위의 쐐기영역 1과 소성상태영역 2로 구분·표현할 수 있다.

우선 쐐기영역 1은 이등변 삼각형의 밑면각 ω는 $(\pi/4 + \phi/2)$로 한다. 다음으로 소성상태영역 2는 말뚝캡보의 양단부 모서리에서 직선으로 그리고 사진 6.4(b)에서 보는 바와 같이 상부 곡선 경계선으로 표현된다. 이 소성상태영역 2의 사잇각 ∠BCD 및 ∠BAE를 사진 6.4(b)로부터 측정하면 이 각은 쐐기각 ω와 대략 일치하고 있었다. 결국 소성상태영역 2는 말뚝캡보의 양단부 모서리 A와 C에서 쐐기영역 1의 양 옆으로 그린 전단밴드선 AE 혹은 CD와 상부의 대수나선 경계곡선 $\overset{\frown}{BE}$ 혹은 $\overset{\frown}{BD}$로 정의할 수 있다.

즉, 말뚝캡보 위에 삼각형 쐐기영역을 표시하고 이 쐐기영역 정점 B에서 최상부 흑색 모래 줄무늬의 변형형태에 따라 파괴선 $\overset{\frown}{BD}$ 및 $\overset{\frown}{BE}$를 그린다. 파괴선 $\overset{\frown}{BD}$ 및 $\overset{\frown}{BE}$는 대수나선의 형태를 이루고 있어 AB 및 BC 길이를 r_1으로 하고 C점에서 BC선에 θ각을 이루는 위치의 반경 r은 식 (6.11)로 구할 수 있다.

$$r = r_1 e^{-\frac{\theta}{2\pi}\tan\phi} \tag{6.11}$$

길이 AE 혹은 CD를 r_2라 하면 이 r_2는 식 (6.11)에 $\theta = \omega = (\pi/4 + \phi/2)$를 대입하여 다음과 같이 구해진다.

$$r_2 = r_1 e^{-\left(\frac{\pi}{4} + \frac{\phi}{2}\right)\frac{1}{2\pi}\tan\phi} \tag{6.12}$$

40.2°(＝0.7radian)인 모래시료의 내부마찰각과 4.5cm인 r_1값을 식 (6.12)에 대입하면 r_2는 4.0cm로 계산된다. 이 값을 실험 결과에서 측정하면 4.0cm가 된다. 따라서 실험 결과와 산정치는 좋은 일치를 보이고 있다.

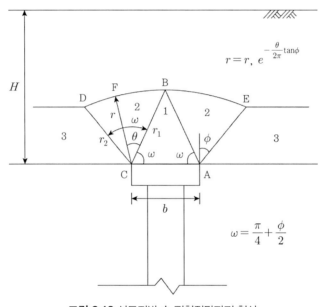

그림 6.13 성토지반 속 펀칭전단파괴 형상

성토지지말뚝의 경우에 발생되는 펀칭전단파괴형태와 직접기초의 지지력 산정 시의 전면전단파괴형태를 비교하면 삼각형 쐐기형상은 두 경우 모두 동일하게 저변의 사잇각이 $(\pi/4 + \phi/2)$인 이등변삼각형이 된다.

그러나 대수나선영역의 형상은 두 경우가 다르게 나타난다. 즉, 성토지지말뚝의 경우는 식 (6.11)로 r값이 결정되고 θ값은 $(\pi/4 + \phi/2)$까지만으로 결정되는 반면 직접기초의 전면파괴에서는 이 대수나선영역의 r값이 식 (6.13)으로 구하여짐이 다르다.

그리고 θ값도 직접기초의 경우는 $(\pi/4 + \phi/2)$가 아니고 $\pi/2$까지 됨이 다른 점이라 할 수 있다.

$$r = r_1 e^{\theta \tan\phi} \tag{6.13}$$

그림 6.13에 도시된 펀칭전단파괴영역은 다음의 순서로 그릴 수 있다.

① 말뚝캡보 위에 이등변삼각형 쐐기 ABC를 그린다. 저변 쐐기각 ω는 $(\pi/4 + \phi/2)$로 한다.
② 쐐기 저변의 모서리 A점과 C점에서 연직축과 내부마찰각 ϕ만큼 각도를 가지도록 말뚝 설치 위치 외측 방향으로 각각 AE 및 CD를 그린다.
③ A점 및 C점을 기준으로 쐐기정점 B점에서 식 (6.11)에 의한 대수나선을 그려 D점 및 E점을 정한다.

6.3 성토지지말뚝에 전이된 성토하중 해석

말뚝 위에 성토를 실시함으로써 발생되는 성토지반 속의 파괴형태는 모형실험 결과를 통하여 그림 6.11(a) 및 그림 6.13과 같이 지반아칭파괴(soil arching failure)와 펀칭전단파괴(punching shear failure)의 두 가지 형태로 밝혀졌다.[11,12]

성토지반 내에 어떤 형태로 파괴가 발생될 것인가는 말뚝캡보 사이의 간격과 성토고의 상대적 크기에 의존한다. 성토지지말뚝을 적용하여 설계를 실시할 경우 성토지지말뚝에 얼마만큼의 성토하중이 전이되는지를 예측할 수 있는 정량적인 산정법, 즉 성토지지말뚝의 하중분담효과 산정법이 밝혀져야 한다.

따라서 제6.3절에서는 제6.2.2절 및 제6.2.3절의 모형실험에서 관찰된 성토지반 속의 지반파괴형태를 근거로 합리적인 성토지지말뚝의 하중분담효과를 예측할 수 있는 성토지지말뚝에 전이되는 성토하중의 산정식을 유도·설명한다.

연약지반 속에 말뚝을 설치한 후 성토를 실시했을 때 말뚝캡보 사이의 연약지반침하로 인하여 성토지반 속에는 지반파괴가 발달하였다.[24,25,47] 그림 6.11(a) 및 6.13은 모형실험 결과 밝혀진 성토지반 내 파괴형태이다.[36,37]

성토지지말뚝을 줄말뚝의 형태로 간격을 두고 설치한 후 성토중심축 방향에 수직이 되는 각 줄말뚝을 말뚝캡보(piled beam)로 연결시킨 경우 성토고가 이들 말뚝캡보 사이 간격에 비하여 충분히 높으면 그림 6.11(a)에서와 같이 말뚝캡보 사이에 지반아칭이 발생되나 성토고가 충분히 높지 않은 경우는 그림 6.13에서와 같이 펀칭전단이 발생한다.[36,37]

지반아칭이 발달하는 경우는 그림 6.11(a)와 같이 말뚝으로 지지된 성토지반 속에 아칭영역과 쐐기영역이 발생한다.[36,37] 이때 아칭영역은 말뚝캡보 외측 모서리간 거리를 지름으로 하는 외부아칭영역과 말뚝캡보 내측 모서리 간 거리를 지름으로 하는 내부아칭영역으로 구성되어 있으며 말뚝캡보 바로 위에는 지반변형이 발생하지 않는, 즉 강체거동을 하는 쐐기영역이 존재한다.

한편 펀칭전단이 발생되는 경우는 그림 6.13과 같이 파괴형태를 정리한다.[18] 즉, 말뚝캡보 위에 발생된 전단파괴경계선은 말뚝캡보의 두 모서리에서 연직축 외측으로 흙의 내부마찰각 만큼의 각도를 이루는 파괴선과 말뚝캡보 위의 삼각형 쐐기 정점에서 좌우로 그려지는 대수나선으로 둘러싸여 있으며 삼각형 쐐기의 저변각인 ω는 성토지반의 내부마찰각과 $(\pi/4 + \phi/2)$의 관계가 있다.

6.3.1 지반아칭파괴이론

그림 6.11(a)에 도시된 바와 같이 지반아칭은 성토고가 최소한 외부아치 높이보다 커야만 발달한다.[18] 이 지반아칭영역 내의 응력상태를 살펴보면 우선 외부아치 천정부에서는 전단응력이 작용하지 않는 상태, 즉 수직응력만 작용한다고 생각할 수 있다. 그러나 외부아치천정에서 양쪽 말뚝캡보 쪽으로 접근하면서 전단응력이 점차 크게 발달하게 된다. 이러한 전단응력의 점진적인 증가는 말뚝캡보 사이의 연역지반 변위가 클 때 더욱 커진다.[11,35,36,43]

연약지반의 변위량은 성토고가 커짐에 따라 증가하므로 성토고가 매우 클 때는 말뚝캡보 위의 쐐기영역에 발생하는 전단응력을 고려한 해석이 이루어져야 할 것이다. 즉, 지반아칭파괴의 경우는 지반아칭영역 천정부에서의 응력검토와 말뚝캡보 상부에서의 응력상태가 모두 검토되어야 한다.

따라서 지반아칭파괴형태를 이용한 성토지지말뚝의 연직하중 산정식의 유도과정은 성토고에 따라서 크게 두 가지로 나눌 수 있다. 첫째는 그림 6.14에 도시한 바와 같이 지반아칭영역의 가장 취약한 부분인 외부지반아치 천정부의 응력상태를 고려한 해석이며, 둘째는 그림 6.15에 도시된 바와 같이 줄말뚝 사이의 간격이 어느 정도 넓은 경우에 해당되는 말뚝캡보상의 지중전단응력을 고려한 해석이다. 여기서, 전자를 정상파괴(crown failure)라 하고 후자를 캡파괴(cap failure)로 부르기로 한다.

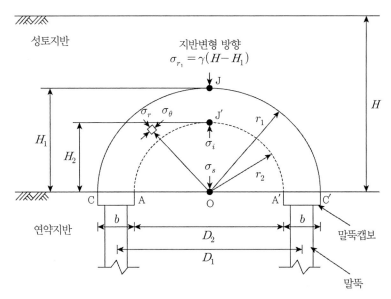

그림 6.14 지반아칭영역 내 정상파괴 시의 응력상태

(1) 정상파괴

그림 6.14는 정상파괴 시의 이론해석을 실시하기 위한 그림이다. 본 해석은 두 열의 성토지지말뚝을 말뚝캡보로 연결시킨 형태가 되므로 성토체 중심축 방향으로 2차원 해석이 가능하다. 성토중심축 방향의 지반아칭 반원통 내 한 요소의 응력상태를 해석하기 위하여 극좌표를 이용하면 그림 6.14와 같다.

성토지반 내에 발달하는 외부지반아치 천정부에서의 응력은 수직응력만을 고려하고 원통 내 응력은 모두 동일하다고 가정하면 $\tau_\theta = 0$으로 간주할 수 있다. 이러한 가정으로 원주공동 확장이론을 적용하면 식 (6.14)와 같은 기본미분방정식을 얻을 수 있다.[49]

$$\frac{d\sigma_r}{dr} + \frac{\sigma_r - \sigma_\theta}{r} = -\gamma \tag{6.14}$$

여기서, σ_r =반경 방향 수직응력(t/m^2)

$\sigma_\theta =$ 법선 방향 수직응력(t/m^2)

$r =$ 반지름(m)

$\gamma =$ 성토재의 단위중량(t/m^3)

σ_θ는 Mohr 응력원에 의거하면 $\sigma_\theta = N_\phi \sigma_r + 2cN_\phi^{1/2}$이 되므로 이를 식 (6.14)에 대입하여 일반해를 구하면 식 (6.15)와 같다.

$$\sigma_r = Ar^{(N_\phi - 1)} + \gamma \frac{r}{N_\phi - 2} - \frac{2cN_\phi^{1/2}}{N_\phi - 1} \tag{6.15}$$

여기서, $A =$ 적분상수

$c =$ 성토재의 점착력(t/m^2)

$\phi =$ 성토재의 내부마찰각(°)

$N_\phi = \tan^2(\pi/4 + \phi/2)$

외부아칭영역의 정점 J에서는 $r = r_1$일 때 $\sigma = \sigma_{r_1}$이 되는 경계조건을 식 (6.15)에 대입하여 적분상수 A를 구하고 이를 다시 식 (6.15)에 대입하면 σ_r은 식 (6.16)과 같이 된다.

$$\sigma_r = \gamma \left(H' - \frac{r_1}{N_\phi - 2} \right) \left(\frac{r}{r_1} \right)^{N_\phi - 1} + \gamma \frac{r}{N_\phi - 2} - \left[1 - \left(\frac{r}{r_1} \right)^{N_\phi - 1} \right] \frac{2cN_\phi^{1/2}}{N_\phi - 1} \tag{6.16}$$

여기서, $H' = H - H_1$

$H =$ 성토고(m)

$H_1 =$ 외부아치천정 정점 높이(m)

한편 내부아칭영역의 정점 J'에서는 $r = r_2$일 때, σ_r을 내부응력 σ_i로 나타내고 이를 식 (6.16)에 대입하면 식 (6.17)이 구해진다.

$$\sigma_i = \gamma\left(H' - \frac{r_1}{N_\phi - 2}\right)\left(\frac{r_2}{r_1}\right)^{N_\phi - 1} + \gamma\frac{r_2}{N_\phi - 2} - \left[1 - \left(\frac{r_2}{r_1}\right)^{N_\phi - 1}\right]\frac{2cN_\phi^{1/2}}{N_\phi - 1} \tag{6.17}$$

여기서, 연약지반과 성토체의 경계면 AA'상의 중심 O점에 작용응력 σ_s는 식 (6.18)과 같이 표현할 수 있다.

$$\sigma_s = \sigma_i + H_2\gamma \tag{6.18}$$

여기서, $H_2 =$ 내부아치천정 정점 높이(m)

이상과 같은 과정을 통하여 연약지반상에 작용하는 수직응력 σ_s를 구할 수 있다. 한편 성토지지말뚝에 작용하는 연직하중의 크기 P_{v1}은 말뚝캡보 중심간격 D_1 사이의 성토중량에서 연약지반면상에 작용하는 전하중을 뺀 것으로 생각할 수 있다. 따라서 말뚝캡보의 단위길이당 연직하중 P_{v1}은 식 (6.19)와 같이 된다. 여기서 연약지반과 성토체의 경계면 AA'상에는 균일한 수직응력 σ_s가 작용한다고 가정한다.

$$P_{v1}(\mathrm{t/m}) = \gamma D_1 H - \sigma_s D_2 \tag{6.19}$$

여기서, $D_1 =$ 말뚝캡보의 중심간격(m)
$D_2 =$ 말뚝캡보의 순간격(m)

식 (6.17)의 σ_i를 식 (6.18)에 대입하고 식 (6.18)의 σ_s를 다시 식 (6.19)에 대입하면 식 (6.19)의 말뚝캡보의 단위길이당 연직하중 P_{v1}은 식 (6.19a)와 같이 다시 쓸 수 있다.

$$P_{v1}(\mathrm{t/m}) = \gamma H D_1 - \left[\begin{array}{l} \gamma\left\{H - H_1 - \dfrac{r_1}{N_\phi - 2}\right\}\left(\dfrac{r_2}{r_1}\right)^{N_\phi - 1} + \gamma\dfrac{r_2}{N_\phi - 2} - \left\{1 - \left(\dfrac{r_2}{r_1}\right)^{N_\phi - 1}\right\} \\ \times \dfrac{2cN_\phi^{1/2}}{N_\phi - 1} + \gamma H_2 \end{array}\right] D_2$$

$$\tag{6.19a}$$

한편 성토전체중량에 대한 성토지지막뚝의 하중분담을 나타내는 지표로서 효율을 산정하게 되면 지반아칭효과를 간편하게 표시할 수 있다. 즉, 정상파괴 시의 성토지지말뚝 효율을 E_{f1}이라 하고 성토하중에 대한 성토지지말뚝이 부담하는 하중의 백분율로 표시하면 식 (6.20)과 같다.

$$E_{f1} = \frac{P_{v1}}{\gamma D_1 H} \times 100 (\%)$$ (6.20)

(2) 캡파괴

캡파괴는 말뚝간격에 비하여 성토고가 상대적으로 매우 높아서 말뚝 사이 연약지반의 변위량이 크게 되고 말뚝캡보상의 쐐기영역 경계면까지 파괴가 발달하게 될 때 적용된다.[39,44] 그림 6.15는 캡파괴 시의 응력상태를 도시한 그림이다. 즉, 말뚝캡보 위의 삼각형 쐐기부 파괴면 AB 및 A′B′에 전단응력 $\tau_\alpha (= c + \sigma_\alpha \tan\phi)$가 완전히 발달한 상태를 대상으로 한 한계평형해석을 실시한다.

이 경우 성토지지말뚝캡보는 연약지반의 지표면과 동일한 위치에서 설치되기 때문에 AB A′B′ 부분만이 소성영역이 되는 것으로 생각할 수 있다.

본 해석에서 쐐기영역과 말뚝캡보면이 이루는 각 ω는 말뚝캡보의 크기에 따라 달라진다. 즉, 쐐기각 ω는 말뚝캡보의 간격 D_1과 D_2의 함수로서 $\omega = \tan^{-1}(\sqrt{1 + 2D_1/(D_1 - D_2)})$로 나타낼 수 있으며[3] α는 $(\pi/2 - \omega)$가 된다.

또한 본 해석을 위하여 다음과 같은 사항이 가정된다.

① 말뚝의 주변지반은 ABB′A′ 부분만이 소성상태가 되어 Mohr-Coulomb의 항복조건을 만족한다. 따라서 성토지반의 토질특성은 내부마찰각 ϕ 및 점착력 c로 표시될 수 있다.
② 파괴면 AB면 및 A′B′면에는 마찰력이 작용하고 있지만 ABB′A′ 부분 내의 수직응력분포는 이들 면에 마찰력이 작용하지 않는 경우의 응력분포와 같다.
③ 지반은 말뚝캡보의 길이 방향으로 평면변형률상태에 있다.
④ 말뚝과 말뚝캡보는 강체로 간주한다.

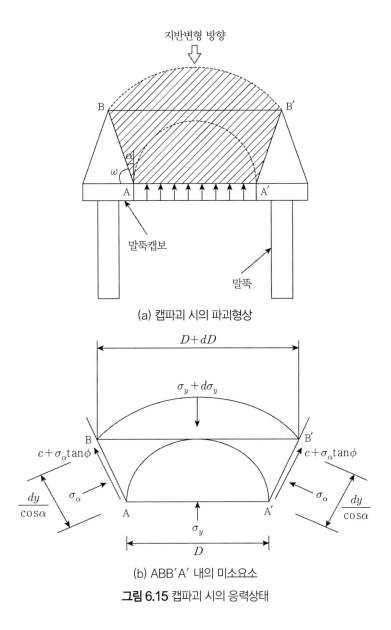

(a) 캡파괴 시의 파괴형상

(b) ABB′A′ 내의 미소요소

그림 6.15 캡파괴 시의 응력상태

그림 6.15(b)의 ABB′A′ 내의 미소요소에 작용하는 힘의 y축(연직축) 방향 평형방정식은 식 (6.21)과 같다.

$$-Dd\sigma_y - \sigma_y dD + 2dy(\sigma_\alpha \tan\alpha + \sigma_\alpha \tan\phi + c) = 0 \tag{6.21}$$

가정 ②에 의하면 AB면 및 A′B′면에 작용하는 수직응력은 근사적으로 주응력이라 생각할 수 있다. 따라서 가정 ①의 지반항복조건으로부터 식 (6.22)와 같은 관계가 성립된다.

$$\sigma_\alpha = \sigma_y N_\phi + 2c N_\phi^{1/2} \tag{6.22}$$

여기서, 유동지수 $N_\phi = \tan^2\left(\dfrac{\pi}{4} + \dfrac{\phi}{2}\right) = \dfrac{1 + \sin\phi}{1 - \sin\phi}$ 이다.

미소요소의 폭 dy는 기하학적으로 $dD/2\tan\alpha$로 나타낼 수 있으며 이것을 식 (6.22)와 함께 식 (6.21)에 대입하고 선형미분방정식으로 정리한 후 적분하면 식 (6.23)이 구해진다.

$$\sigma_y = C_1 D^{G_1(\phi)} - \dfrac{c G_2(\phi)}{G_1(\phi)} \tag{6.23}$$

여기서, C_1은 적분상수이고 수식을 간결하게 정리하기 위해 $G_1(\phi)$와 $G_2(\phi)$는 각각 식 (6.23a) 및 (6.23b)와 같이 정하여 간결하게 정리한다.

$$G_1(\phi) = N_\phi\left(\dfrac{\tan\phi}{\tan\alpha} + 1\right) - 1 \tag{6.23a}$$

$$G_2(\phi) = 2 N_\phi^{1/2}\left(1 + \dfrac{\tan\phi}{\tan\alpha}\right) + \dfrac{1}{\tan\alpha} \tag{6.23b}$$

$D = D_2$일 때의 AA′면에 작용하는 응력을 정상파괴이론에서의 연약지반에 작용응력 σ_s와 같다고 가정하여 전개하면 식 (6.24)와 같이 된다.

$$\sigma_y = \sigma_s\left(\dfrac{D}{D_2}\right)^{G_1(\phi)}\left(\sigma_s + \dfrac{c G_2(\phi)}{G_1(\phi)}\right) - \dfrac{c G_2(\phi)}{G_1(\phi)} \tag{6.24}$$

한 개의 말뚝캡보에 작용하는 단위길이당 연직하중 P_{v2}는 BB′면과 AA′면에 작용하는 하중의 차로 생각하면 식 (6.25)와 같이 나타낼 수 있다. 이때 하중 $P_{AA'}$는 AA′면에 작용하는 응력, 즉 연약지반에 작용응력 σ_s로 산정할 수 있으며 하중 $P_{BB'}$는 BB′면에 작용하는 토압 식 (6.24)에 $D = D_1$인 경우의 응력으로부터 산정할 수 있다.

$$P_{v2} = P_{BB'} - P_{AA'}$$

$$= D_1 \left| \sigma_y \right|_{D = D_1} - D_2 \sigma_s$$

$$= D_1 \left[\left(\frac{D_1}{D_2} \right)^{G_1(\phi)} \left(\sigma_s + \frac{c\,G_2(\phi)}{G_1(\phi)} \right) - \frac{c\,G_2(\phi)}{G_1(\phi)} \right] - D_2 \sigma_s \tag{6.25}$$

캡파괴의 효율 E_{f2}를 성토하중에 대한 말뚝이 부담하는 하중의 백분율로 표시하면 식 (6.26)과 같다.

$$E_{f2} = \frac{P_{v2}}{\gamma D_1 H} \times 100\,(\%) \tag{6.26}$$

6.3.2 펀칭전단파괴이론

성토지지말뚝이 설치된 연약지반에 성토를 시공하게 되면 성토 높이나 말뚝캡보 사이 간격에 따라 말뚝캡보상의 성토지반 내에 펀칭전단파괴가 발생될 수 있다. 즉, 말뚝캡보 사이의 간격이 너무 넓거나 말뚝캡보 사이의 간격에 비하여 성토고가 충분히 높지 못한 경우는 성토지반 속에 지반아칭이 발달하지 못하고 펀칭전단파괴가 발생될 수 있다.[18]

성토지지말뚝으로 지지된 연약지반상의 성토지반 내에 발생되는 펀칭전단파괴의 형상을 관찰하기 위하여 실시한 실내모형실험 결과는 이미 제6.2.3절에서 설명한 바 있다.[2,4]

이 모형실험에서 연약지반의 침하에 따른 성토지반의 변형 상태를 나타낸 사진으로부터 펀칭전단파괴형상을 그림 6.13과 같이 정의하였다. 즉, 말뚝지지 성토지반 내 펀칭전단파괴의 형상은 지반쐐기영역 1과 소성상태영역 2로 구성되어 있다. 성토지반이 침하할 때 지반쐐기영역 1은 변형되지 않으며, 이 지반쐐기영역 양측면의 소성상태영역 2에서만 소성변형이 발생되었음을 알 수 있었다.

일반적으로 펀칭전단파괴는 지반아칭파괴와는 달리 말뚝간격에 비하여 성토고가 낮을 때 발생하는 지반파괴형태이다. 즉, 말뚝캡보의 설치 간격에 영향을 받지 않는 상태이므로 한 개의 말뚝캡보에 발생하는 파괴형태로 도시할 수 있다.

그림 6.16은 펀칭전단파괴 시의 성토지반 내 응력상태를 나타낸 그림이다. 그림에서 쐐기각 ω는 내부마찰각의 함수로 나타나며 말뚝주변지반이 거동함에 따라 삼각형 쐐기면 AB 및

BC에 전단응력 τ_α와 수직응력 σ_α가 발달한다.

여기서, 파괴면 AB 및 BC에 작용하는 수직응력 σ_α는 전단응력이 발달하지 않았을 때 이 위치에 존재하던 수직응력과 동일하다고 가정한다. 그 밖에 말뚝과 지반에 관한 가정은 캡파괴 시의 가정과 같게 취급한다.

그림 6.16(a)에 도시된 말뚝주변지반의 흙요소에 대한 응력상태를 위의 가정에 의거하여 Mohr 응력원으로 도시하면 그림 6.16(b)와 같다. 그림 6.16(b)에서 응력원 A는 말뚝캡보가 없을 때 이 위치에서의 응력상태를 나타낸 것이다. 응력원 A의 σ_1와 σ_3는 각각 이때의 최소주응력과 최대주응력이다.

한편 응력원 B는 말뚝캡 위의 파괴면 AB 및 BC에 접해 있는 흙요소의 응력상태를 Mohr 응력원으로 도시한 결과이다. 여기서, σ_h와 σ_v는 각각 σ_α 및 τ_α의 응력이 작용하는 면에서의 최대주응력과 최소주응력이다. 여기서, 수직응력 σ_α를 앞의 가정에 의하여 그림 6.16(b)에서 보는 바와 같이 말뚝이 없을 때의 수직응력 σ_1과 동일하게 놓으면 그 파괴면 AB 및 BC에 작용하는 수직응력 σ_α와 전단응력 τ_α는 각각 식 (6.27) 및 (6.28)과 같아진다.

$$\sigma_\alpha = \sigma_1 \fallingdotseq \gamma\left(H - \frac{H_3}{2}\right) \tag{6.27}$$

$$\tau_\alpha = c + \sigma_1 \tan\phi \tag{6.28}$$

여기서, $H_3 = \dfrac{b}{2\tan\left(\dfrac{\pi}{4} - \dfrac{\phi}{2}\right)}$

성토지지말뚝에서는 AD면 및 CE면의 전단응력은 고려하지 않고 단지 말뚝캡 위 삼각형 쐐기부 ABC의 파괴면 AB면 및 BC면에 작용하는 연직 방향 응력만 고려하면 된다. 따라서 삼각형 쐐기부 ABC의 파괴면에 작용하는 y축(연직축) 방향 응력성분 σ_v는 식 (6.29)와 같다.

$$\sigma_v = \tau_\alpha \cos\alpha + \sigma_\alpha \sin\alpha \tag{6.29}$$

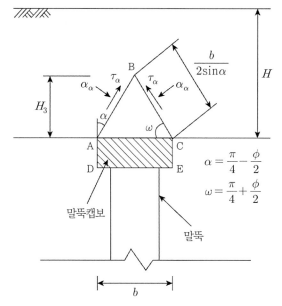

$$\alpha = \frac{\pi}{4} - \frac{\phi}{2}$$
$$\omega = \frac{\pi}{4} + \frac{\phi}{2}$$

(a) 펀칭전단파괴 시의 응력상태

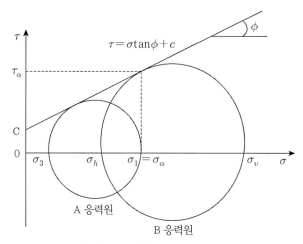

(b) 말뚝주변지반의 Mohr 응력원

그림 6.16 펀칭전단파괴

응력 σ_v에 작용면적 $b/2\sin\alpha$를 곱하고 식 (6.27)과 (6.28)을 (6.29)에 대입하여 정리하면 말뚝캡보에 작용하는 연직하중 P_{v3}는 식 (6.30)과 같다.

$$P_{v3} = \gamma b \left(H - \frac{H_3}{2} \right) + \left\{ \gamma \left(H - \frac{H_3}{2} \right) \tan\phi + c \right\} \frac{b}{\tan\alpha} \tag{6.30}$$

여기서, P_{v3}는 캡보의 장축 방향 단위길이당 값으로 표시한 연직하중이다.

식 (6.30)의 b는 말뚝캡보의 폭이고 γ, ϕ와 c는 각각 성토재의 단위체적중량, 내부마찰각과 점착력이다. 그리고 H와 H_3는 각각 성토고와 지반쐐기영역의 높이이다. 그림 6.16(a)에 도시된 α는 식 (6.31)로 나타낼 수 있다.

$$\alpha = \pi/4 - \phi/2 \tag{6.31}$$

만약 성토고 H가 지반쐐기 높이 H_3보다 낮은 높이까지 밖에 성토시공이 되어 있지 않으면 사진 6.3(c)에서 보는 바와 같이 그림 6.16에 도시된 지반쐐기가 완전히 형성될 수 없을 것이다. 이 경우는 지반쐐기 높이 H_3와 $\tan\alpha$의 값을 각각 H와 $b/2H$로 바꾸어 식 (6.30)에 대입해야 하므로 연직하중 P_{v3}는 식 (6.32)와 같이 나타낼 수 있을 것이다. 따라서 이 경우의 연직하중 P_{v3}는 식 (6.30) 대신 식 (6.32)를 사용하여 산출해야 할 것이다.

$$P_{v3} = \gamma b \frac{H}{2} + \left\{ \frac{1}{2}\gamma H \tan\phi + c \right\} 2H \tag{6.32}$$

6.4 성토지지말뚝의 연직하중 실험치와 예측치의 비교

6.4.1 지반아칭모형실험과 예측치의 비교

성토고의 변화가 성토지지말뚝의 연직하중분담효과에 미치는 영향을 조사하기 위하여 몇몇 말뚝캡보 간격비의 경우에 대해 수행된 모형실험 결과를 말뚝캡보 작용하중으로 나타내어 이론치와 비교하면 그림 6.17과 같다.[13] 즉, 이들 그림은 성토재의 상대밀도가 72.8%이고 말뚝캡보 간격비(D_2/D_1)가 각각 0.5, 0.6, 0.7, 0.8인 경우 성토고에 따른 성토하중과 말뚝캡보 작용하중을 도시한 결과이다. 여기서, 말뚝캡보 작용하중은 폭이 3cm이고 길이가 30cm인 한 개의 말뚝캡보상에 작용하는 하중(kg)을 의미한다.

그림 6.17에서 검정마름모로 표시된 성토하중은 한 개의 말뚝캡보가 담당하는 성토하중을 나타낸다. 이론식에 의한 말뚝캡보 작용하중의 이론치는 그림에서 실선으로 나타내었으며,

모형실험으로부터 계측한 실험치들은 검정 원으로 나타내었다.

이들 그림에서도 알 수 있듯이 모형실험이 수행된 모든 말뚝캡보 간격비에서 성토고 증가에 따라 말뚝캡보 작용하중은 선형적으로 증가하고 있으며, 실험치는 이론치와 잘 일치하고 있다. 그러나 말뚝캡보 간격비가 큰 경우의 실험에서는 성토고가 상당히 커지면 실험치가 이론치보다 약간 작게 나타난다. 이는 말뚝캡보 간격이 크고 성토고가 높으면 지반아칭효과가 다소 감소될 수 있음을 의미한다.

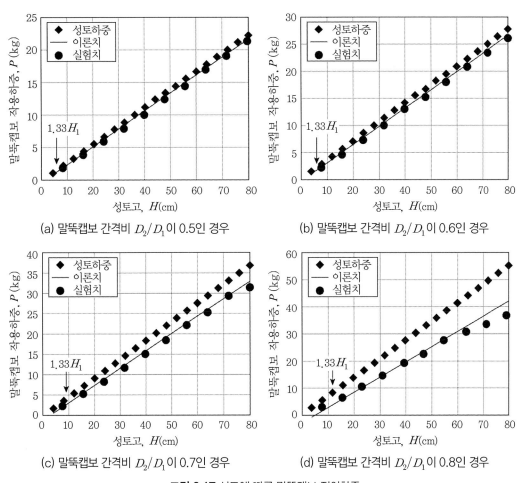

그림 6.17 성토에 따른 말뚝캡보 전이하중

다음으로 효율로 나타낸 모형실험 결과를 이론치와 비교하면 그림 6.18과 같다. 그림에서 이론효율값은 성토고가 증가할수록 초기에는 급격히 증가하다 점차 증가율이 감소하여 수렴

해가는 경향을 보이고 있다. 그러나 말뚝캡보 간격비가 0.8인 경우, 즉 말뚝캡보의 간격이 넓고 성토고가 높으면 그림 6.18(d)에서 보는 바와 같이 효율이 감소함을 알 수 있다.

또한 이론적인 효율은 초기성토고에서 매우 작아 심지어는 0 이하가 되는 경우도 나타나는데, 그 원인은 지반아치가 완전히 발현된 상태의 가정하에서 이론식이 유도되었기 때문이다.

즉, 외부아치 높이인 H_1 이하의 성토고에서는 지반아치가 완전히 발달되지 않아 이론적인 말뚝전이하중 및 효율이 극히 작아지게 된다. 그러나 모형실험 결과에서는 이론적인 지반아치가 완전히 발달되지 않은 낮은 성토고에서도 효율값이 어느 정도 큰 값을 보인다. 이는 성토고가 외부아치 높이 H_1보다 작은 경우에도 지반아칭현상으로 인한 성토지지말뚝으로의 하중전이 효과가 완전하지는 않으나 어느 정도는 발휘되고 있음을 나타내고 있다.

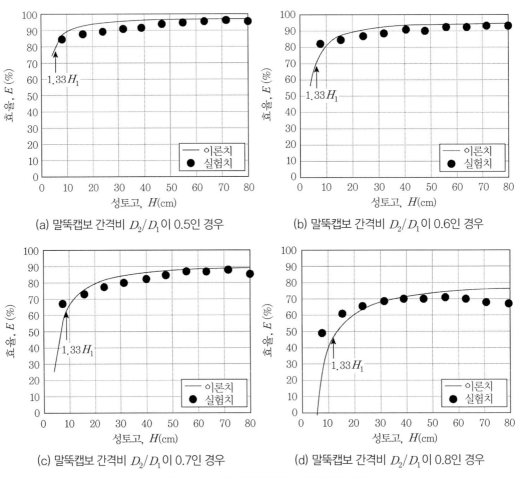

(a) 말뚝캡보 간격비 D_2/D_1이 0.5인 경우

(b) 말뚝캡보 간격비 D_2/D_1이 0.6인 경우

(c) 말뚝캡보 간격비 D_2/D_1이 0.7인 경우

(d) 말뚝캡보 간격비 D_2/D_1이 0.8인 경우

그림 6.18 성토에 따른 말뚝캡보 전이하중 효율

한편 홍원표 등(2000)은 성토지지말뚝 위에 지반아치가 발달하기 위한 소요성토고의 한계치(최소치)는 외부아치 높이 H_1의 1.33배라고 하였다.[13] 따라서 이러한 결론이 적절한가를 검토해보기 위하여 그림 6.17과 그림 6.18에 $1.33H_1$ 높이의 성토고를 화살표로 표시해보았다. 결론적으로 그림 6.17과 그림 6.18에서 화살표로 표시된 $1.33H_1$을 이론치와 실험치가 동일하게 거동하기 시작하는 성토고와 비교해보면 대략 잘 일치하고 있다. 따라서 성토지지말뚝의 하중분담효과에 관한 이론식으로부터 구한 $1.33H_1$의 소요성토고의 한계치가 타당함을 모형실험 결과로부터 확인할 수 있다. 또한 말뚝캡보를 사용한 성토지지말뚝의 경우 성토고가 이론적인 외부아치 높이의 1.33배인 경우에 지반아치가 완전히 발달하게 되고 그 이상의 성토고에서는 이론식의 적용성이 매우 우수함을 알 수 있다. 따라서 성토지지말뚝 설계 시에 지반아칭효과를 얻기 위한 최소성토고는 $1.33H_1$으로 규정함이 바람직하다.

그림 6.19는 성토비 H/H_1에 따른 말뚝캡보로의 성토하중전이효율의 실험치와 이론치를 여러 말뚝간격비의 결과를 함께 비교한 결과이다. 여기서, 성토비는 그림 6.11(a)에 도시된 외부지반아치정점의 높이 H_1에 대한 전체 성토 높이 H의 비이다. 즉, 성토비는 성토모래의 채움 과정을 나타내는 지표에 해당한다. 그림 6.19에 의하면 성토모래의 채움과정 동안 말뚝캡보로의 하중전이 예측효율은 실험효율과 잘 일치하였음을 보여주고 있다. 실험치와 이론치

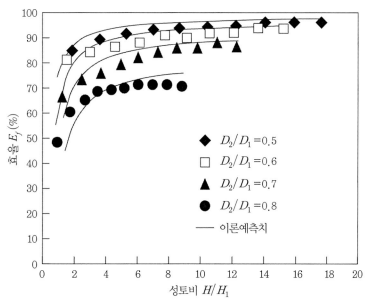

그림 6.19 성토과정 중의 말뚝캡보로의 하중전이효율의 거동

모두 성토초기부터 성토진행과 더불어, 즉 성토비가 증가함에 따라 말뚝캡보로의 하중전이효율은 급격히 증가하다가 일정치에 수렴해감을 보여주고 있다.

6.4.2 지반아칭현장실험과 예측치의 비교

그림 6.20은 성토고가 높아질 때 말뚝캡보를 통해 기초말뚝에 전이되는 연직하중의 변화를 현장실험를 통하여 정리한 결과다.[1] 이들 그림에는 마찰말뚝실험과 선단지지말뚝실험에서 측정된 연직하중을 함께 도시하였다.

또한 이들 그림에서는 무리캡보와 단일캡보에 전이되는 연직하중의 실험치와 이론예측치도 함께 비교하고 있다. 이론예측치는 지반아칭과 펀칭전단 발생기구에 의거한 해석 모델을 적용한 식 (6.19a)와 (6.30)으로 산정하였다.

말뚝캡보에 전이된 연직하중 예측 시는 식 (6.19a)에 말뚝캡보 간격비 D_2/D_1를 0.68로 하였다.

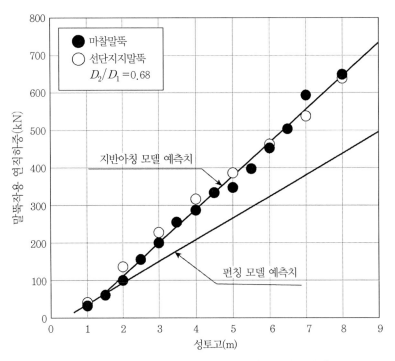

그림 6.20 말뚝캡보에 전이된 연직하중(좁은 캡보 간격)

그림 6.20은 말뚝캡보에 전이된 연직하중의 실험치가 지반아칭 모델에 의한 예측치와 잘 일치하고 있음을 보여주고 있다. 이 결과는 말뚝으로 지지된 성토지반 속에서 지반아칭이 충분히 발달하였기 때문에 무리캡보 위의 성토하중은 지반아칭 발생기구에 의거 말뚝에 효과적으로 전이될 수 있었음을 의미한다. 더욱이 지반아칭 모델에 의해 산정된 예측치는 마찰말뚝과 선단지지말뚝 모두에서 측정된 실험치와 아주 잘 일치하고 있다.

성토시공 중 말뚝지지 성토지반 속에 지반아칭을 발달시키려면 말뚝캡보를 충분히 근접시켜 설치해야 한다. 만약 캡보 사이의 간격이 극단적으로 넓은 경우는 단일캡보 기초와 같게 취급해야 한다. 이런 극단적인 경우는 펀칭 모델을 성토지반 속 하중전이 모델로 적용해야 한다.

위와 같은 현장실험 결과로부터 Hong et al.(2007, 2011)에 의해 제안된 지반아칭 모델과 펀칭 모델을 마찰말뚝이나 선단지지말뚝으로 지지된 캡보기초에 전이되는 성토하중을 예측하는 설계에 적용할 수 있음을 알 수 있다.[12,13]

지반아칭현상에 의해 캡보에 전이되는 연직하중을 식 (6.26)로 산정되는 하중전이효율로 나타내면 그림 6.21과 같다. 이 그림은 말뚝캡보에 전이된 연직하중효율의 실험치와 지반아칭 모델에 의한 예측치를 비교한 그림이다.[8]

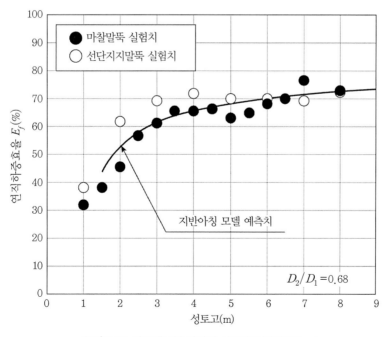

그림 6.21 말뚝캡보에 전이된 성토하중 전이효율 E_f

성토 진행과정 중 예측효율은 마찰말뚝과 선단지지말뚝에 대한 실험효율과 잘 일치하고 있다. 하중전이효율은 초기에 성토고가 증가함에 따라 증가하다가 72% 정도의 효율에서 수렴하였다. 이 결과는 말뚝캡보 간격비(D_2/D_1)가 0.68이 되도록 캡보를 설치하면 전체 성토하중의 70% 정도가 말뚝캡보에 전이됨을 의미한다. 마찰말뚝에 전이되는 효율도 선단지지말뚝 효율과 거의 일치하였다.

비록 마찰말뚝으로 지지되는 성토에서의 침하량이 선단지지말뚝으로 지지되는 성토에서의 침하량보다 크게 발생할지라도 마찰말뚝에서의 하중전이는 선단지지말뚝에서의 하중전이와 동일한 과정으로 진행됨을 알 수 있다.

6.4.3 펀칭파괴모형실험과 예측치의 비교

그림 6.22는 펀칭전단현상에 의해 말뚝캡보에 전이되는 연직하중의 실험값과 예측값을 비교한 결과이다. 여기서 각 단계별 성토재하시간은 24시간의 장기재하방식과 2시간의 단기재하방식의 두 가지 재하방법으로 실험을 실시하였다.[18]

실험값은 말뚝캡보폭 b가 4cm와 8cm의 두 가지 경우의 모형실험에서 측정된 연직하중 값이며 이론예측값은 식 (6.30) 혹은 (6.32)를 적용하여 이론적으로 산정한 값이다.

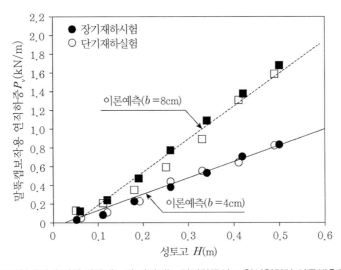

그림 6.22 펀칭파괴에 의해 말뚝캡보에 전이되는 연직하중의 모형실험치와 이론예측치의 비교[18]

종축의 연직하중은 말뚝캡보에 작용하는 연직하중을 단위길이당 캡보에 작용하는 하중 kN/m로 환산한 값이다. 이 그림에 의하면 성토고가 높아짐에 따라 말뚝캡보에 전이되는 성토하중의 크기가 이론적으로 예상한 바와 같이 선형적으로 증가됨을 실험적으로도 확인할 수 있다.

그리고 그림 6.22에서는 폭이 다른 두 종류의 말뚝캡보에 대한 실험 결과도 도시되어 있으므로 말뚝캡보폭의 영향도 관찰할 수 있다. 폭이 좁은 말뚝캡보의 연직하중 실험치는 그림 속에 흰 원 혹은 검은 원으로 표시하였고 폭이 넓은 말뚝캡보의 연직하중 실험치는 흰 사각형 혹은 검은 사각형으로 표기하였다. 실험 결과에 의하면 폭이 좁은 말뚝캡보뿐만 아니라 폭이 넓은 말뚝캡보에서도 말뚝캡보에 전이되는 성토하중의 선형적 증가 경향은 동일하게 나타났으며 실험치는 이론예측치와 모두 잘 일치하고 있음을 알 수 있다.

또한 그림 6.22로부터 말뚝캡보폭이 넓은 경우는 좁은 경우에 비하여 동일한 성토 높이에서 말뚝에 전이되는 성토하중이 크게 작용함도 알 수 있다. 따라서 말뚝캡보의 강성을 충분히 확보할 수 있다면 말뚝캡보의 폭을 크게 하는 것이 성토하중을 전이시키는 데 더 유리함을 확인할 수 있었다.

결국 그림 6.22의 결과로부터 식 (6.30)은 말뚝캡보 위 성토지반 내에 펀칭전단이 발생하는 경우 성토지반 속에서 말뚝캡보에 전이되는 연직하중을 예측하는 데 적합한 식임을 알 수 있다.

| 참고문헌 |

(1) 건설교통부(1998), '성토지지말뚝을 이용한 연약지반상 구조물의 측방이동억지효과에 관한 연구', R&D/96-0063.

(2) 김재홍(2011), '측방유동 영향을 받는 해안매립 연약지반 속 지하매설관에 관한 연구, 중앙대학교대학원', 공학박사학위논문.

(3) 김정훈(2012), '도로성토로 인한 연약지반의 측방유동에 관한 연구', 제주대학교대학원, 공학박사학위논문, pp.121-124.

(4) 김현명(2014), '입상체 흙 입자 지반 속에 발달한 지반아칭으로 인한 응력재분배', 중앙대학교대학원, 공학석사학위논문.

(5) 대한토목학회(1999), '논산 – 상월 간 도로 확포장 공사 중 논산 JC1교 교대측방이동에 대한 연구보고서', pp.2-7.

(6) 박순제(2013), '연약지반상의 뒤채움에 의한 항만호안의 수평변위거동', 중앙대학교 건설대학원, 공학석사학위논문.

(7) 이광우(2006), '연약지반 측방유동 억지를 위한 토목섬유 보강 성토지지말뚝시스템의 설계법', 중앙대학교대학원, 공학박사학위논문.

(8) 이승현 · 이영남 · 홍원표 · 이광우(2001), '성토지지말뚝에 작용하는 연직하중에 대한 현장실험', 한국지반공학회논문집, 제17권, 제4호, pp.221-229.

(9) 홍원표(1991), '연약지반 속 말뚝기초의 안정에 관한 문제점', 토지개발기술, 제14호, pp.34-42.

(10) 홍원표 외 3인(1994), '연약지반 교대의 측방이동에 관한 연구', 한국지반공학회논문집, 제10권, 제4호, pp.53-65.

(11) 홍원표 · 윤중만 · 서문성(1999), '말뚝으로 지지된 성토지반의 파괴형태', 한국지반공학회논문집, 제15권, 제4호, pp.207-220.

(12) 홍원표 · 이재호 · 전성권(2000), '성토지지말뚝에 작용하는 연직하중의 이론해석', 한국지반공학회논문집, 제16권, 제1호, pp.131-143.

(13) 홍원표 · 강승인(2000), '성토지지말뚝에 작용하는 연직하중에 대한 모형실험', 한국지반공학회논문집, 제16권, 제4호, pp.171-181.

(14) 홍원표 외 3인(2001), '측방유동 연약지반상 교대의 안정성', 한국지반공학회논문집, 제17권, 제4호, pp.199-208.

(15) 홍원표 · 송영석 · 조용량(2001), '연약지반상 교대측방이동에 대한 판정', 한국지반공학회 논문집, 제17권, 제4호, pp.269-278.

(16) 홍원표·이재호·송영석(2003), '연약지반상 교대의 측방이동에 대한 대책공법', 중앙대학교 기술과 학연구소 논문집, 제33권, pp.19-28.

(17) 홍원표·송영석(2004), '측방변형지반 속 줄말뚝에 작용하는 토압의 산정법', 한국지반공학회논문 집, 제20권, 제3호, pp.13-22.

(18) 홍원표·송재상·홍성원(2010), '말뚝으로 지지된 성토지반 내 펀칭전단파괴', 한국지반공학회논문 집, 제26권, 제3호, pp.35-45.

(19) 홍원표·김재홍(2010), '연약지반의 측방유동으로 인하여 매설관에 작용하는 측방토압', 한국지반환 경공학회논문집, 제11권, 제9호, pp.27-38.

(20) 홍원표·홍성원(2010), '말뚝지지성토지반 내 지반아칭이 발달할 수 있는 한계성토고의 평가', 한국 지반공학회논문집, 제26권, 제11호, pp.89-98.

(21) 홍원표·김현명(2014), '입상체로 구성된 지반 속에 발생하는 지반아칭과 이완영역에 관한 모형실 험', 한국지반공학회논문집, 제30권, 제8호, pp.13-24.

(22) Atkinson, J.H. and Potts, D.M.(1977), "Stability of a shallow circular tunnel in cohesionless soil", Geotechnique, Vol.27, No.2, pp.203-215.

(23) Bolton, M.D.(1986), "The strength and dilatancy of sands", Geotechnique, Vol.36, No.1, pp.65-78.

(24) BS8006(1995), Code of practice for strengthened/reinforced soils and other fills, British Standards Institution, London, pp.105-106.

(25) Bujang, B.K.H. and Faisal, H.A.(1993), "Pile embankment on soft clay: comparison between model and field performance", Proc., 3rd International Comference on Case Histories in Geotechnical Engineering, Missouri, Vol.1, pp.433-436.

(26) Carlsson, B.(1987), "Almerad jord-berakning sprinciper for-bankar på pålar", Rerranova, Distr. SGI, Linkoping.

(27) Chew, S.H, Phoon, H.L., Loke, K.H.(2004), "Geotextile reinforced piled embankment full scale model tests", Proc., the 3rd Asian Regional Conference on Geosynthetics, Seoul, Korea, pp.661-665.

(28) Duncan, J.M and Chang, C.Y.(1970), "Nonlinear analysis of stress and strain in soils", J. SMFD, ASCE, 96(SM5), pp.1629-1653.

(29) Eekelen, S.J.M, Bezuijen, A. and Oung, O.(2002), "Arching in piled embankments; experiments and design calculations", GeoDeft Report, pp.887-894.

(30) Flodin, N.O. and Broms, B.B.(1977), "Historical development of civil engineering in soft clay", Preprint, International Symposium on Soft Clay, Bangkok, July.

(31) Guido, V.A., Knueppel, J.D. and Sweeney, M.A.(1987), Plate loading tests on geogrid-reinforced earth

slabs, Proc. Geosynthetics '87 Conference, NewOrleans, USA, pp.216-225.

(32) Han, J and Gabr, M.A.(2002), "Numerical analysis of geosynthetic-reinforced and pile-supported earth platforms over soft soil", Journal of Geotechnical and Geoenvironmental Engineering, ASCE, Vol.128, No.1, pp.44-53.

(33) Handy, R.L.(1985), "The arch in soil arching", Jour. GED, ASCE, Vol.111, No.3, pp.302-318.

(34) Hellan K.(1969), "Mekanikk", Tapir forlag, NTH, Trondheim.

(35) Hewlett W.J. and Randolph, M.F.(1988), "Analysis of piled embankments", Ground Engineering, London England, Vol.21, No.3, pp.12-18.

(36) Hong, W.P., Lee, J.H. and Lee, K.W.(2007), "Load transfer by soil arching in pile-supported embankments", Soils and Foundations, Tokyo, Japan, Vol.47, No.5, pp.833-843.

(37) Hong, W.P., Hong, S. and Song, J.S.(2011), "Load transfer by punching shear in pile- supported embankment on soft grounds." Marine Georesources and Geotechnology, 29(4), pp.279-298.

(38) Hong, W.P., Lee, J.H. and Hong, S.(2014), "Full-scale tests on embankments founded piled beams", Journal of Geotechnical and Geoenvironmental Engineering, DOI: 15) Horgan, G.J. and Sarsby, R.W.(2002), "The arching effect of soils over voids and piles incorporating geosynthetic reinforcement", Proceedings of the 7th International Conference on Geosynthetics, Nice, France, pp.373-378.

(39) Ito, T. and Matsui, T.(1975), "Methods to estimate lateral force acting on stabilizing piles", Soils and Foundations, Vol.15, No.4, pp.43-59.

(40) Jones, C.J.F.P., Lawson, C.R. and Ayres, D.J.(1990), "Geotextile reinforced piled embankments", Proc. 4th Int. Conf. on Geotextiles, Balkema, Rotterdam, the Netherland, pp.155-160.10.1061/(ASCE)GT. 1943-5606.0001145.

(41) Kempton, G.K., Russell, D., Pierpoint, M.D. and Jones, C.J.F.P.(1998), "Two and three dimensional numerical analysis of the performance of geosynthetics carrying embankment loads over piles", Proceeding., 6th International Conference on Geosynthetics, Atlanta, Geogia, pp.767-772.

(42) Koutsabeloulis, N.C. and Griffiths, D.V.(1989), "Numerical modeling of the trap door problem", Geotechnique, London, England, Vol.39, No.1, pp.77-89.

(43) Low, B.K., Tang, S.K. and Choa, V.(1994), "Arching in piled embankments", Journal of Geotechnical Engineering, ASCE, Vol.120, No.11, pp.1917-1937.

(44) Matsui, T., Hong, W.P. and Ito, T.(1982), "Earth pressures on piles in a row due to lateral soil movements", Soils and Foundations, Vol.22, No.2, pp.71-81.

(45) Rogbeck, Y., Gustavsson, S., Sodergren, I. and Lindquist, D.(1998), "Reinforced piled embankments in

Sweden-Design aspects", Proc., 6th International Conference on Geosynthetics, Atlanta, Geogia, pp.755-762.

(46) Spangler, M.G. and Hardy, R.L.(1973), Soil Engineering, Intext Education Publisher, New York.

(47) Russell, D. and Pierpoint, N.(1997), "An assessment of design methods for piled embankments", Ground Enigineering, London, England, pp.39-44.

(48) Terzaghi, K.(1943), *Theoretical Soil Mechanics*, John Wiley & Sons, New York.

(49) Timosenko, S.P. and Goodier, J.N.(1970), *Thory of Elasticity*, MacGraw-Hill Book Company, pp.65-68.

(50) 建設省土木研究所(1981), "橋台側方移動に關する研究", 土木研究所資料 第1804號.

(51) 高速道路調査會(1979), "軟弱地盤上の橋臺基礎に関する調査研究報告書", 日本道路公團委託.

(52) 高速道路調査會(1980), "軟弱地盤上の橋臺基礎に関する調査研究報告書(その2)", 日本道路公團委託.

(53) 高速道路調査會(1981), "軟弱地盤上の橋台移動に關する調査研究報告書(その3)", 日本道路公團委託.

Chapter

07

트랩도어 위 지반 속 이완영역

트랩도어 위 지반 속 이완영역

7.1 서 론

지반이 입상체 흙 입자들의 불연속 집합체로 구성되어 있는 경우, 이러한 지반 속에 공동을 발생시키면 지반을 구성하고 있는 흙 입자들이 공동의 중심 방향으로 동시에 구심이동하면서 입자들 사이의 마찰에 의하여 지반아칭(soil arching)현상이 발생하게 된다.[16] 지반 내부에서 지반아칭이 발달하는 동안 지반은 스스로 안정을 찾을 수 있도록 입자재배열과 응력재분배에 의한 응력전이가 자연스럽게 발생하게 된다.

Terzaghi(1943)는 지반아칭현상을 '흙의 파괴영역에서 주변지역으로의 하중전이'라고 정의하고 지반아칭효과를 터널설계에 적용하였다.[25] 터널굴착이 실시되었을 때 지반 속에서 지중응력이 이완되는 영역이 존재하게 되고 이 과정에서 지중응력의 재분배와 입자가 재배열되는 현상이 존재하게 된다. 이러한 일련의 과정을 통하여 터널굴착지반은 스스로 안정을 유지하는 상태로 진전한다. 통상적으로 지중응력이 변하게 되는 지반변형영역이 발생하는 과정에서 입상체 흙 입자들의 상호 마찰에 의하여 지반아칭현상이 발달하게 된다.

지반아칭은 입상체 흙 입자로 구성된 지반 속에서는 언제 어디서나 발생될 수 있는 현상이다. 따라서 토질역학에서 다루는 여러 종류의 구조물에 작용하는 토압은 대부분 지반아칭효과에 의하여 발생되는 결과라고 하여도 과언이 아닐 정도이다. 그러나 지반아칭의 메커니즘을 규명하는 방법은 구조물에 따라 단편적으로 몇몇 필요한 분야에만 일부 적용되고 있다.[7,12,15,16,22] 이를 체계적으로 정리할 수 있다면 토질역학에서 현재 사용하고 있는 각종 이론을 한 단계 더 발전시킬 수 있을 것이다. 또한 이러한 지반아칭의 특성을 잘 파악하면 경제적이고 안전한 지중구조물의 설계와 시공이 가능할 것이다.

제7장의 목적은 지반 속에 공동이 생겨 흙 입자들이 공동의 중심 방향으로 구심이동(centipetal movement)을 하려 할 때 발달하는 지반아칭현상과 이완영역을 트랩도어 모형실험을 통하여 규명하고자 한다. 또한 이러한 지반아칭 발달 시 지중연직토압의 변화를 측정하여 지중응력 전이 메커니즘을 규명하고자 한다. 모형토조 하부에 트랩도어가 설치된 모형토조에 모래를 채운 다음 일정한 속도로 모형토조 바닥에 조성된 트랩도어판을 하강시킴으로써 트렌치 내 모래지반에 변형을 유발시키고 모래지반입자가 트랩도어의 중심을 향하여 구심이동을 할 수 있도록 모형실험기를 제작하여 모형실험을 실시하였다. 이 모형실험 결과에 의거하여 트랩도어 상부 지반속의 이완영역을 산정할 수 있는 방법을 관찰 확립하고자 한다.[1,8]

7.2 지반아칭의 기존연구 개요

지반아칭현상은 Terzaghi(1936)가 제1회 국제토질 및 기초학술회의에서 처음으로 지반아칭 실험 결과를 발표하면서부터 시작되었다고 할 수 있다.[24] 이 실험에서 지반 내부에 지반아칭 에 의한 응력변화가 발생하였음을 보여주었다.

그 후 지반아칭에 관한 연구는 주로 터널굴착 분야에 적용되어 터널 굴착 시의 이완영역 에 관한 연구가 집중적으로 실시되었다.[9,11,25] 트랩도어 재하판을 하강시켜 지반에 변형을 발 생시키면 트랩도어 위 지반에는 이완영역이 발달한다. Ladanyi & Hoyaux(1969)는 이 영역을 유동영역(flow zone)이라 하고 이 영역 밖의 영역을 정지영역(stationary zone)이라 정의하였 다.[20] 지금까지 다양한 형태의 이완영역이 제시되었으나 아직 통일된 기준이 확립되어 있지 못한 실정이다.

홍성완(1986)[6]은 터널모형실험으로 측정된 지표면침하량을 Murayama & Matsuoka(1971) 산 정식[23]과 비교하는 연구에서 지반아칭에 대한 고찰을 실시한 바 있다. 최근 한영철 외 2인 (2014)은 마제형 터널단면을 가지는 트랩도어 모형실험을 실시하고 수치해석을 통하여 터널 에 작용하는 이완하중 및 주변지반 전단영역 등에 관한 연구를 수행하였다.[5]

한편 Handy(1985)는 옹벽의 변위가 배면 뒤채움재 내 흙 입자들의 이동을 초래하게 되며 뒤채움토사 내에 지반아칭이 발달한다고 설명하고 이 지반아칭효과를 고려하여 옹벽에 작용하는 토압을 유도한 바 있다.[13] 그 후 이러한 지반아칭효과를 고려하여 옹벽에 작용하는 토압 산정에 대한 연구는 여러 학자들에 의하여 계속되었다.[2,13]

그 밖에도 지반아칭현상은 지반공학의 여러 분야에서 취급되고 있다. 예를 들면, 억지말뚝[7,22] 분야, 성토지지말뚝[15,16] 및 매설관[18,19] 분야를 대표적으로 들 수 있다. 또한 Harris(1974)는 수직갱 굴착 시의 지반아칭을 연구하였다.[14] Wong and Kaiser(1988) 역시 원형 수직지중연속벽 굴착 시 지중응력이완은 주변지반의 응력재분배를 유발하고 이는 연직 방향과 수평 방향 모두에서 지반아칭을 발달시킨다고 하였다.[4,27]

한편 Janssen(2006)은 사일로에 저장된 곡물에 의해 작용하는 압력이 아칭의 영향을 받고 있음을 거론하였다.[17] 지중암거에 작용하는 토압을 구하는 데도 지반아칭의 효과가 있음을 거론하였고,[10,21] 트렌치 굴착벽면마찰에 의하여서도 지반아칭이 발달함을 기술하였다.[1,3,8,21]

7.3 지반아칭의 모형실험 개요

모래를 채운 모형토조 바닥중앙부에 트랩도어를 설치하고 트랩도어판을 아래로 내려 모래지반 내에 지반변형을 발생시키면 지중에서 지반아칭이 발달하게 된다. 이 지반아칭이 발달할 때 지반변형영역, 이완영역, 지반아칭형상 및 응력재분배현상을 관찰하기 위해 그림 2.11의 조감도에서 보는 바와 같은 모형실험장치를 제작하였다. 모형실험장치는 모형토조, 지반변형제어장치, 계측장치의 세 부분으로 구성되어 있다.

트랩도어 모형실험에 대해서는 제2장에서 상세히 설명하였다. 김현명(2014)도 동일한 모형실험기를 활용하여 석사학위논문을 작성하였으므로 그 논문을 참조할 수도 있다.[1,8] 제7장에서의 모형실험에서도 동일한 모형실험기와 시료를 사용하였으므로 상세한 내용은 그곳을 참조하기로 한다.[1,8]

제7.4.2절과 제7.5.3절에서도 모형실험 결과를 설명하므로 모형실험 결과에 대한 자세한 설명은 그곳을 참조하기로 하고 이곳에서는 설명을 생략하기로 한다.[1,8]

7.4 지반아칭에 의한 응력전이

7.4.1 지반아칭의 이론해석

(1) 원주공동확장이론에 의한 해석

제7장에서는 원주공동확장이론을 이용하여 지반아치 상부지반의 수직응력을 산출할 수 있는 이론식을 설명한다.

그림 7.1에 도시된 바와 같이 지반아칭은 토피가 최소한 외부아치높이보다 커야만 발생된다. 이 지반아칭영역 내의 응력상태를 살펴보면 우선 지반아치 천정부에서는 전단응력이 작용하지 않는 상태, 즉 수직응력만 작용한다고 생각할 수 있다.[26]

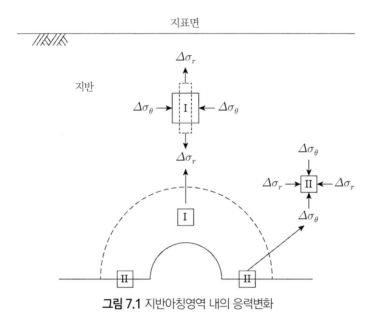

그림 7.1 지반아칭영역 내의 응력변화

그러나 지반아치 천정에서 하부 트랩도어 재하판(혹은 공동중심부 터널반경) 양단부로 접근하면서 전단응력이 점차 크게 발달하게 된다. 이러한 전단응력의 발달은 지반아칭이 발달하지 못할 경우 발생될 수 있다. 즉, 트랩도어 재하판의 폭이 너무 크거나 토피고가 충분하지 못한데 트랩도어 재하판의 하향이동이 발생할 때 트랩도어 재하판의 양단부에 전단응력이 점차 크게 발달할 수 있다. 따라서 지반아칭이 발달하는 경우의 지반아칭영역 천정부에서의 응력검토와 지반아칭이 발달하지 못할 경우의 트랩도어 재하판 양단부에서의 응력상태가 모두 검토되어야 한다.

지반아칭의 해석은 지반아칭영역의 가장 취약한 부분인 지반아치 천정부의 응력상태를 고려한 해석이며 이 경우를 정상파괴(crown failure)라 한다.

그림 7.1은 균일지반의 지반아치영역 내 요소의 응력변화를 도식화한 그림이다. 그림과 같이 지반아칭이 지반 내부에서 발달하는 동안 반경 방향 수직응력은 줄어드는 반면 법선 방향 수직응력은 늘어나게 된다. 그리고 응력을 받는 어느 한 요소[I] 위치에서 받는 수직응력을 이용하여 요소[II] 위치에서 받는 수직응력 $\Delta\sigma_r$과 $\Delta\sigma_\theta$를 구할 수 있다.

그림 7.2는 정상파괴 시의 해석을 실시하기 위한 도면이다. 본 해석은 하나의 트랩도어가 존재할 경우로 평면변형률상태의 2차원 해석에 해당한다.

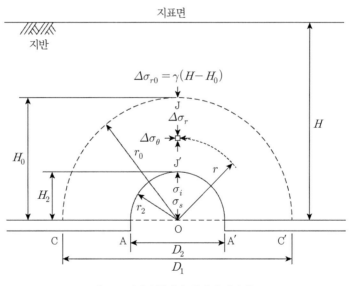

그림 7.2 지반아칭영역 내의 응력상태

그림 7.2에 도시된 반원통 내 한 요소의 응력상태를 해석하기 위하여 원통 극좌표로 정리된 평형방정식을 Timoshenko & Goodier(1970)이론을 도입하면 식 (7.1)과 같다.[26]

지반아치 천정에서의 응력은 수직응력만을 고려하고 지반아치영역 내 응력은 모두 동일하다고 가정하면 $\tau_\theta = 0$으로 간주할 수 있다. 이러한 가정으로 식 (7.1)과 같은 평형방정식을 얻을 수 있다.

$$\frac{d\Delta\sigma_r}{dr} + \frac{\Delta\sigma_r - \Delta\sigma_\theta}{r} = -\gamma \tag{7.1}$$

여기서, $\Delta\sigma_r =$ 반경 방향 수직응력증분(t/m^2)

$\Delta\sigma_\theta =$ 법선 방향 수직응력증분(t/m^2)

$r =$ 이완영역 내 임의 지점에서의 반지름(m)

$\gamma =$ 단위중량(t/m^3)

$\Delta\sigma_\theta$는 Mohr의 응력원에 의거하면 식 (7.2)와 같이 된다.

$$\Delta\sigma_\theta = N_\phi \sigma_r + 2cN_\phi^{1/2} \tag{7.2}$$

식 (7.2)를 (7.1)에 대입하여 일반해를 구하면 식 (7.3)과 같이 된다.

$$\Delta\sigma_r = A \cdot r^{(N_\phi - 1)} + \gamma \cdot \frac{r}{N_\phi - 2} - \frac{2cN_\phi^{1/2}}{N_\phi - 1} \tag{7.3}$$

여기서, $A =$ 적분상수

$c =$ 지반의 점착력(t/m^2)

$\phi =$ 지반의 내부마찰각$(°)$

$N_\phi = \tan^2\left(\frac{\pi}{4} + \frac{\phi}{2}\right)$

지반아칭에 의한 이완영역을 나타내는 외부아치의 정점 J에서는 $r = r_0$일 때 $\Delta\sigma = \Delta\sigma_{r0}$ 가 되는 경계조건을 식 (7.3)에 대입하여 적분상수 A를 구하고 이를 다시 식 (7.3)에 대입하면 $\Delta\sigma_r$은 식 (7.4)와 같이 된다.

$$\Delta\sigma_r = \gamma\left\{H' - \frac{r_0}{N_\phi - 2}\right\} \cdot \left(\frac{r}{r_0}\right)^{N_\phi - 1} + \gamma\frac{r}{N_\phi - 2} - \left\{1 - \left(\frac{r}{r_0}\right)^{N_\phi - 1}\right\} \cdot \frac{2cN_\phi^{1/2}}{N_\phi - 1} \quad (7.4)$$

여기서, $H' = H - H_0$

H = 토피고(m)

H_0 = 이완영역 정점 높이(m)

$\Delta\sigma_\theta$는 식 (7.2)로부터 구할 수 있다.

한편 내부아치의 정점 J'에서는 $r = r_2$일 때, $\Delta\sigma_r$을 내부응력 $\Delta\sigma_i$로 나타내고 이를 식 (7.4)에 대입하면 식 (7.5)가 구해진다.

$$\Delta\sigma_i = \gamma\left\{H' - \frac{r_0}{N_\phi - 2}\right\} \cdot \left(\frac{r_2}{r_0}\right)^{N_\phi - 1} + \gamma\frac{r_2}{N_\phi - 2} - \left\{1 - \left(\frac{r_2}{r_0}\right)^{N_\phi - 1}\right\} \cdot \frac{2cN_\phi^{1/2}}{N_\phi - 1} \quad (7.5)$$

식 (7.4)의 r에 r_2에서 r_0까지로 변경시키면서 대입하면 지반아칭영역 내의 응력 σ_r과 σ_θ를 산정할 수 있다.

한편 트랩도어 AA′상의 중심 O점에 작용응력(토피압) $\Delta\sigma_s$는 식 (7.6)과 같이 표현할 수 있다.

$$\Delta\sigma_s = \Delta\sigma_i + H_2\gamma \quad\quad\quad\quad\quad (7.6)$$

여기서, H_2는 내부아치의 정점에서의 높이이다.

(2) 지반아칭이 발생되는 측방토압

그림 7.3은 트랩도어 상부 지반 속에서 지반아칭이 발달하는 응력상태를 도시한 그림이다. 우선 그림 7.3(a)는 초기상태를 도시한 그림으로 지중에 σ_H의 초기응력이 존재하였다.

여기에 트랩도어의 하강 혹은 터널과 같은 공동을 조성한 경우의 응력상태가 그림 7.3(b)

와 (c)이다. 공동조성으로 인하여 지중에 반경 방향으로 응력변화 $\Delta\sigma_r$이 발생하는데, 이로 인하여 지중 공동 주변에는 탄성영역과 소성영역이 존재하게 된다.

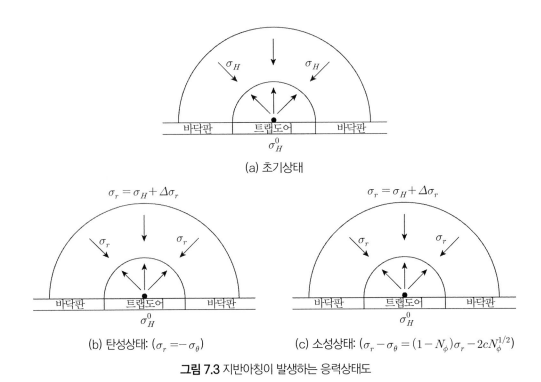

그림 7.3 지반아칭이 발생하는 응력상태도

공동조성으로 인한 지반의 변형으로 반경 방향 응력 σ_r은 초기응력 σ_H보다 커진다. 여기서 반경 방향 응력증분 $\Delta\sigma_r = \sigma_P = \sigma_r - \sigma_H$로 초래되는 반경 방향 및 접선 방향의 응력증분은 식 (7.7) 및 (7.8)과 같이 된다.

$$\Delta\sigma_r = \sigma_p = \sigma_r - \sigma_H \qquad\qquad (7.7)$$

$$\Delta\sigma_\theta = \sigma_\theta - \sigma_H \qquad\qquad (7.8)$$

여기서, σ_r은 반경 방향 응력이고 σ_θ는 접선 방향 응력이다. 따라서 반경 방향과 접선 방향 응력증분 $\Delta\sigma_r$와 $\Delta\sigma_\theta$은 각각 식 (7.7)과 (7.8)로 구할 수 있으며 이들은 σ_p에 의해 초래되는 응력변화이다.

그림 7.4는 지반아칭영역 내의 A 요소의 응력상태를 도시한 그림이다. 우선 A 요소에서의 변위를 w라 하면 A요소의 반경 방향 변형률 ϵ_r과 접선 방향 변형률 ϵ_θ은 각각 식 (7.9a) 및 식 (7.9b)와 같이 된다.

$$\epsilon_r = \frac{dr - (dr + dw)}{dr} = -\frac{dw}{dr} \tag{7.9a}$$

$$\epsilon_\theta = \frac{2\pi r - 2\pi(r + w)}{2\pi r} = -\frac{w}{r} \tag{7.9b}$$

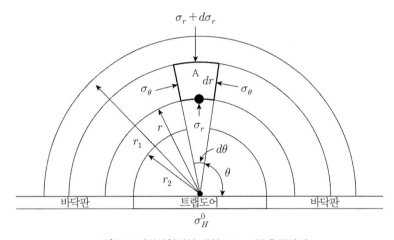

그림 7.4 지반아칭영역 내의 요소 A의 응력상태

한편 현재 취급하고 있는 트랩도어나 터널공동은 평면변형률상태를 대상으로 하고 있으므로 수평축 방향 변형률인 수평변형률(horizontal strain) ϵ_y는 식 (7.10)과 같이 0이 된다.

$$\epsilon_y = 0 \tag{7.10}$$

응력과 변형률 사이의 관계에 Hook의 탄성법칙을 적용하면 식 (7.11)과 같이 된다.

$$\begin{Bmatrix} \epsilon_r \\ \epsilon_\theta \\ 0 \end{Bmatrix} = \begin{Bmatrix} -dw/dr \\ -w/r \\ 0 \end{Bmatrix} = E \begin{bmatrix} 1 & -\nu & -\nu \\ -\nu & 1 & -\nu \\ -\nu & -\nu & 1 \end{bmatrix} \begin{Bmatrix} \Delta\sigma_r \\ \Delta\sigma_\theta \\ \Delta\sigma_y \end{Bmatrix} \tag{7.11}$$

여기서, G＝전단탄성계수$(= G = E/2(1+\nu))$

E＝탄성계수

식 (7.9)를 (7.11)에 대입하면 식 (7.12) 및 (7.13)이 구해진다.

$$\Delta\sigma_r = -\frac{2G}{1-2\nu}\left[(1-\nu)\frac{dw}{dr}+\nu\frac{w}{r}\right] \tag{7.12}$$

$$\Delta\sigma_\theta = -\frac{2G}{1-2\nu}\left[\nu\frac{dw}{dr}+(1-\nu)\frac{w}{r}\right] \tag{7.13}$$

식 (7.12)에서

$$\frac{d(\Delta\sigma_r)}{dr} = -\frac{2G}{1-2\nu}\left[(1-\nu)\frac{d^2w}{dr^2}+\frac{\nu}{r}\left(\frac{dw}{dr}-\frac{w}{r}\right)\right] \tag{7.14}$$

평형방정식에서 식 (7.15)가 구해지며

$$\frac{(\sigma_r-\sigma_\theta)}{r}+\frac{d\sigma_r}{dr} = -\gamma \tag{7.15}$$

$\Delta\sigma_r$, $\Delta\sigma_\theta$, $d(\Delta\sigma_r)/dr$을 식 (7.15)의 증분식에 대입하면 식 (7.16)을 구할 수 있다.

$$\frac{d^2w}{dr^2}+\frac{dw}{rdr}-\frac{w}{r^2} = \frac{(1-2\nu)}{2G(1-\nu)}\gamma \tag{7.16}$$

경계조건으로 $r \rightarrow \infty$, $w \rightarrow 0$을 대입하면

$$r = r_2,\ \Delta\sigma_r = \sigma_p$$

식 (7.16)의 해는 다음과 같다.

$$w = \frac{r_2^2}{r} \cdot \frac{\sigma_p}{2G} + \frac{(1-2\nu)}{2G(1-\nu)}\gamma \tag{7.17}$$

w를 식 (7.12)와 (7.13)에 대입하면

$$\Delta\sigma_r = \frac{r_2^2}{r^2}\sigma_p - \frac{\nu}{(1-\nu)}\frac{\gamma}{r} \tag{7.18}$$

$$\Delta\sigma_\theta = \frac{-r_2^2}{r^2}\sigma_p + \frac{\nu}{(1-\nu)}\frac{\gamma}{r} = -\Delta\sigma_r \tag{7.19}$$

$\sigma_p = \sigma_r - \sigma_H$이고 식 (7.7)과 (7.8)에서의 $\Delta\sigma_r$, $\Delta\sigma_\theta$를 위식에 대입하면

$$\sigma_r = \frac{r_2^2}{r^2}(\sigma_H + \sigma_p) + \sigma_H\left(1 - \frac{r_2^2}{r^2}\right) - \frac{\nu}{(1-\nu)}\frac{\gamma}{r} \tag{7.20}$$

$$= \frac{r_2^2}{r^2}\sigma_p + \sigma_H - \frac{\nu}{(1-\nu)}\frac{\gamma}{r}$$

$$\sigma_\theta = -\frac{r_2^2}{r^2}(\sigma_H + \sigma_p) + \sigma_H\left(1 + \frac{r_2^2}{r^2}\right) + \frac{\nu}{(1-\nu)}\frac{\gamma}{r} \tag{7.21}$$

$$= -\frac{r_2^2}{r^2}\sigma_p + \sigma_H + \frac{\nu}{(1-\nu)}\frac{\gamma}{r}$$

$\theta = 0$일 때 지반아치의 정상인 외부아치영역 $(r = r_1)$에서의 응력은 식 (7.22)와 (7.23)과 같다.

$$\sigma_{r1} = \frac{r_2^2}{r_1^2}\sigma_p + \sigma_H - \frac{\nu}{(1-\nu)}\frac{\gamma}{r} \tag{7.22}$$

$$\sigma_{\theta1} = -\frac{r_2^2}{r_1^2}\sigma_p + \sigma_H + \frac{\nu}{(1-\nu)}\frac{\gamma}{r} \tag{7.23}$$

다음으로 소성영역에 대하여 소성해석을 실시하면 다음과 같다.

우선 평형조건 식 (7.15)로부터 시작한다.

$$\frac{d\sigma_r}{dr} + \frac{\sigma_r - \sigma_\theta}{r} = 0 \tag{7.15}$$

소성파괴상태에서의 응력을 고려하여 Mohr 응력원에서 식 (7.24)의 관계를 구할 수 있다.

$$\sigma_\theta = N_\phi \sigma_r + 2cN_\phi^{1/2} = K_a \sigma_r + 2cN_\phi^{1/2} \tag{7.24}$$

주동상태에서 N_ϕ는 식 (7.25)와 같다.

$$N_\phi = \tan^2\left(\frac{\pi}{4} + \frac{\phi}{2}\right) = \frac{1 + \sin\phi}{1 - \sin\phi} \tag{7.25}$$

이 관계를 이용하여 식 (7.15)를 다시 쓰면 식 (7.26)과 같이 된다.

$$\frac{d\sigma_r}{\sigma_r} + \frac{(1 - N_\phi)\sigma_r - 2cN_\phi^{1/2}}{r} \tag{7.26}$$

식 (7.26)의 일반해는 식 (7.27)과 같다.

$$\sigma_r = A r^{N_\phi - 1} - \frac{2cN_\phi^{1/2}}{N_\phi - 1} \tag{7.27}$$

경계조건으로 $r = r_2$ 일 때 $\sigma_r = \sigma_H$ 이므로 A는 식 (7.28)과 같이 구해지고 이를 식 (7.27)에 대입하면 식 (7.29)가 구해진다.

$$A = \left(\sigma_H + \frac{2cN_\phi^{1/2}}{N_\phi - 1}\right) r_2^{1 - N_\phi} \tag{7.28}$$

따라서

$$\sigma_r = \left(\sigma_H + \frac{2cN_\phi^{1/2}}{N_\phi - 1}\right)\left(\frac{r}{r_2}\right)^{N_\phi - 1} - \frac{2cN_\phi^{1/2}}{N_\phi - 1} \tag{7.29}$$

두 번째 경계조건으로 외부아치 천정에서의 응력 σ_r을 구하면 $r = r_2$일 때 응력$(\sigma_r)_{r=r1}$ 과 σ_θ를 구하면 식 (7.30)과 (7.31)이 구해진다.

$$(\sigma_r)_{r=r1} = \left(\sigma_H + \frac{2cN_\phi^{1/2}}{N_\phi - 1}\right)\left(\frac{r_1}{r_2}\right)^{N_\phi - 1} - \frac{2cN_\phi^{1/2}}{N_\phi - 1} \tag{7.30}$$

$$\sigma_\theta = N_\phi \sigma_r + 2cN_\phi^{1/2} \tag{7.31}$$

앞의 탄성해석에서 탄성일 때 식 (7.22)로부터 (7.22a)를 구할 수 있었다.

$$\sigma_{r1} = \frac{r_2^2}{r_1^2}\sigma_p + \sigma_H - \frac{\nu}{(1-\nu)}\frac{\gamma}{r} \tag{7.22}$$

$$(\sigma_{r1})_e = \frac{r_2^2}{r_1^2}\sigma_p + \sigma_H \tag{7.22a}$$

한편 소성해석에서는 지반이 소성일 때 식 (7.30)으로부터 (7.30a)를 구할 수 있다.

$$(\sigma_r)_{r=r1} = \left(\sigma_H + \frac{2cN_\phi^{1/2}}{N_\phi - 1}\right)\left(\frac{r_1}{r_2}\right)^{N_\phi - 1} - \frac{2cN_\phi^{1/2}}{N_\phi - 1} \tag{7.30}$$

$$(\sigma_{r1})_p = \left(\sigma_H + \frac{2cN_\phi^{1/2}}{N_\phi - 1}\right)\left(\frac{r_1}{r_2}\right)^{N_\phi - 1} - \frac{2cN_\phi^{1/2}}{N_\phi - 1} \tag{7.30a}$$

그림 7.5의 M점에서는 $r = r_1$일 때 $(\sigma_{r1})_e = (\sigma_{r1})_p$이므로 탄성영역과 소성영역의 경계에 해당한다.

즉, 식 (7.22a)와 (7.30a)를 경계조건을 넣어 같게 놓음으로써 σ_p를 구할 수 있다. 이 σ_p는 지반아칭이 발생되는 측방토압을 유발하는 항복하중에 해당한다.

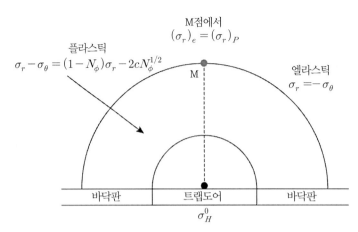

M점에서
$(\sigma_r)_e = (\sigma_r)_P$

플라스틱
$\sigma_r - \sigma_\theta = (1 - N_\phi)\sigma_r - 2cN_\phi^{1/2}$

엘라스틱
$\sigma_r = -\sigma_\theta$

M

바닥판　　트랩도어　　바닥판

σ_H^0

그림 7.5 M점에서의 탄성과 소성의 경계영역

7.4.2 지반아칭의 모형실험 결과

(1) 모형실험과의 비교

그림 7.6은 표 7.1에서 설명한 9가지 경우의 모형실험 중 지반 밀도별로 대표적인 실험 결과를 도시한 그림이다. 즉, 그림 7.6(a)는 느슨한 밀도 지반에 대하여 실시한 T41 실험의 결과이고 그림 7.6(b)는 중간 밀도 지반에 대하여 실시한 T62 실험의 결과이며 그림 7.6(c)는 조밀한 밀도 지반에 대하여 실시한 T82 실험의 결과이다.

표 7.1 모형실험계획

테스트 ID	모래의 상대밀도 D_r(%)	트랩도어 폭 B(m)	모래의 단위무게 γ(kN/m³)	비고
T41		0.1		
T42	40	0.2	15.7	느슨한 모래
T43		0.3		
T61		0.1		
T62	60	0.2	16.0	중간 밀도 모래
T63		0.3		
T81		0.1		
T82	80	0.2	16.3	조밀한 모래
T83		0.3		

이들 세 그림은 트랩도어 재하판이 하강함에 따라 토조 바닥에 작용하는 연직토압의 변화 거동을 보여주고 있다. 이 그림의 연직축에는 토압계로 측정한 토압을 표시하였고 수평축에는 트랩도어 재하판의 하강변위 δ_s를 트랩도어 폭 B로 나눈 변형률 δ_s/B를 표시하였다.

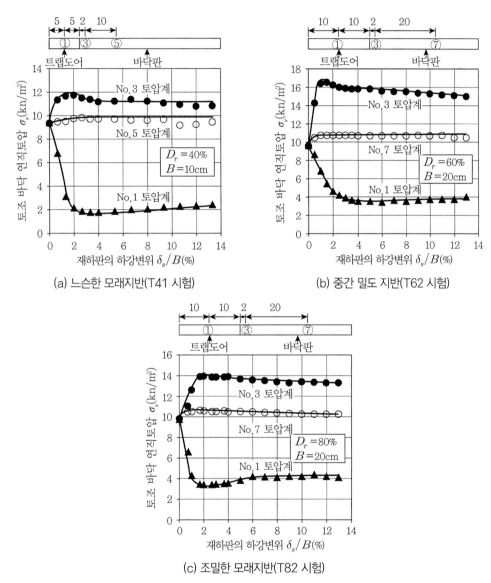

(a) 느슨한 모래지반(T41 시험)   (b) 중간 밀도 지반(T62 시험)

(c) 조밀한 모래지반(T82 시험)

그림 7.6 이완영역(유동영역)에서의 트랩도어 변위와 연직하중 거동(단위: cm)

그림 7.6에는 토조 바닥의 세 위치에서 측정한 토압이 비교·도시되어 있다. 즉, No.1 토압계는 트랩도어 재하판의 중앙에 설치된 토압계이며 No.3 토압계는 트랩도어에서 외측으로

2cm 떨어진 위치의 바닥판에 설치된 토압계이다. 각 그림의 상부에 토압계의 설치위치를 도시하였다. 또한 No.5 토압계는 트랩도어에서 외측으로 12cm 떨어진 위치의 바닥판에 설치되어 있는 토압계이다. 이들 토압계의 정확한 설치위치는 그림 2.13에 상세히 도시·설명하였으므로 이들 그림을 참조할 수 있다.

이들 세 그림에 의하면 세 종류의 지반밀도에 대하여 실시된 모형실험은 거의 동일한 토압거동패턴을 보이고 있음을 알 수 있다. 먼저 No.1 토압계로 측정된 토압은 트랩도어 재하판의 변위가 발생하자마자 급격한 토압감소거동을 보였다. 즉, 트랩도어에 작용하는 토압은 트랩도어가 트랩도어 재하폭의 2~3% 정도에 해당하는 변위까지 급히 감소하여 최소치에 도달하였다. 그 후 약간 증가하거나 거의 일정하게 토압이 측정되었다. 전반적으로 6% 정도의 트랩도어 변위에서부터는 일정한 토압을 유지하게 되었다고 할 수 있다.

반면에 No.3 토압계로 측정된 토압은 초기에 급격하게 증가한 후 약간 감소하거나 일정 토압에 수렴하는 거동을 보였다. 결국 트랩도어 재하판를 하강시켜 지반변형을 발생시키면 이 지반변형에 대응하여 지중에서는 응력전이가 급격히 발생되었음을 설명해 주고 있다. 즉, 지반변형이 발생된 유동영역(flow zone, 이완영역에 해당하는 영역)에서는 응력이 감소하며 인접한 주변의 정지영역(satationary zone)으로 응력이 급격히 전이됨으로써 응력의 재분배가 이루어져 지중에 안정을 스스로 찾아갔음을 알 수 있다. 이와 같은 응력전이는 지반아칭현상에 의하여 발생된 결과라고 할 수 있다.

그러나 트랩도어에서 어느 정도 멀리 떨어져 있는 토압은 별로 변화하지 않았다. 이와 같이 응력전이현상은 지반변형이 발생한 지역에 아주 인접한 지역에서 주로 발생되며 멀리 떨어져 있는 지역에서는 별로 영향이 없었다. 이러한 거동은 지반의 밀도와 트랩도어 재하폭의 크기에 상관없이 동일하게 나타났다.

그림 7.7은 중간 밀도 지반에서의 T62 실험 결과를 이용하여 트랩도어 상의 두 위치에 작용하는 연직토압의 거동을 함께 도시한 그림이다. 이 그림으로 트랩도어의 중앙과 단부에서의 토압거동을 비교할 수 있다. 이들 측정점은 모두 이완영역 내의 측점에 해당한다.

즉, No.1 토압계는 트랩도어 중앙에서 측정한 토압이고 No.2 토압계는 이완영역 내의 트랩도어 단부에서 측정한 토압이다. 두 위치에서 측정된 토압은 모두 트랩도어 재하판의 변위가 시작되면 급격히 감소하였다. 단지 단부에서의 토압감소가 중앙에서의 토압감소보다 빨리 더 크게 발생한 점이 차이가 있을 뿐이다. 즉, 트랩도어 단부에서는 트랩도어 재하폭의 2%에 해당하는 변위까지 조기에 급격히 토압이 감소하여 최솟값에 도달하였으나 트랩도어 중앙에서는 4% 변위까지 서서히 토압이 감소하였으며 토압감소량도 단부보다 적었다.

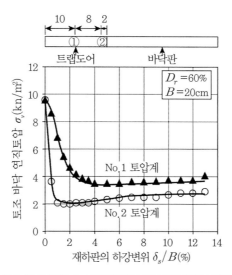

그림 7.7 중간 밀도 지반 속 유동영역에서의 연직토압의 거동(T62 실험)

한편 그림 7.8은 트랩도어 외측의 유동영역 및 정지영역 바닥판에 설치한 토압계들의 계측 결과를 비교한 그림이다. 즉, No.3 토압계는 트랩도어에서 외측으로 2cm 떨어진 위치의 바닥

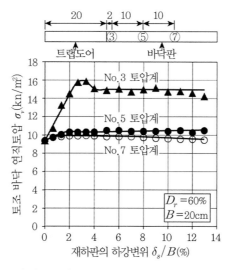

그림 7.8 중간 밀도 지반 속 정지영역에서의 연직토압 거동(T62 실험)

판에 설치하였고 No.5와 No.7 토압계는 트랩도어에서 외측으로 각각 12cm, 22cm 떨어진 위치에 설치하였다. 이 그림에 의하면 No.3 토압계에서 측정된 토압은 트랩도어 변위에 따라 변화가 크게 나타났으나 나머지 토압계에 의한 토압은 변화가 거의 없었다. 이는 트랩도어에 인접한 지역에서는 응력전이가 활발하게 진행되었지만 나머지 부분에서는 영향이 거의 없었음을 보여주고 있다.

Terzaghi는 그림 2.2와 같이 지반아칭 모형실험으로 구하여진 연직하중을 이용하여 트랩도어의 연직하중과 변위의 관계를 비교·관찰하였다.[24]

그림 7.9는 본 모형실험 결과를 바탕으로 Terzaghi의 방법과 동일하게 연직하중과 변위의 관계를 비교·관찰한 결과이다.

그림 7.9는 트랩도어 폭이 10cm, 상대밀도가 40, 60, 80%일 때 트랩도어의 연직하중과 변위의 관계를 도시화한 결과이다.

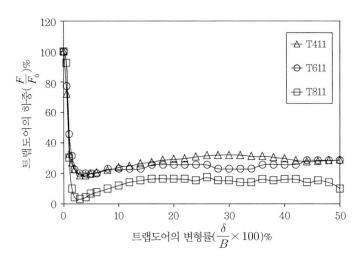

그림 7.9 트랩도어의 연직하중과 하강변위(트랩도어 폭 10cm)의 관계

이 그림에서 보는 바와 같이 트랩도어에 작용하는 하중(정규화된 하중)은 트랩도어 폭의 3% 정도에 해당하는 변위가 발생하였을 때 최솟값을 나타내었다.

모형실험 결과를 Carlsson(1987)의 연구 결과와 비교해보면 그림 7.10과 같다. 이미 제2장의 그림 2.5에서 검토한 바와 같이 Carlsson의 중심각이 30°인 흙쐐기가 연약지반에 하중으로 작용한다는 해석법을 모형실험 결과와 비교·분석해보았다.

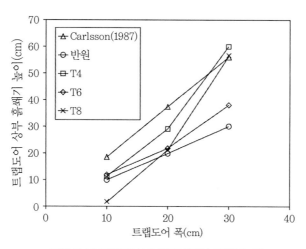

그림 7.10 트랩도어 내 흙쐐기(내부 아치) 높이

그림 7.10은 상대밀도 40, 60, 80%인 지반에서 실시한 지반아칭 모형실험에서 트랩도어의 폭과 트랩도어 내 흙쐐기 높이(내부아치 높이)를 횡축에 도식화한 것이다.

그림 7.10과 같이 트랩도어 내 내부아치 혹은 흙쐐기의 높이는 상대밀도 40%(T4 실험), 60%(T6 실험)일 때 Carlssoon의 이론보다 작은 값을 보이게 되지만 트랩도어 폭이 넓어질수록 Carlsson의 이론에 가까워지는 값을 나타내었다.

그림 7.9와 7.10으로부터 트랩도어 재하판 상부지반에 지반변형이 발생하면 지중응력의 전이현상이 발생함을 알 수 있었다. 이와 같이 트랩도어 상부에 존재하던 토압을 이완영역의 측면부로 전이시키는 현상을 Terzaghi(1943)는 지반아칭현상이라고 설명하였다.[25] 제7.4절에 서는 트랩도어의 폭과 지반의 상대밀도가 지중응력전이 거동에 어떤 영향을 미치는지 조사해보고자 한다.

(2) 트랩도어 폭의 영향

그림 7.11은 트랩도어 재하폭의 크기가 응력전이 현상에 미치는 영향을 조사한 그림이다. 상대밀도가 60%인 지반을 대상으로 트랩도어 재하폭이 10, 20, 30cm인 세 경우의 실험 결과를 비교한 그림이다. 트랩도어의 중앙에 작용하는 토압의 거동은 그림 7.11(a)에 도시하였고 트랩도어에서 외측으로 2cm 떨어진 No.3 토압계 위치에서 측정한 토압의 거동은 그림 7.11(b)에 도시하였다. 단 여기서 연직토압은 세 실험을 함께 비교하기 위해 측정된 연직토압을 각각

의 경우의 초기토압으로 나누어 정규화시켰다. 정규화시킨 토압 σ_v/σ_{v0}의 단위는 백분율(%)로 나타냈다.

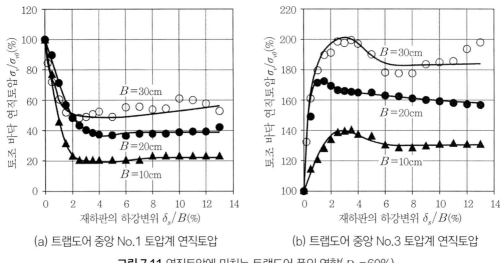

(a) 트랩도어 중앙 No.1 토압계 연직토압   (b) 트랩도어 중앙 No.3 토압계 연직토압

그림 7.11 연직토압에 미치는 트랩도어 폭의 영향(D_r =60%)

우선 트랩도어 중앙부에 작용하는 토압은 그림 7.11(a)에서 보는 바와 같이 트랩도어의 하강변위가 늘어남에 따라 점차 감소하였는데, 트랩도어 폭이 작을수록 연직토압의 감소율이 더 크게 나타났다. 이는 트랩도어 폭이 작은 경우는 트랩도어의 하강변위가 다소 발생하여도 지반 속에 변형이 그다지 크게 발생되지 않아 흙 입자가 트랩도어를 통하여 밑으로 내려오지 않았고 그로 인하여 트랩도어에 작용하는 토압이 현저히 작게 작용하였기 때문이다. 즉, 10cm 폭의 경우 트랩도어 재하판의 하강변위가 늘어남에 따라 토압은 초기토압 대비 20%로 초기토압에 비하여 80%나 감소하였으나 20cm 폭과 30cm 폭의 경우는 최대토압감소율이 각각 약 40%와 50% 정도로 초기토압에 비하여 각각 최대 60%와 50%나 감소하였으므로 10cm 폭의 80% 감소율보다 훨씬 작았다.

반면에 트랩도어에 인접한 트랩도어 외측 바닥판 No.3 토압계 위치에 작용하는 토압은 그림 7.11(b)에서 보는 바와 같이 트랩도어 재하판의 하강변위가 늘어남에 따라 점차 증가하였는데, 트랩도어 재하판의 폭이 클수록 연직토압의 증가율이 더 크게 나타났다. 이는 트랩도어 폭이 크면 트랩도어 재하판의 하강변위가 발생하였을 때 지반 속에 변형이 더 크게 발생할 것이며 이 지반변형에 대응한 응력전이가 더 크게 진행되었기 때문이다. 즉, 10cm 폭의 경우는 트랩도어 재하판의 하강변위가 증가함에 따라 토압증가율이 최대 약 140% 정도로 초기토압에 비하여 최대 40% 증가하였으나 20cm 폭과 30cm 폭의 경우는 최대토압증가율이 각각 약 170%와 200% 정도로 초기토압에 비하여 최대 약 70%와 100%나 더 크게 증가하였다.

트랩도어 재하판의 하강변위로 인한 토압의 최대감소율과 최대증가율을 전체 실험에 대하여 정리하면 그림 7.12와 같다. 이 그림에 의하면 No.1 토압계에 의한 최대토압감소율과 No.3 토압계에 의한 최대토압증가율은 트랩도어 폭의 증가와 함께 동일한 기울기로 증가하는 것으로 나타났다. 이는 트랩도어 재하판의 하강변위가 발생하여 트랩도어 상부 유동영역 지반에서 응력이 감소할 때 정지영역의 트랩도어 인접부에서는 동일하게 응력이 증가함으로써 응력이 전이되었음을 보여주고 있다.

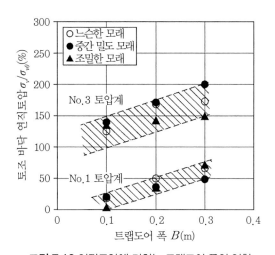

그림 7.12 연직토압에 미치는 트랩도어 폭의 영향

이러한 응력전이현상은 트랩도어 재하폭이 넓을수록 크게 나타났다. 즉, 트랩도어 재하폭이 10cm에서 30cm로 늘어나면 이완영역 내 최대토압감소율은 10% 정도에서 60% 정도로 50% 증가하였으며, 이완영역 밖의 정지영역으로 전이된 최대토압증가율도 트랩도어 폭이 10cm일 때 130% 정도에서 30cm일 때 180% 정도로 50% 증가하였다. 이는 트랩도어 폭이 작은 경우는 상부 이완영역이 작아지므로 이완하중 자체는 트랩도어 폭이 큰 경우에 비해 상대적으로 작게 되므로 정지영역으로 전이되는 하중 자체가 작게 나타나기 때문으로 생각된다.

(3) 상대밀도의 영향

그림 7.13은 지반밀도가 응력전이현상에 미치는 영향을 조사한 그림이다. 느슨한 밀도 지반(D_r=40%)에서 조밀한 밀도 지반(D_r=80%)까지를 대상으로 트랩도어 폭이 10cm인 경우를 대상으로 트랩도어 중앙부에 작용하는 No.1 토압계의 토압변화거동을 그림 7.13(a)에 도시하였고 트랩도어 단부에서 외측으로 2cm 떨어진 No.3 토압계 위치에서 측정한 토압변화거동은 그림 7.13(b)에 도시하였다.

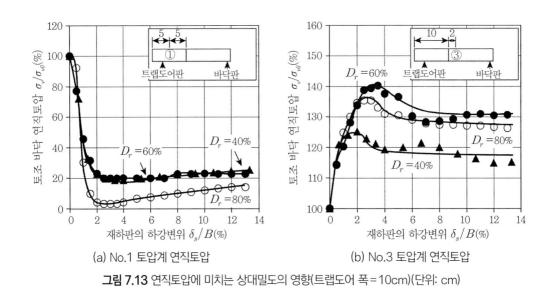

(a) No.1 토압계 연직토압　　　　(b) No.3 토압계 연직토압

그림 7.13 연직토압에 미치는 상대밀도의 영향(트랩도어 폭=10cm)(단위: cm)

그림 7.13(a)에 의하면 상대밀도 80%인 조밀한 밀도 지반에서는 트랩도어 재하판의 하강변위가 발생할 때 연직토압이 크게 감소하였음을 알 수 있다. 즉, 트랩도어 폭의 2% 범위에서 토압은 거의 작용하지 않을 정도의 최솟값에 도달하였다가 점차 늘어나는 거동을 보이고 있다. 상대밀도 40%와 60%인 느슨한 밀도 지반과 중간 밀도 지반의 경우도 거의 유사하게 토압이 초기토압에 비하여 20% 정도의 최소치로 감소하였다. 이는 조밀한 지반일수록 흙 입자가 트랩도어를 통하여 아래로 흘러나오기 어려웠다는 것을 의미한다.

한편 그림 7.13(b)는 트랩도어에 인접한 No.3 토압계 위치 바닥판에 작용하는 토압의 변화거동을 상대밀도와 연계하여 도시한 그림이다. 이 그림에 의하면 느슨한 지반에서는 토압이 초기토압 대비 125%로 25% 정도 증가하였고 중간 밀도 지반에서는 140% 정도로 40% 정도 증가하였다. 그러나 조밀한 지반에서는 토압이 초기토압 대비 135%로 증가하여 중간 밀도 지반에서보다 토압이 약간 작게 증가하였다.

트랩도어 재하판의 하강변위로 인한 토압의 최대감소율과 최대증가율을 전체 실험에 대하여 정리하면 그림 7.14와 같다. 이 그림에서 보는 바와 같이 트랩도어 재하판의 하강변위 발생 전의 초기토압과 전이된 토압의 비 σ_v/σ_{v0}는 상대밀도와는 상관성이 보이지 않는다.

이 그림에 의하면 트랩도어 중앙에서의 토압은 지반밀도에 상관없이 초기토압 대비 평균적으로 60% 정도 감소하였고 트랩도어에 인접한 정지영역 바닥판에서는 60% 정도 증가하였음을 알 수 있다.

결국 지반변형에 의하여 트랩도어 상부의 응력이 줄어드는 만큼 주변지반으로 응력이 전이되었음을 알 수 있다. 단 이 결론은 트랩도어의 중앙부와 트랩도어에 인접한 정지영역에서만의 결과를 대표적으로 비교한 결과이다.

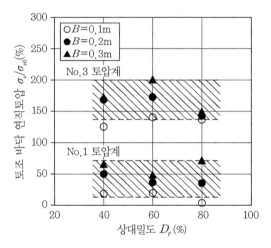

그림 7.14 연직토압에 미치는 상대밀도의 영향

7.5 이완영역

7.5.1 이완영역의 높이

트랩도어 재하판을 하강시켜 지반에 변형을 발생시키면 트랩도어 위 지반에는 이완영역이 발달한다.

Ladanyi & Hoyaux(1969)는 이 영역을 유동영역이라 하였고 이 영역 밖의 영역을 정지영역이라 하였다.[20]

이 이완영역 내의 토사는 원지반과 분리되고 분리된 토사의 중량은 트랩도어에 연직토압으로 작용하게 된다. 따라서 그림 7.7에서 보는 바와 같이 트랩도어에 작용하는 토압은 분리되기 전의 전체 토피중량에 의한 초기토압에서 분리된 토사중량만에 의한 토압으로 감소하게 된다.

이완영역이 존재함은 이미 그림 7.7에서 이해할 수 있었다. 여기서 트랩도어의 중앙에서 측정된 연직토압의 최소치를 지반의 단위체적중량으로 나누면 트랩도어의 중앙 이완영역 내 토사높이를 산정할 수 있을 것이다. 이를 트랩도어 중앙에서의 이완영역 높이로 생각할 수 있을 것이다.

이완영역이 발달할 때 이 이완영역 내의 지반에는 체적팽창이 발생하여 단위체적중량이 처음과 달라질 것이다. 그러나 지반변형이 발생되어 체적팽창이 일어나도 이완영역 내의 전체 지반중량은 그다지 변화가 없을 것이다. 따라서 변형이 발생하기 전의 단계에서 이완될 영역을 예측하는 데는 처음의 단위체적중량을 적용하여도 무방할 것으로 생각된다.

이렇게 구한 이완영역의 높이 H_1을 트랩도어 폭 B로 나눠 정규화시키고 전체 실험에 대한 이완영역의 높이를 조사해보면 그림 7.15와 같다.

이 결과에 의하면 이완영역의 폭에 대한 높이의 비 H_1/B는 지반의 상대밀도나 트랩도어 재하폭에 상관없이 1에서 2 사이로 나타났다. 즉, 이완영역의 높이는 트랩도어 폭의 한 배에

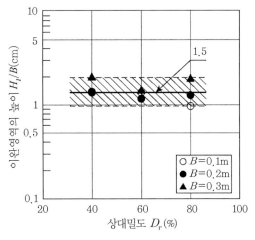

그림 7.15 이완영역의 높이

서 두 배 사이에 있었음을 알 수 있다. 따라서 평균치 1.5를 이완영역 중앙에서의 높이를 정하는 기준으로 정할 수 있을 것이다. 이는 Terzaghi(1943)가 터널에 영향을 미치는 토층두께를 터널 천정면으로부터 대략 터널폭의 1.5배가 된다고 제시한 바와 잘 일치한다.[26]

7.5.2 이완영역의 형상

트랩도어 상부 지반 속에 발달한 이완영역의 폭은 트랩도어 폭 B와 같게 나타났고 트랩도어 중앙에서의 이완영역 높이는 그림 7.15에서 고찰한 바와 같이 $H_1(=1.5B)$이 될 것이다. 그러나 이완영역 전체의 형상은 트랩도어의 중앙과 양 단부 사이에서의 형상을 알아야만 정할 수 있을 것이다. 기존의 연구에 의하면 Terzaghi(1943)는 터널 천정부에 균일한 연직응력이 작용하는 것으로 가정함으로써 이완영역의 형상을 사각형으로 정의하였고,[25] Carlsson(1987)은 삼각형으로 정의하였다.[12] 그러나 Ladanyi & Hoyaux(1969), Atkinson et al.(1975), Yoshikoshi (1976) 등은 이 이완영역이 아치형상을 보인다고 하였다.[9,20,28]

모형실험 결과에 근거한 이완영역의 형상을 조사하기 위해 트랩도어 위에 설치한 또 하나의 토압계인 No.2 토압계로 측정한 토압의 최소치를 모래시료의 단위체적중량으로 나눠 No.2 토압계 설치위치에서의 이완영역 높이를 그림 7.16에 도시하였다.

No.2 토압계는 트랩도어 재하폭 10cm의 경우 트랩도어 중앙에서 3cm 떨어진 위치($x/B=$ 0.3)에 설치하였고 20cm의 경우 트랩도어 중앙에서 8cm 떨어진 위치($x/B=0.4$)에 설치하였으며 30cm의 경우는 트랩도어 중앙에서 13cm 떨어진 위치($x/B=0.43$)에 설치하였다. 그림 7.16에서는 이들 세 경우를 함께 도시하기 위해 횡축 x축과 종축 z축을 트랩도어 폭 B로 나눠 정규화시켜 도시하였다.

트랩도어의 단부와 이완영역 중앙에서의 높이를 연결하는 이완영역의 형상으로는 그림 7.16에 표시된 바와 같이 삼각형, 직사각형 및 타원의 세 가지 형상을 생각할 수 있다. 그림 7.16에 도시된 이완영역 높이의 실험 결과는 삼각형과 직사각형 사이에 존재함을 알 수 있다. 이완영역을 삼각형으로 정할 경우의 이완영역은 모든 실험 결과의 하한치에 해당하므로 과소평가할 우려가 있고 직사각형으로 정할 경우의 이완영역은 모든 실험 결과의 상한치에 해당하므로 과대평가할 우려가 있다.

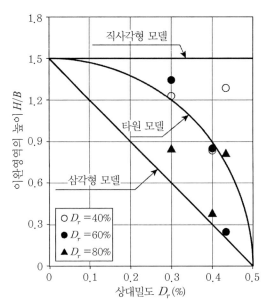

그림 7.16 No.2 토압계 위치에서의 이완영역의 높이

반면에 이완영역을 타원곡선으로 정할 경우의 이완영역은 그림 7.16에서 보는 바와 같이 실험 결과의 평균치에 해당하는 형상이 됨을 알 수 있다. 여기서 타원곡선은 $2H_1$과 B를 즉 이완영역 높이의 두 배와 트랩도어 폭 크기를 각각 장축과 단축의 길이로 하는 식 (7.32)로 표현된다.

$$\left(\frac{2x}{B}\right)^2 + \left(\frac{z}{H_1}\right)^2 = 1 \tag{7.32}$$

그림 7.17은 T62 모형실험에서 트랩도어 재하판의 하강변위가 각각 20mm로 발생하였을 때 나타난 모래지반 속의 변형상태이다. 그림 속에 참고로 도시한 흰색의 타원은 식 (7.32)로 정의된 이완영역이며 이 이완영역 내의 흰색 실선은 지반변형 전 수평흑색모래띠의 원래위치를 나타낸다. 따라서 흑색모래띠의 현재위치와 흰색 참고 실선과의 차이가 지반의 소성변형을 나타낸다고 할 수 있다.

그림 7.17의 관찰 결과에 의하면 트랩도어 재하판의 하강과 함께 점선으로 도시한 타원 이완영역 내의 흑색모래띠는 하부로 이동하였으나 이 이완영역 밖의 정지영역의 흑색모래띠

는 이동하지 않았다. 따라서 이완영역 내의 지반에서만 지반의 소성변형이 발생하였음을 알수 있다. 결국 그림 7.17은 식 (7.32)로 정의된 이완영역이 모형실험에서 관찰된 이완영역과 잘 일치하고 있음을 보여주고 있다.

한편 Yoshikoshi(1976)는 이완영역의 높이와 트랩도어의 폭이 비슷한 크기로 발생된다고 하였다.[28] 그러나 그림 7.17에서 관찰된 지반변형의 범위는 트랩도어의 폭보다 큰 높은 영역에서도 지반변형을 어렵지 않게 관찰할 수 있으므로 이완영역의 높이는 트랩도어 폭의 1.5배로 정하는 것이 타당할 것으로 생각된다.

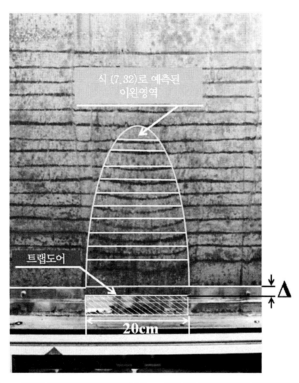

그림 7.17 20mm 폭의 트랩도어 하강변위 20mm에서의 이완영역의 지반변형형상(T62 실험)

7.5.3 실험치와 예측치의 비교

모형실험 결과 트랩도어 상부 지반의 이완영역은 식 (7.32)와 같이 타원 형태로 밝혀졌다. 이 타원 모델에 의하면 트랩도어 중앙부에 작용하는 연직토압은 이완영역 높이 H_1과 단위체적중량으로부터 식 (7.33)과 같이 구할 수 있고 트랩도어에 작용하는 전체하중은 타원면적

$(A = \pi H_1 B/2)$의 반에 단위체적중량을 곱하여 구한 식 (7.34)와 같이 산정된다.

$$\sigma_v = H_1 \gamma = 1.5 B \gamma \tag{7.33}$$

$$P_v = \frac{1}{2} A \gamma = \frac{1}{2} \left(\pi H_1 \frac{B}{2} \right) \gamma = \frac{3}{8} \pi \gamma B^2 \tag{7.34}$$

그림 7.18은 여러 모델에 의하여 산정된 트랩도어 작용 전체연직하중을 식 (7.34)로 산정된 연직하중과 비교한 결과이다.

이 결과에 의하면 Terzaghi(1943) 모델은 타원 모델로 산정된 연직하중보다 크게 산정되었고[25] Balla(1963) 모델은 작게 산정되었음을 볼 수 있다.[11] 반면에 Carlsson(1987) 모델[12]의 경우는 타원 모델로 산정된 연직하중보다 약간 작게 산정되고 있다. 그림 7.18에 의하면 이완영역의 형상이 다른 모델보다는 타원 모델에 가장 근접해 있음을 알 수 있다.

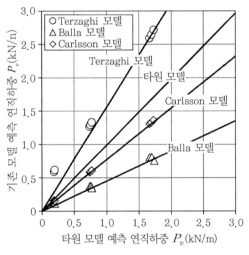

그림 7.18 기존 모델과의 비교

| 참고문헌 |

(1) 김현명(2014), '입상체 흙 입자 지반 속에 발달한 지반아칭으로 인한 응력재분배', 중앙대학교대학원, 공학석사학위논문.

(2) 백규호(2003), '평행이동하는 강성옹벽에 작용하는 비선형 주동토압: I. 정식화', 한국지반공학회논문집, 제19권, 제1호, pp.181-189.

(3) 문창열(1999), '비대칭 좁은 공간에서의 되메움 토압에 관한 연구', 한국지반공학회논문집, 제15권, 제4호, pp.261-277.

(4) 신영완(2004), '사질토 지반에 설치된 원형수직구의 흙막이벽에 작용하는 토압', 한양대학교대학원 박사학위논문.

(5) 한영철·김상환·정삼성(2014), '터널형상의 Trap door 모델 실험을 통한 지반 거동에 관한 연구', 한국지반공학회논문집, 제30권, 제4호, pp.65-80.

(6) 홍성완(1986), '무라야마(村山) 산정식에 대한 연구', 대한토질공학회지, 제2권, 제2호, pp.47-58.

(7) 홍원표·송영석(2004), '측방변형지반 속 줄말뚝에 작용하는 토압의 산정법', 한국지반공학회논문집, 제20권, 제3호, pp.13-22.

(8) 홍원표·김현명(2014), '입상체로 구성된 지반 속에 발생하는 지반아칭과 이완영역에 관한 모형실험', 한국지반공학회논문집, 제30권, 제8호, pp.13-24.

(9) Atkinson, J.H., Brown, E.T. and Potts, D.M.(1975), "Collapse of shallow unlined tunnels in dense sand", *Tunnels and Tunnelling*, May, pp.81-87.

(10) Atkinson, J.H. and Potts, D.M.(1977), "Stability of a shallow circular tunnel in cohesionless soil", *Geotechnique*, Vol.27, No.2, pp.203-215.

(11) Balla, A.(1963), "Rock pressure determined from shearing resistance", *Proceeding. Int. Conf. Soil Mechanics*, Budapest, p.461.

(12) Carlsson, B.(1987), "Almerad jord-berakning sprinciper for-bankar påpålar", Rerranova, Distr, SGI Linkoping.

(13) Handy, R.L.(1985), "The arch in soil arching", *Journal of Geotechnical Engineering*, ASCE, Vol.111, No.3, pp.302-318.

(14) Harris, G.W.(1974), "A sandbox model used to examine the stress distribution around a simulated longwall coal-face", *International Journal of Rock Mechanics, Miming Sciences & Geomechanics Abstracts, Pergamon Press*, Vol.11, pp.325-335.

(15) Hewlett, W.J. and Randolph, M.F.(1988), "Analysis of piled embankments", *Ground Engineering*, London

England. Vol.21, No.3, pp.12-18.

(16) Hong, W.P., Lee, K.W. and Lee, J.H.(2007), "Load transfer by soil arching In pile-supported embankments", *Soils and Foundations*, Vol.47, No.5, pp.833-843.

(17) Janssen, H.A.(2006), "Experiments on corn pressure in silo cells-translation and comment of Janssen's paper from 1895", *Granular Mater*, Vol.8, pp.59-65.

(18) Kellog, C.G.(1993), "Vertical earth loads on buried engineered works", *Journal of Geotechnical Engineering*, ASCE, Vol.119, No.3, pp.487-506.

(19) Kingsley, O.H.W.(1989), "Geostatic wall pressures", *Journal of Geotechnical Engineering*, ASCE, Vol.115, No.9, pp.1321-1325.

(20) Ladanyi, B. and Hoyaux, B.(1969), "A study of the Trap door problem in a granular mass", *Canadian Geotechnical Journal*, Vol.6, No.1, pp.1-14.

(21) Marston, A. and Anderson, A.O.(1913), "The theory of loads on pipes in ditches and tests of cement and clay drain tile and sewer pipe", *Bulletin 31, Iowa Engineering Experiments Station*, Ames, Iowa.

(22) Matsui, T., Hong, W.P. and Ito, T.(1982), "Earth pressures on piles in a row due to lateral soil movements", *Soils and Foundations*, Vol.22, No.2, pp.71-81.

(23) Murayama, S. & Matsuoka, H.(1971), "Earth pressures on tunnels in sandy ground", *Trans., JSCE*, Vol.3, Part.1, pp.78-79.

(24) Terzaghi, K.(1936), "Stress distribution in dry and in saturted sand above a yielding trap-door", *Proceedings of First International Conference on Soil Mechanics and Foundation Engineering*, Cambridge, Massachusetts, pp.307-311.

(25) Terzaghi, K.(1943), *Theoretical Soil Mechanics*, John Wiley and Sons, New York, pp.66-76.

(26) Timoshenko, S.P., Goodier, J.N.(1970), *Theory of Elasticity*, McGraw-Hill, New York, NY.

(27) Wong, R.C.K. and Kaiser, P.K.(1988), "Design and performance evaluation of vertical shafts: rational shaft design method and verification of design method", 24).

(28) Yoshikoshi, W.(1976), "Vertical earth pressure on a pipe in the ground", *Soils and Foundations*, Vol.16, No.2, pp.31-41.

다열 후팅기초 주변의 지반아칭

다열 후팅기초 주변의 지반아칭

8.1 서 론

토목구조물의 설계 및 시공에서 가장 중요한 요인으로는 안전성과 경제성을 들 수 있다. 맞물려 있는 이 두 요인의 동시충족을 꾀하는 일은 계속되어온 토목공학자들의 관심거리이다. 하지만 막대한 피해를 가져올 수 있는 토목구조물의 붕괴에 대한 염려는 경제성보다는 안전성을 더욱 중요시하게 되었다.

대표적인 예로 후팅 및 말뚝시공 시 무리효과에 대한 효율산정을 들 수 있다. 일반적으로 무리말뚝이나 다열 후팅의 해석에 있어 무리효과에 대한 효율은 단순히 단독일 때와 같은, 즉 효율 1을 그대로 취하거나 혹은 그 이하로 계산하였다. 그러나 실제의 말뚝이나 후팅은 단독이 아닌 여러 개가 서로 인접하여 존재하며 파괴메커니즘 역시 단독일 때와는 다른 형상을 가지게 된다. 일반적으로 후팅 및 말뚝의 간섭효과를 고려한 지지력의 변화에 대한 견해는 대개 조심스런 예측만 있을 뿐, 현상에 대한 자세한 원인규명이나 해석은 다루어오지 못한 것이 사실이다.

모래지반에서 무리말뚝이나 다열의 후팅 사이 지반에서 발생하게 되는 간섭효과는 단독일 경우와 비교하여 효율 1 이상의 지지력을 갖게 된다.

Kezdi(1957, 1960)와 Whitaker(1957, 1960)는 무리말뚝의 거동을 조사한 결과 파괴 시 하중과 침하특성의 차이로 인하여 단독말뚝과는 다른 간섭효과가 발생된다고 하였다.[1] 또한 Meyerhof(1953, 1963)는 점착력이 없는 지반의 경우 말뚝 관입은 지반특성을 변화시키는 원인이 된다고 하였다.[5] 그리고 Vesic(1975)은 실험을 통해 무리말뚝의 지지력 증가를 확인하였다.[9]

한편 Stuart(1962)는 파괴구간의 확장으로 지반의 특성이 변화하게 되며, 이로 인해 인접한 두 후팅이 서로 접근함에 따라 어느 일정한 거리까지 지지력이 증가한다는 결과를 이론 및 모형실험을 통해 검증한 바 있다.[6]

제8장에서는 모형실험을 통해 사질토 지반에 설치된 다열의 후팅에 있어 인접한 양 후팅 사이의 지반 속에서 발달하는 지반아칭의 형상을 관찰하고 지지력의 변화를 확인한다. 그리고 이러한 지반아칭현상을 구공동확장이론을 적용하여 해석함으로써 인접후팅의 지지력 산정에 대한 새로운 이론식을 제안하고자 한다. 유도된 이론식에 의해 예측되는 예측치와 모형실험 결과를 비교하여 이론식의 합리성을 검증하고자 한다. 또한 제시된 이론식을 바탕으로 합리적이고 경제적인 인접후팅의 설계기준도 확립하고자 한다.

8.1.1 인접후팅의 간섭효과

후팅 여러 개가 무리지어 설치되어 있는 경우 이들 각각의 후팅들의 기초지반에서는 단일 후팅기초일 때와 다른 파괴메커니즘이 발생하게 된다. 즉, 두 개의 후팅이 인접해 있으면 이들 후팅기초의 지반에서는 각각의 후팅기초지반의 파괴영역이 겹치게 되면서 각 메커니즘이 상호간섭을 하게 되어 인접후팅 사이에 간섭효과가 발생하게 된다.

제8장에서는 Terzaghi의 지지력공식을 응용하여 인접후팅의 간섭효과해석 및 지지력 공식을 제안한 Stuart의 인접후팅 지지력 이론[6] 및 인접후팅과 침하에 대한 French의 이론에 대해 설명한다.[2]

두 개의 긴 후팅이 서로 인접하여 설치되어 있는 경우 그림 8.1에서 보는 바와 같이 인접한 후팅은 서로 상호작용을 하게 된다. 즉, 후팅지반의 파괴영역은 후팅이 서로 인접함에 따라 변화하는데, 두 개의 단일후팅의 메커니즘으로부터 접근하여 고려한다.

즉, 후팅이 인접하여 설치될 때 각각의 후팅 설치지반에서의 기초지반 파괴영역은 기하학적으로 단일 후팅기초의 경우와 유사한 형태를 갖게 된다. 그러나 인접후팅의 지지력의 총하중의 크기는 단일후팅의 두 배가 된다.

우선 그림 8.1(a)에서 보는 것처럼 후팅 간격이 넓은 경우는 후팅 간의 간섭은 일어나지 않는다. 따라서 한 쌍의 후팅기초에 작용하는 총하중은 단순히 하나의 후팅기초가 받는 하중의 두 배가 된다.

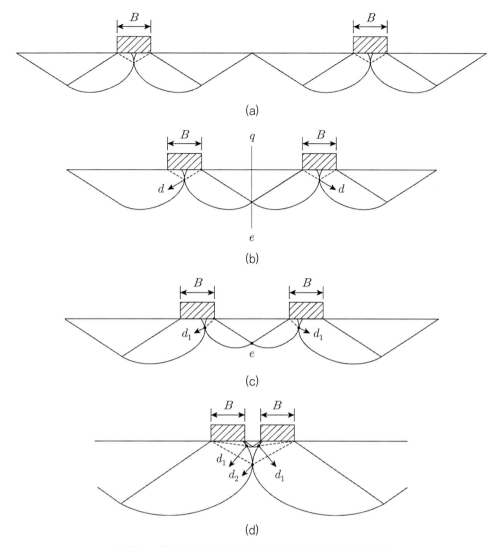

그림 8.1 후팅간격에 따른 기초지반의 파괴메커니즘의 변화[1]

다음으로 그림 8.1(b)에서 보는 것처럼 후팅간격이 좁아지면 후팅기초지반의 수동영역이 상호 중복된다.

그러나 여기서 그림 8.1(b) 속 qe 위치에서의 응력은 단일후팅의 경우와 동일하게 존재하기 때문에 파괴 시 극한하중은 변하지 않는다. 그러나 이런 상태에서는 하중은 단일후팅기초의 경우와 비교하여 변하지 않더라도 그룹후팅의 침하는 변하게 될 것이다.

다음으로 그림 8.1(c)에서 보는 것처럼 간격이 더 가까워지면 후팅기초 사이의 수동영역의 크기는 더욱 작아지고 응력값은 변화하게 된다. 이때 수동영역의 제약으로 인하여 e점에 대한 대수나선은 초기 반지름보다 작게 된다.

외측 코너로 부터의 나선은 현재 자유롭게 가로질러 이동할 수 있고 내부의 접촉점과 외부나선은 후팅기초의 중심부 아래인 d로부터 그룹후팅의 중심부에 가까운 d_1까지 이동한다. 기하학적 형상으로부터 d점과 d_1점에서 후팅기초에 의해 정해지는 각은 동일하고 그 값은 $(180 - 2\phi)$로 나타난다.

끝으로 후팅 간격이 더욱 좁아지면 외부나선은 그림 8.1(d)에 나타난 것처럼 d_2점에서 만나게 된다. 이런 현상은 후팅이 서로 만나기 전에 일어날 것이다. 이때 이렇게 후팅이 인접해 있으면 이 간격에서는 'Blocking 현상'이 발생하여 한 쌍의 후팅기초는 후팅의 최외측 사이 거리를 단일 후팅기초의 폭으로 하는 후팅기초와 같이 거동한다.

이때 각 후팅기초 사이의 지반은 역아치를 형성하며 하중이 작용함에 따라 단일 후팅기초와 함께 아래로 이동한다. 후팅기초가 인접할 때 이 아칭영역은 나타나지 않고 이 시스템은 폭 $2B$의 단일 후팅기초의 경우까지로 되돌아간다.

그러나 $\phi = 0$인 점토지반에서는 파괴선이 원호가 되고 그림 8.1(d)에 나타난 상태는 일어나지 않는다. 결과적으로 점토지반 위의 긴 후팅은 서로 접근함에 따라 지지력의 변화가 생기지 않는다.

8.1.2 후팅인접에 의한 지반아칭현상

인접후팅의 영향은 지반의 내부마찰각에 따라 상당히 변한다. 내부마찰각이 낮은 지반의 경우는 무시할 수 있다. 그러나 내부마찰각이 높은 지반의 경우는 특히 심각하다.

L/B가 1인 정방형 후팅에 가까울수록 이 영향은 상당히 감소된다. 또한 지반의 압축성은 이러한 간섭효과를 상당히 소멸시키거나 완전히 제거하기도 한다.

특히 펀칭전단파괴의 경우는 실질적으로 이 영향이 발생되지 않는다. 따라서 통상적으로는 지지력계산에 이 간섭영향을 고려하지 않는다. 그러나 설계자는 주변상태에 따라서는 간섭의 영향이 발생될 가능성이 있음을 염두에 두어야 한다.

인접후팅에 의한 간섭효과를 이론적으로 검토하면 다음과 같다. 두 개의 후팅이 너무 인접하여 있으면 각각의 후팅의 지중응력이 중첩되는 부분이 생기게 된다.

이 지중응력 중첩부분에서의 침하는 다른 부분에 비해 크게 될 것이다. 이렇게 되면 그림

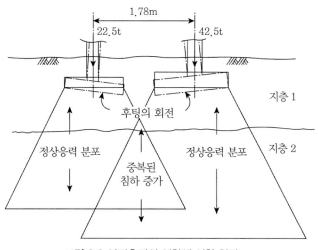

그림 8.2 인접후팅의 영향에 의한 회전

8.2에서 보는 바와 같이 두 후팅은 서로 마주보는 방향으로 기울게 된다.[2]

이 문제의 해결방법은 그림 8.3과 같이 두 개의 후팅으로 연결시킨 복합후팅(combined footing)으로 설치함으로써 각 후팅의 회전현상을 방지할 수 있다. 이때 복합후팅의 폭은 두 개의 기둥하중의 합력 작용점이 후팅의 중심이 되도록 결정한다.[2]

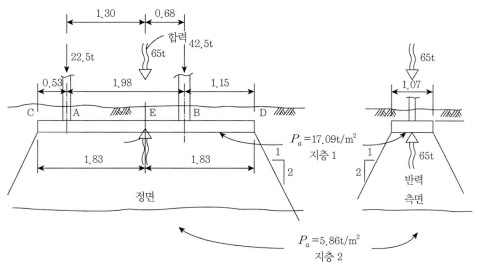

그림 8.3 복합후팅[2]

그림 8.4는 하나의 후팅기초가 상부로부터 하중을 받을 때 지반에 고르게 확장되는 압력밸브를 나타낸 것이다. 반면에 그림 8.4(b)는 4개의 후팅이 서로 인접하여 있을 때 각 후팅의 상부하중으로 인한 압력벌브의 확장을 나타낸 것으로 그림 8.4(a)와 비슷한 형상임을 알 수 있다.

각 후팅 바로 아랫부분의 형태만 다를 뿐 일정한 깊이 이후로는 그 형상이 비슷하다. 앞절에서 Stuart의 연구에서도 다루었듯이, 후팅이 매우 가까이 인접하게 되어 양 끝에 위치한 두 후팅 간의 거리를 폭으로 하는 하나의 후팅으로 작용하게 되는 것이다.

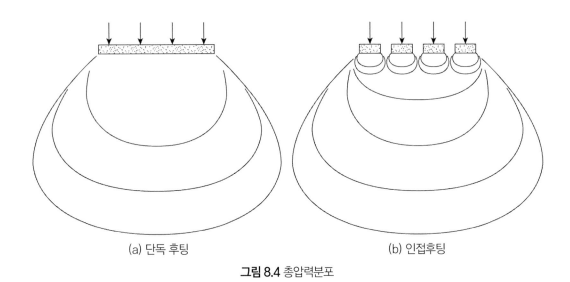

(a) 단독 후팅   (b) 인접후팅

그림 8.4 총압력분포

8.1.3 지반파괴형상

지반아칭효과에 대한 연구는 오래전부터 실시되었다. Trezaghi(1943)는 아칭효과를 흙의 파괴영역에서 주변지역으로의 하중전달이라 정의했다.[7]

또한 최근에는 Bonaparte and Berg(1987)가 간극의 크기와 하중감소의 관계를 경험적으로 제시하여 지반아칭효과를 설명하였으며,[1] Hewlett and Randolph(1988)[3]와 Low et al.(1994)[4]는 단일말뚝과 1열 줄말뚝으로 시공된 성토지지말뚝의 아칭효과에 대하여 연구를 실시하였다. 또한 Kempton and Jones(1992)는 보강재를 사용하여 지반아칭효과를 연구하였다.[1] 제8.1.3절에서는 먼저 Terzaghi의 지반아칭 개념을 설명한 후 모형실험으로 파악된 후팅기초지반의 파괴형태에 대하여 설명한다.[1]

(1) 트랩도어 상부지반속의 지반아칭

그림 8.5(a)는 지지되어 있는 트랩도어 재하판의 단면 ab 부분이 서서히 아래로 이동함에 따라 트랩도어 양단부에 국부적인 항복이 발생하는 상태를 나타낸 그림이다. 이러한 항복이 발생하지 않았을 때는 모래측면의 연직력은 어느 곳에서도 동일한 값을 가지게 된다.

그러나 트랩도어 재하판이 아래로 이동하게 되면 이동하지 않는 정지상태의 모래덩어리지반과 유동을 하는 모래덩어리 사이의 경계면 ac 면과 bd 면을 따라 마찰저항력이 작용하게 된다.

이로 인하여 트랩도어 재하판상의 총압력은 경계면에 작용하는 전단저항력만큼 줄어들게 된다. 그리고 접합되어 있는 인접부분의 총압력은 같은 양만큼 증가하게 된다. 재하판이 항복함에 따라 재하판 상부의 미소요소에 작용하는 주응력은 항복이 시작되기 전보다 약간 감소하게 된다.

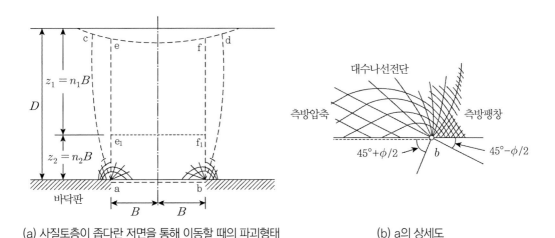

(a) 사질토층이 좁다란 저면을 통해 이동할 때의 파괴형태 (b) a의 상세도

그림 8.5 트랩도어 위 지반아칭에 의해 진행된 파괴형태

모래층 하부에 작용하는 총압력은 변화하지 않으며 모래의 무게와 같다. 그러므로 재하판상의 압력감소가 인접해 있는 견고한 지지층의 압력증가와 연관성이 있음을 알 수 있다. 불연속성으로 인하여 그림 8.5(b)에 나타낸 것처럼 방사상의 전단영역이 존재하게 된다. 방사형태의 전단은 재하판 양 측면, 즉 높은 압력영역에 있는 모래가 낮은 압력영역으로 팽창하려는 것과 관계가 있다. 만약 모래층의 바닥에 마찰이 없다면 이에 상응하는 전단은 그림 8.5(b)에서 나타나 있는 형태와 유사해야만 한다.

재하판이 아래 방향으로 충분히 항복하면 전단파괴는 재하판 외측에서 두 개의 면을 따라 발생하게 된다. 이 파괴면 부근에 있는 모든 모래 입자는 아래 방향으로 움직이게 된다. 이러한 거동으로 인하여 파괴면과 수평면이 이루는 각도를 알 수 있다.

침하는 그림 8.5(a)와 같이 모래층 지표면에서부터 발생한다. 침하는 각 양쪽 파괴면이 지표면과 교차하는 부분에서 가장 크다. 그 거리 cd는 항상 재하판의 폭보다 더 크다는 것을 알 수 있다. 따라서 활동면은 그림 8.5(a)에서와 같은 유사한 형태를 가진다.

두 개의 파괴면 ac와 bd 사이의 모래하부에 작용하는 연직압력은 인접한 활동면에 작용하는 마찰저항의 수직성분만큼 감소된 상부중량값과 동일하다. 이러한 하중전이효과는 흙의 지반아칭효과로 인한 것이다.

(2) 모형후팅기초 주변지반에서의 지반아칭

구운배(2001)는 후팅기초의 모형실험을 실시하여 인접후팅이 설치된 지반속의 지반파괴형상과 인접후팅의 간섭효과를 관찰한 바 있다.[1] 모형실험에서 먼저 2열 및 다열후팅에 대한 효율을 비교하였다. 그리고 2열 및 다열후팅의 일정한 간격비에 대해 관입깊이의 변화에 따른 후팅작용하중과 효율로 정리하였다. 그리고 낙하고에 따른 상대밀도 변화를 통해 지반의 내부마찰각을 달리하여 수행한 모형실험 결과를 정리하였다.

모형실험 결과에서 관찰된 바와 같이 하중에 의해 인접후팅이 침하함에 따라 지반 속에는 지반아칭이 발생함을 알 수 있었다.

모형실험에서 개괄적으로 살펴본 지반아칭영역을 보다 자세히 정리하면 사진 8.1과 같으며 그림 8.6과 같이 정의할 수 있다.

사진 8.1 속의 흰색 보조선은 모형실험 결과 파악된 후팅기초 주변지반 속에 발달한 지반파괴선이다. 즉, 사진 8.1의 모형실험 결과에 근거하여 그림 8.6의 지반아칭형상을 작성하였다. 이 지반아칭형상을 자세히 설명하면 다음과 같다.

먼저 후팅 바닥면에서 각 $w = \pi/4 + \phi/2$와 길이 r_0를 갖는 이등변 삼각형 형태의 쐐기와 쐐기 한 변의 길이 r_0와 같은 두께를 갖는 두 개의 원호로 이루어진 지반아칭형상을 나타낼 수 있다.

이 중 내부아치는 후팅 간의 순간격이 D일 때 중심각 $\pi - 2w$, 반지름 $r_2 = \dfrac{D}{2\cos w}$를 갖는 반면 외부아치는 내부아치와 같은 중심각에 반지름 $r_1 = r_2 + r_0$를 갖는다.

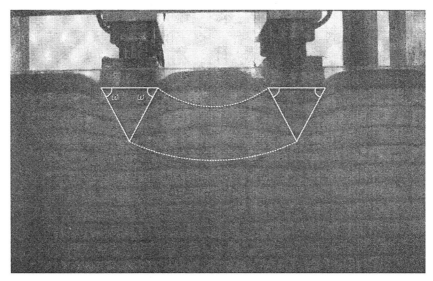

사진 8.1 모형실험에서 관찰관 후팅 주변지반 속 지반아칭파괴형상

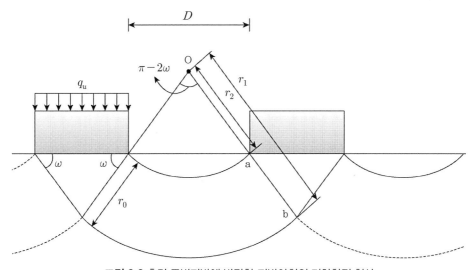

그림 8.6 후팅 주변지반에 발달한 지반아칭의 기하학적 형상

8.2 모형실험 결과

8.2.1 단독 후팅

그림 8.7은 인접후팅의 지지력 및 효율에 대한 비교를 위해 단독 후팅에 대한 실험 결과를

정리·분석한 결과이다. 후팅지반의 상대밀도는 두 종류의 지반에 대하여 모형실험을 실시하였다. 즉, 상대밀도가 40%와 80%(각 지반의 내부마찰각은 각각 36.9°, 43.0°)인 두 모형지반에 대하여 모형실험을 실시한 결과이다.

이 그림에 적용한 하중은 세 번의 모형실험을 통해 얻은 결과를 평균 내어 후팅 관입깊이와 작용하중의 관계로 그림 8.7과 같이 나타내었다.

그림 8.7에서 보는 바와 같이 관입깊이가 증가할수록 기초하중은 거의 선형적으로 증가하였다. 이 결과는 2열 및 다열 후팅에 대한 후팅작용하중 및 효율과 비교하는 데 사용된다.

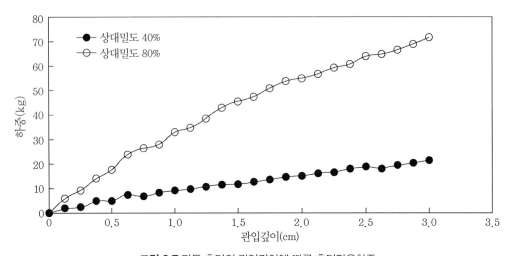

그림 8.7 단독 후팅의 관입깊이에 따른 후팅작용하중

8.2.2 2열 후팅

그림 8.8은 2열 후팅의 좌우 측 후팅 및 마지막 최단부의 후팅에 대한 해석을 위해 상대밀도가 40%인 지반에서의 2열 후팅에 대한 모형실험 결과를 정리·분석한 그림이다. 즉, 그림 8.8은 2열 후팅에서 관입깊이 변화에 따른 후팅작용하중을 도시한 그림이다.

2열 후팅의 작용하중을 도시한 그림 8.8에서는 그림 8.7의 단독 후팅과 동일한 경향으로 관입깊이가 증가할수록 후팅작용하중이 선형적으로 증가하고 후팅간격비가 0과 0.5인 경우를 제외한 나머지 후팅의 모형실험에서는 후팅간격비가 작을수록 후팅기초 적용하중이 커질 수 있음을 알 수 있다. 여기서 기초하중이란 모형실험에서 지반파괴가 발생할 때까지 작용시킬 수 있는 최대하중을 의미한다.

특이한 것은 후팅간격비가 0.5와 0인 지반에서 측정된 기초하중이다. 우선 후팅간격비가 0인 지반에서는 단독 후팅일 때의 약 2배에 해당하는 기초하중이 작용하게 된다.

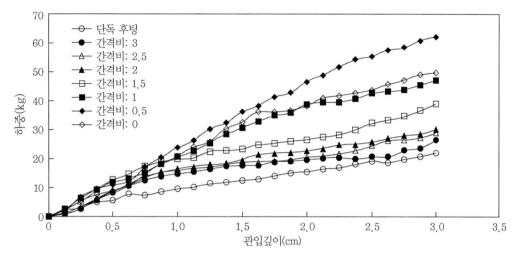

그림 8.8 2열 후팅의 관입깊이에 따른 작용하중(상대밀도＝40% 지반)

그러나 후팅간격비가 0.5인 지반에서는 단독 후팅일 때의 약 3배의 기초하중이 작용하였다는 점이다.

이는 Stuart의 연구에서도 제시된 'Blocking 현상'이 그 이유일 것이라 사료된다.[6] 즉, 후팅 간의 간격이 점차 줄어듦에 따라 어느 일정 거리의 간격에서 부터는 두 후팅의 양 끝을 폭으로 하는 하나의 후팅으로서 작용하게 되는 것이다. 즉, 두 후팅 사이의 공간이 메워지게 되는 현상으로 후팅이 서로 만나는 후팅간격비 0에서의 후팅폭 $2B$가 아닌 그 이상의 폭을 가지는 하나의 후팅으로 거동하게 되는 것을 의미한다.

이와 같은 맥락에서 후팅간격비가 0.5인 지반일 경우 두 후팅은 폭 $2.5B$를 가지는 하나의 후팅이 되고 결국 후팅간격비가 0일 때보다 큰 하중을 받게 되는 것이다.

이러한 현상을 Stuart는 'Blocking 현상'이라 칭하였다. 즉, 후팅의 간격이 어느 한도에 이르면 인접후팅의 간섭효과를 고려할 수 없게 됨을 의미한다.[6]

8.2.3 다열 후팅

그림 8.9는 다열 후팅의 관입깊이에 따른 후팅작용하중의 변화를 알아보기 위해 이에 대한
모형실험 결과를 정리·분석한 그림이다.

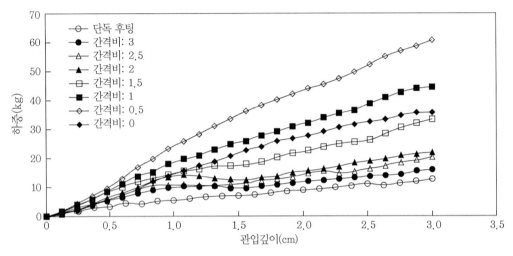

그림 8.9 다열 후팅의 관입깊이에 따른 작용하중[1]

다열 후팅의 작용하중을 도시한 그림 8.9에서는 2열 후팅에서와 마찬가지로 관입깊이가
증가할수록 후팅작용하중이 선형적으로 증가하고 후팅간격비가 0과 0.5인 경우를 제외한 나
머지 간격비에서는 간격비가 작을수록 하중이 커짐을 알 수 있다. 후팅간격비가 0일 때 2열
후팅에서는 하중이 단독 후팅의 2배인 반면, 모형후팅 4개를 이용하여 실험한 다열 후팅에서
는 약 3배 이상이 된다. 즉, 폭 $2B$를 갖는 후팅이 폭 B의 후팅의 4배의 지지력을 갖기 때문에
이때 폭 $4B$를 갖는 후팅은 폭 $4B$의 후팅에 16배의 지지력을 갖기 때문에 폭 $4B$의 후팅에서
1/4을 차지하는 B의 지지력은 단독일 때의 4배에 달하는 것이다. Blocking 효과로 인한 후팅
간격비 0.5에서의 하중도 이와 같은 원리로 해석하면 될 것이다.

8.3 인접후팅의 지지력 및 산정식

모형실험 결과 후팅의 간격이 좁아짐에 따라 어느 일정 간격 이후부터 각 후팅 사이에 지

반아칭이 발생한다는 것을 확인할 수 있었다.

제8.3절에서는 모형실험 결과 관찰한 지반파괴형상의 기하학적 해석 모델을 이용하여 인접후팅이 받는 연직하중 산정식을 제안하고자 한다.

8.3.1 원주공동 확장이론

Timoshenko & Goodier(1970)는 원형의 링, 원반, 원형 축을 가진 긴 장방향 단면의 만곡된 막대 등의 응력에 대한 해석을 위해 극좌표를 사용하였다.[8] 평면의 중앙면에 있어서의 한 점의 위치는 그림 8.10에 도시한 바와 같이 원점에서의 거리 r과 그 면에 고정된 축 Ox와 이루는 각 θ에 의해 결정된다.

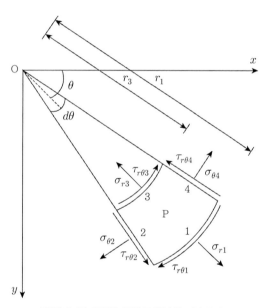

그림 8.10 2차원 극좌표에서의 미소요소

평면 요소에서 평면요소에 수직으로 반경 방향 2, 4와 원주 방향 1, 3에 의해 절단된 미소요소 1 2 3 4의 평형에 대해 생각하면, 반경 방향의 수직응력성분은 σ_r, 원주 방향의 수직응역성분은 σ_θ라고 표시한다. 그리고 전단응력은 $\tau_{r\theta}$로 표시된다. 각각의 기호는 그 미소해의 중앙점 $P(r, \theta)$에서의 응력을 나타낸다. 응력변화 때문에 변 1, 2, 3, 4의 중점의 응력값은 σ_r, σ_θ, $\tau_{r\theta}$의 값과는 다르므로 그림 8.10과 같이 σ_{r_1} 등으로 표시된다. 또한 변 1, 3의 반경을

r_1, r_3로 표시한다.

변 1에서의 반경 방향 힘은 $\sigma_{r_1} r_1 d\theta$이며 마찬가지로 변 3에서의 반경 방향 힘은 $\sigma_{r_3} r_3 d\theta$라고 표시할 수 있다. 변 2에서의 수직력은 P를 지나는 반경에 따른 성분 $\sigma_{\theta_2}(r_1 - r_3)\sin\dfrac{d\theta}{2}$를 가지며, 이것은 $\sigma_{\theta_2} dr \dfrac{d\theta}{2}$라고 쓸 수 있다. 변 4에서도 이와 마찬가지로 나타내면 $\sigma_{\theta_1} dr \dfrac{d\theta}{2}$이 되며 이때의 전단력은 $[\tau_{r\theta_2} - \tau_{r\theta_1}]dr$이 된다.

반경 방향의 단위체적당의 물체력 γ를 포함한 반경 방향의 힘을 합하면 다음과 같은 평형 방정식을 얻는다.

$$\sigma_{r_1} r_1 d\theta - \sigma_{r_3} r_3 d\theta - \sigma_{\theta_2} dr \frac{d\theta}{2} - \sigma_{\theta_4} dr \frac{d\theta}{2} + [\tau_{r\theta_2} - \tau_{r\theta_1}]dr - \gamma r d\theta dr = 0 \tag{8.1}$$

식 (8.1)을 $drd\theta$로 나누면 다음과 같이 된다.

$$\frac{\sigma_{r_1} r_1 - \sigma_{r_3} r_3}{dr} - \frac{1}{2}[\sigma_{\theta_2} + \sigma_{\theta_4}] + \frac{\tau_{r\theta_2} - \tau_{r\theta_1}}{d\theta} = -\gamma r \tag{8.2}$$

만약 미소부분의 치수를 점점 작게 잡아 0에 수렴시키면 위 식의 제1항은 극한값 $\dfrac{\partial \sigma_r r}{\partial r}$이 되고, 제2항은 σ_θ, 제3항은 $\dfrac{\partial \tau_{r\theta}}{\partial \theta}$가 된다. 최종적으로 나타낸 식은 다음과 같다.

$$\frac{\partial \sigma_r}{\partial r} + \frac{1}{r}\frac{\partial \tau_{r\theta}}{\partial \theta} + \frac{\sigma_r - \sigma_\theta}{r} = \gamma \tag{8.3}$$

8.3.2 기본 이론식

그림 8.11은 인접후팅의 지지력 제안식을 유도하기 위한 인접후팅의 기하학적 해석 모델을 나타낸 그림이다. 실험에 사용한 모형후팅은 길이와 폭의 비가 3 이상인 띠후팅이므로 평면변형률상태의 2차원적인 해석이 가능하다.

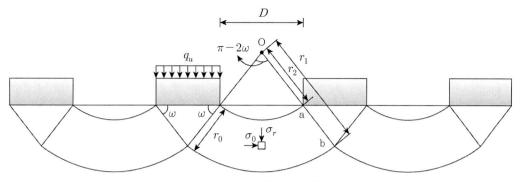

그림 8.11 2차원 지반아칭의 해석 모델

　지반아칭의 한 미소요소에 작용하는 σ_r을 구하기 위해 앞 절에서 설명한 원주공동이론에 근거한 극좌표형방정식(Timoshenko and Goodier, 1970)을 이용하였다.[8] 일반적인 지지력 산정식에서와 같이 후팅바닥면에 형성되는 쐐기에서의 응력은 정수압적으로 모든 방향으로 전달되는 등방압으로 가정한다. 아칭천정부에서는 수직 방향만을 고려하며 아칭밴드 내의 응력이 모두 동일하다고 하면 $\tau_\theta = 0$으로 간주할 수 있다.

　이러한 가정으로 미소요소에 작용하는 응력들을 반경 방향에 대한 힘의 평형원리에 의해 정리하면 다음과 같은 식으로 나타낼 수 있다.

$$\frac{\partial \sigma_r}{\partial r} + \frac{\sigma_r - \sigma_\theta}{r} = \gamma \tag{8.4}$$

여기서, σ_r, σ_θ = 반지름 방향, 접선 방향 수직응력(t/m²)

$\quad\quad\quad\gamma$ = 단위물체력(t/m²)

식 (8.4)에서 Mohr의 소성이론에 근거하면 $\sigma_\theta = N_\phi \sigma_r + 2cN_\phi^{1/2}$로 가정할 수 있다.

$$N_\phi = \tan^2\left(\frac{\pi}{4} + \frac{\phi}{2}\right) = \frac{1 + \sin\phi}{1 - \sin\phi} \tag{8.5}$$

따라서 식 (8.4)는 다음과 같이 정리될 수 있다.

$$\frac{\partial \sigma_r}{\partial \sigma_r} + \frac{(1 - N_\phi)\sigma_r - 2cN_\phi^{1/2}}{r} = \gamma \tag{8.6}$$

식 (8.6)에 대한 일반해는 다음과 같다.

$$\sigma_r = Ar^{N_\phi - 1} - \gamma \frac{r}{N_\phi - 2} - \frac{2cN_\phi^{1/2}}{N_\phi - 1} \tag{8.7}$$

모래지반에서 $c = 0$이므로, 식 (8.7)은 (8.8)이 된다.

$$\sigma_r = Ar^{N_\phi - 1} - \gamma \frac{r}{N_\phi - 2} \tag{8.8}$$

경계조건 $r = r_2$일 때 $\sigma_{r_2} = \gamma(r_2(1 - \sin\omega) + D_f)$을 식 (8.8)에 대입하여 적분상수 A를 구하면 식 (8.9)와 같이 된다.

$$A = \gamma \frac{r_2(1 - \sin w) + D_f + \dfrac{r_2}{N_\phi - 2}}{r_2^{(N_\phi - 1)}} \tag{8.9}$$

식 (8.9)를 (8.8)에 대입하면 식 (8.10)과 같이 된다.

$$\sigma_r = \gamma \frac{r_2(1 - \sin \omega_1) + D_f + \dfrac{r_2}{N_\phi - 2}}{r_2^{(N_\phi - 1)}} r^{N_\phi - 1} - \gamma \frac{r}{N_\phi - 2} \tag{8.10}$$

아칭 내부의 같은 반경에 작용하는 수직응력은 모두 같다는 가정에 의해 아칭 내부의 한 요소에 작용하는 수평 방향 응력은 아칭 중심으로부터 그와 같은 반경을 갖는 쐐기 안쪽의 한 요소에 수직 방향 응력으로 동일하게 작용하게 된다.

반경 방향의 응력 σ_r과 접선 방향의 응력 σ_θ의 관계에 의해

$$\sigma_\theta = N_\phi \sigma_r \tag{8.11}$$

후팅이 받는 극한지지력 q_u는 쐐기의 수직 방향, 즉 아칭의 접선 방향이므로 결국 q_u는

$$q_u = \sigma_\theta = N_\phi \sigma_r \tag{8.12}$$

8.3.3 수정 이론식

후팅이 서로 인접함에 따라 여러 개의 후팅이 하나의 폭을 갖는 후팅으로 거동하는 Blocking 현상은 제8.3.2절에서 제안한 이론식의 한계로 인해 이에 대한 결과치를 얻기 어렵다. 그러므로 'Blocking 현상'에 의한 지지력을 반영할 수 있는 수정 이론식 곡선이 필요하다.

(1) Blocking 현상

그림 8.12는 상대밀도 40%인 지반에 2열 후팅의 모형실험 결과로 후팅작용하중 및 효율을 후팅간격비와 후팅작용하중 사이의 관계 혹은 후팅간격비와 효율 사이의 관련성으로 나타낸 그림이다.

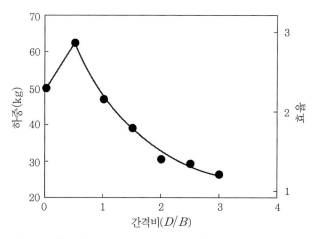

그림 8.12 후팅간격비 - 작용하중, 효율 곡선(2열 후팅 모형실험)

그림 8.12에 의하면 후팅간격비가 0에서 0.5까지는 후팅간격비가 늘어남에 따라 후팅하중과 효율이 점차 증가하게 되고 후팅간격비가 0.5 이상으로 증가하면 하중과 효율이 다시 감소하게 된다.

이 그림으로부터 알 수 있는 바와 같이 모형실험에서 'Blocking 현상'을 직접 관찰할 수 있었다. 즉, 후팅간격비가 0에서 0.5 사이에서는 후팅작용하중이나 효율이 감소하는 경향과 반대로 후팅간격비의 증가에 따라 하중과 효율이 감소하는 경향을 보임을 알 수 있다. 즉, 'Blocking 현상'이 나타나는 이 구간의 후팅간격비에서는 후팅하중이 식 (8.10)으로 산정될 수 없음을 확인할 수 있다. 이 구간에서는 식 (8.12)로 산정되는 Blocking 현상이 나타나고 있다. 즉, 후팅 사이의 공간을 후팅의 폭으로 간주하여 하중과 효율을 산정해야 한다.

그림 8.13(a)는 상대밀도 40%인 지반에 다열 후팅의 모형실험[11]에서 후팅작용하중이 후팅간격비에 따라 어떤 거동을 보이는지 살펴보기 위해 작성한 후팅간격비와 지지력 사이의 관계곡선이다.

이 그림에 의하면 후팅의 지지력은 그림 8.12의 2열 후팅에서와 동일하게 후팅간격비가 0에서 0.5 사이에서는 후팅 사이의 간격이 늘어남에 따라 하중(지지력)은 증가하였다. 그러나 후팅간격비가 0.5 이후로 증가하게 되면 후팅의 지지력은 다시 감소하였음을 알 수 있다.

또한 관입깊이가 1cm에서 3cm로 증가함에 따라 하중이 증가하는 경향도 알 수 있다. 이들 관입깊이 곡선에서도 후팅간격비가 0과 1 사이에서는 Blocking 현상에 의한 하중변화를 쉽게

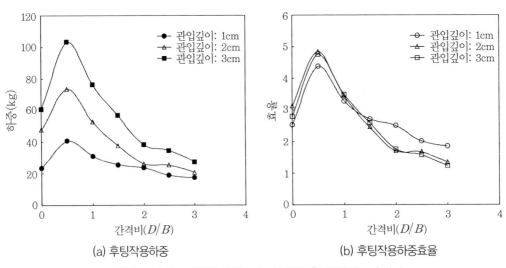

(a) 후팅작용하중   (b) 후팅작용하중효율

그림 8.13 다열 후팅의 후팅간격비에 따른 후팅작용하중의 관계

파악할 수 있다.

그림 8.13(b)는 후팅간격비에 따른 지지력효율의 변화를 나타낸 그림이다. 여기서 효율은 단독 후팅의 하중에 대한 다열 후팅의 하중의 비이다.

이 효율은 그림 8.13(b)에서 보는 바와 같이 후팅간격비가 2와 3에서 약간의 차이가 있긴 하나 전반적으로 모든 관입깊이에서 거의 일정함을 알 수 있다. 즉, 관입깊이는 인접후팅의 효율에 큰 영향을 주지 못함을 의미한다.

결론적으로 그림 8.12와 그림 8.13으로부터 2열 이상의 다열 후팅에서는 앞서 말한 'Blocking 현상'에 의한 하중 및 효율의 변화를 쉽게 파악할 수 있다.

(2) Blocking line 작도법

Blocking line의 작도순서는 다음과 같다.

① 식 (8.10)에서 유도한 이론식을 이용하여 주어진 조건(지반정수, 간격비)에 대한 후팅간 격비－지지력 관계곡선을 작도한다. 이를 그림 8.14에서는 이론식 곡선이라 표시하였다.

② 후팅의 폭이 B라고 할 때 $2B$의 폭을 갖는 후팅에 대한 단일후팅의 지지력을 구한다 (단, 단일후팅의 지지력을 구하는 데 사용되는 지지력공식은 아칭의 쐐기각과 같은 $\omega = \pi/4 + \phi/2$를 이용하는 공식이어야만 한다. 예를 들면, Meyerhof, Brinch Hansen의 지지력 공식 등). 이 과정을 통해 얻어진 값이 바로 q_u축의 절편인 a값이 된다.

③ 사용한 지지력공식의 $\frac{1}{2}\gamma N_\gamma$를 기울기로 하고 ②번의 과정에서 구한 a값을 절편으로 하는 일차함수를 구한다. 즉, $q_u = \frac{1}{2}\gamma N_\gamma (X - 2B) + a$. 여기서, $X = 2B = $순간격$(D)$이다.

④ ③번의 과정을 통해 얻은 직선을 후팅간격비－지지력관계를 평면에 작도하면 그것이 바로 blocking line이 된다(그림 8.14상에 ab선에 해당한다).

앞의 과정을 거쳐 그림 8.14에 도시한 바와 같이 새로운 수정 이론식 곡선 abc를 구하게 된다. 이 수정 이론식 곡선에 의한 지지력은 'Blocking 현상'이 발생하는 후팅간격비를 기준으로 그보다 넓은 경우는 식 (8.10)에서 유도한 이론식을 이용하여 후팅의 지지력을 구한다. 그리고 이 기준보다 작을 경우, 즉 좁은 후팅간격에서는 'blocking line'을 이용하여 후팅의 지지력을 산출한다.

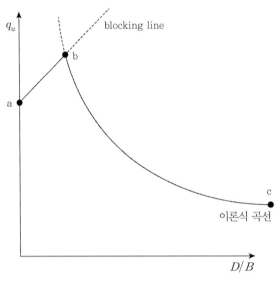

그림 8.14 수정 이론식 곡선(blocking line 작도법)

8.4 인접후팅의 지지력에 미치는 영향 요소

인접후팅의 지지력에 영향을 미치는 요소는 후팅에 관한 요소인 후팅간격비 D/B와 지반에 관한 요소인 관입깊이와 지반정수(여기서는 상대밀도에 해당한다)로 구분할 수 있다.

따라서 이러한 영향요소를 달리하여 수행한 모형실험 결과를 제8.3절에서 제안한 이론식과 비교, 분석하여 제안이론식의 타당성을 검증한다. 이 결과에 근거하여 이들 요소들이 인접후팅의 지지력에 미치는 영향의 정도를 고찰해보고자 한다.

8.4.1 후팅간격

제8.4.1절에서는 후팅간격의 변화가 인접후팅의 지지력에 미치는 영향을 조사하기 위하여 관입깊이를 1cm에서 3cm까지로 0.5cm씩 증가시킨 경우에 대해 수행한 모형실험 결과를 후팅 작용하중 및 효율로 나타내어 이론치와 비교·분석하여 제안이론식의 타당성을 검증해본다.

또한 비교 결과 이들 요소들이 인접후팅의 지지력에 미치는 영향의 정도를 고찰해본다.

우선 그림 8.15(a)~(e)는 지반의 상대밀도가 40%이고 후팅관입깊이가 각각 1.0, 1.5, 2.0, 2.5, 3.0cm인 다섯 가지 경우의 모형실험에서 후팅간격비 D/B에 따른 후팅작용하중을 도시한 결과이다. 여기서 D는 후팅간의 순간격이고 B는 후팅의 폭이다.

먼저 그림 중에 점선으로 표시한 선은 'blocking line'으로 이 선들 따라 다열의 후팅은 제일 외곽의 두 후팅의 양 끝을 폭으로 하는 하나의 후팅으로 거동하게 된다.

'blocking line'과 이론곡선이 만나는 점이 최대하중을 갖는 점이 되며, 이때의 후팅간격비는 이론적으로 약 0.67이 된다.

반면 모형실험치에서는 이와는 약간 차이가 나는 $0.5B$ 간격부근에서 최대하중값을 가진다. 후팅간격비 D/B가 감소함에 따라 후팅에 작용하는 하중은 점차 커지다가 최대하중값에 도달한다.

그러나 후팅간격비 D/B가 0.5보다 더 감소하면 후팅에 작용하는 하중은 다시 감소하게 된다.

결국 후팅간격비 D/B가 0인 경우에서 다열후팅은 단일후팅의 약 4배에 가까운 하중을 받는다. 이 하중은 4개의 후팅을 연결하여 제작한 모형실험 결과에 해당한다.

그림 8.15에서 이론예측치가 모형실험치보다 다소 큰 값을 가지긴 하나 이론예측치는 모형실험 결과와 비교적 잘 일치하고 있다.

그림 8.16(a)~(e)는 각 관입깊이에 대해 간격비에 따른 다열 후팅의 효율을 나타낸 것이다, 지반의 상대밀도가 40%이고 후팅관입깊이가 각각 1.0, 1.5, 2.0, 2.5, 3.0cm인 다섯 가지 경우의 모형실험에서 후팅간격비 D/B에 따른 후팅작용하중효율을 도시한 결과이다. 각 관입깊이에 대해 다열 후팅을 이루는 하나의 후팅이 받는 하중을 단일후팅이 받는 하중으로 나누어서 얻게 되는 효율은 그림 8.18의 간격비와 후팅작용하중 경계곡선과 같은 경향을 갖게 된다.

그림 8.16(a)~(e)에 나타난 바와 같이 이론치, 실험치 모두 간격비가 감소함에 따라 효율은 증가하게 되며 각각 후팅간격비 0.5, 0.67에서 최대효율을 나타내고 있다.

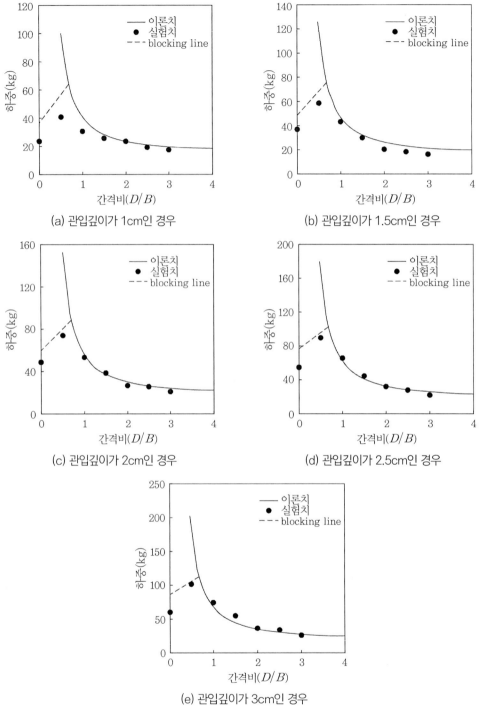

(a) 관입깊이가 1cm인 경우

(b) 관입깊이가 1.5cm인 경우

(c) 관입깊이가 2cm인 경우

(d) 관입깊이가 2.5cm인 경우

(e) 관입깊이가 3cm인 경우

그림 8.15 후팅간격비(D/B)에 따른 하중변화

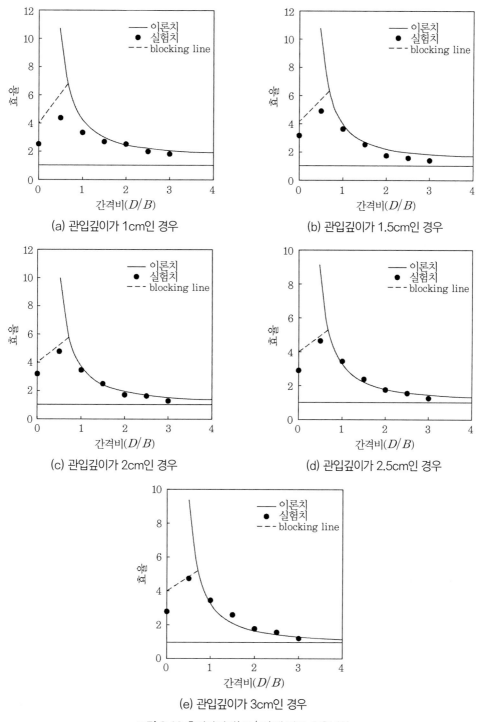

(a) 관입깊이가 1cm인 경우

(b) 관입깊이가 1.5cm인 경우

(c) 관입깊이가 2cm인 경우

(d) 관입깊이가 2.5cm인 경우

(e) 관입깊이가 3cm인 경우

그림 8.16 후팅간격비(D/B)에 따른 효율변화

그림 8.17은 관입깊이에 따른 최대효율을 나타낸 것으로 관입깊이가 커질수록 최대효율은 감소함을 알 수 있다.

그림 8.18은 최대효율이 발생하는 간격비 D/B를 관입깊이에 따라 나타낸 것이다. 모형실험치와 이론예측치 모두 관입깊이에 따라 일정한 최대효율간격비를 가지는 것을 알 수 있다.

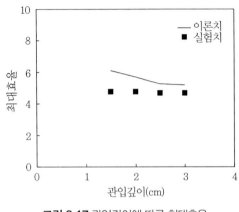

그림 8.17 관입깊이에 따른 최대효율   **그림 8.18** 관입깊이에 따른 최대효율간격비

8.4.2 관입깊이와 상대밀도

관입깊이의 변화가 인접후팅의 지지력에 미치는 영향을 조사하기 위하여 각각의 후팅간격비에 대해 수행된 모형실험 결과를 후팅작용하중 및 효율로 나타내어 이론치와 비교·분석하여 제안이론식의 타당성을 검증하고 이들 요소들이 인접후팅의 지지력에 미치는 영향의 정도를 고찰해본다.

그림 8.19(a)~(e)는 지반의 상대밀도가 40%이고 후팅 간의 간격비 D/B가 각각 1.0, 1.5, 2.0, 2.5, 3.0인 경우 후팅관입깊이에 따른 후팅작용하중을 도시한 결과이다.

각 그림에서 검은 원으로 표시된 모형실험치는 후팅이 받을 수 있는 최대하중(지지력)을 나타내며, 실선은 유도한 이론식의 예측치이다.

그림 8.19(a)~(e)에 관입깊이가 0cm에서 1cm까지에 대한 예측치를 제외한 것은 모형지반에서 지표면을 수평으로 다듬는 데 있어 지반에 적지 않은 교란이 발생하게 되며, 이로 인해 후팅이 받는 하중이 감소하여 나타났기 때문이다.

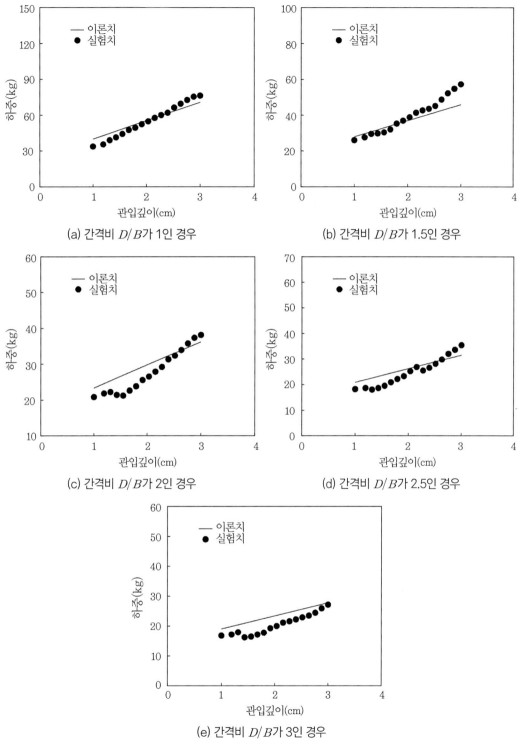

(a) 간격비 D/B가 1인 경우

(b) 간격비 D/B가 1.5인 경우

(c) 간격비 D/B가 2인 경우

(d) 간격비 D/B가 2.5인 경우

(e) 간격비 D/B가 3인 경우

그림 8.19 관입깊이와 작용하중의 관계

후팅간격비가 0과 1에 대한 해석은 앞 절에서 논한 후팅간격비에 따른 하중 및 효율에서 'Blocking 효과'와 함께 설명하였다.

그림 8.19(a)~(e)를 살펴보면 각 후팅간격비에 있어 관입깊이가 커짐에 따라 하중은 선형적으로 증가한다는 것을 알 수 있다.

이들 그림에서도 알 수 있듯이 모형실험이 수행된 후팅간격비에서 관입깊이의 증가에 따른 후팅작용하중은 이론치와 잘 일치하고 있다.

인접후팅의 지지력증가에 영향을 미치는 요소 중 지반에 관한 요소인 지반정수의 영향을 알아보기 위하여 상대밀도 40%, 80%인 모형지반을 조성하여 모형실험을 수행하였다. 모형지반의 재료로 사용된 한강모래의 내부마찰각은 상대밀도 40%, 80%일 때 각각 36.9°, 43.0°였다.

후팅간격비 D/B가 1, 2, 3이고 관입깊이 1cm일 때의 상대밀도에 따른 후팅작용하중의 변화를 고찰해보면 그림 8.20과 같다.

그림 8.20에서 상대밀도에 따른 후팅작용하중의 모형실험치와 이론예측치가 비교적 잘 일치하고 있다. 두 경우 모두 상대밀도가 증가함에 따라 하중이 증가하는 것을 알 수 있다. 후팅간격비 D/B가 작을수록 큰 하중을 받는다는 것을 다시 한번 확인할 수 있다.

즉, 후팅간격비 D/B가 작을수록 큰 하중을 받는다는 것을 다시 한번 확인할 수 있으며 또한 후팅간격비 D/B가 작을 경우 상대밀도의 변화에 따른 하중증가폭이 크다는 것을 확인할 수 있다.

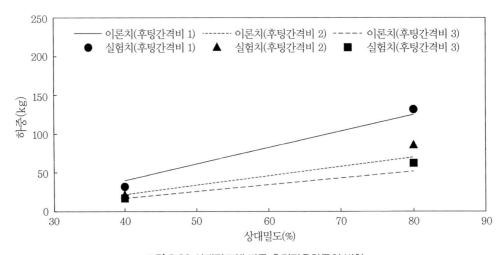

그림 8.20 상대밀도에 따른 후팅작용하중의 변화

| 참고문헌 |

(1) 구운배(2001), '간섭효과에 의한 인접후팅의 지지력변화에 관한 연구', 중앙대학교대학원, 공학석사 학위논문.

(2) French, S.E.(1989), *Introduction to Soil Mechanics and Shallow Foundation Design*, Prentice-Hall, Inc.

(3) Hewlett, W.J. and Randolph, M.F.(1988), "Analysis of piled embankments", *Ground Engineering*, London Eng1and. Vol.21, No.3, pp.12-18.

(4) Low, B.K., Tang, S.K. and Choa, V.(1994), "Arching in piled embankments", Journal of Geotechnical Engineering, ASCE, Vol.120, No.11, pp.1917-1937.

(5) Meyerhof, G.G.(1963), "Some recent research on bearing capacity of foundations, Can. Geot. J. Vol.1, No.1.

(6) Stuart, J.G.(1962), "Influence between foundations with special reference to surface footings in sand", Geotechnique, Vol.12, No.1, pp.15-22.

(7) Terzaghi, K.(1943), *Theoretical Soil Mechanics*, John Wiley and Sons, New York, pp.66-76.

(8) Timoshenko, S.P., Goodier, J.N(1970), *Theory of Elasticity*, McGraw-Hill, New York, NY.

(9) Vesic, A.S.(1975), "Bearing capacity of shallow foundation", Ch.3 in Foundation Engineering Handbook, Winterkorn, H.F. and Fang, H.Y. eds, Van Nostrand Reinhold, New York, pp.121-147.

인발말뚝 주변의 지반아칭

인발말뚝 주변의 지반아칭

최근 해상구조물, 송전탑 등이 세계 곳곳에서 많이 건설되고 있으며 말뚝은 이들 해상구조물과 송전탑의 기초로 사용된다.[7,27] 이러한 구조물에 파도와 바람으로 인한 횡방향력이 작용할 때 기초말뚝에는 인발력이 작용하게 되므로 말뚝의 인발에 관한 종합적인 정리가 수행되어야 한다.[20,21] 말뚝의 인발저항력을 이론적으로 산정하는데, 말뚝주변지반에 발달하는 지반아칭현상에 주목할 필요가 있다.

제9장에서는 말뚝의 인발저항거동을 조사하기 위하여 말뚝주변지반에서 발생하는 지반변형을 모형실험으로 관찰하였다. 이 지반변형의 거동에 의거하여 말뚝 주변지반에 발달하는 지반아칭현상에 주목하여 말뚝의 인발저항력을 산정할 수 있는 이론해석을 실시하고 일련의 모형실험을 수행하여 이론해석식의 적합성을 검토하였다.

우선 인발말뚝 주변지반의 모형실험으로 입자의 이동거동을 관찰하여 입자들이 평행이동함을 관찰하였다. 말뚝의 인발저항력 산정을 위한 이론해석에서는 말뚝주변지반에 입자들이 평행이동할 때 발달하는 지반아칭에 주목하였고 모형실험에서는 인발거동에 차이가 발생하는 한계깊이를 검토하였으며, 지반의 상대밀도가 말뚝의 인발저항에 미치는 영향을 조사하기 위해 주문진표준사의 밀도를 느슨한 상태와 조밀한 상태의 두 가지 상태의 밀도로 조절하여 모형실험을 실시하였다. 이 모형실험으로 말뚝에 발달하는 인발저항력과 하중－변위 거동을 관찰할 수 있었다.

이렇게 유도·제안된 말뚝의 인발저항력의 모형실험치는 제안된 이론식에 의한 이론예측치와 비교함은 물론이고 기존의 여러 제안식에 의한 예측치 및 이전모형실험과도 비교·고찰하였다. 최종적으로 지반의 상대밀도로 예측할 수 있는 인발말뚝의 한계근입비의 실험식이 정리되었다.

9.1 서 론

송전탑, 높은 굴뚝, 해상구조물 등에 사용되는 기초말뚝은 압축하중 혹은 횡하중뿐만 아니라 인발하중도 받게 되므로, 이러한 구조물의 기초 설계에서는 인발하중의 고려 없이 설계하기가 곤란하다. 따라서 말뚝기초 위에 축조된 상부구조물의 안정성을 보다 정확히 평가하기 위해서는 말뚝기초의 인발저항도 검토해야 할 것이다.

일반적으로 현재 축조되고 있는 구조물 특히 해양구조물의 말뚝기초에 작용하는 하중은 축방향으로의 압축하중이나 인발하중 및 횡방향으로의 하중 중에 하나이거나 이들 하중의 조합으로 볼 수 있다.

말뚝이 압축하중을 받을 때는 말뚝의 지지력으로 선단지지력과 주면마찰저항력을 모두 고려하게 되지만 인발하중을 받을 때는 선단지지력은 발휘되지 않게 된다. 따라서 인발저항력의 크기가 압축저항력의 크기에 비해 비슷하거나 약간 작은 경우라도 기초의 크기와 형태를 결정하는 요인은 인발력이 될 것이다. 더구나 최근 인발력을 받는 해안구조물이 많이 건설되는 추세임을 볼 때 말뚝의 인발저항력에 대한 검토는 보다 많이 실시되어야 한다.

이러한 말뚝의 인발저항에 관한 연구 결과는 지하수위가 높은 곳에 설치되는 기초말뚝의 부력저항 설계에도 유익하게 활용될 수 있을 것이다.

또한 인발력에 효과적으로 저항할 수 있는 말뚝으로는 각종 말뚝이 사용 가능할 것이다. 이들 말뚝 중 최근 마이크로파일이 여러 가지 목적으로 사용될 수 있어 활용도가 증대되고 있으므로 마이크로파일은 인발저항말뚝으로도 사용할 수 있을 것이다.[1] 홍원표외 2인(2010)은 이 연구에서 마이크로파일의 모형실험을 통하여 말뚝주변지반의 입자이동을 관찰한 바 있다.[1] 이 모형실험에서 말뚝이 인발하중을 받으면 말뚝주변지반의 흙 입자들은 평행이동함을 관찰할 수 있었다. 실제 해양구조물의 기초말뚝은 해양에서 파랑 등의 반복하중을 받을 때 말뚝이 좌우로 하중을 받으면 흙 입자가 말뚝주변지반에서 평행이동하게 되는 현상을 관찰할 수 있다. 이와 같은 흙 입자의 평행이동 거동으로 인하여 말뚝 주변지반에는 제3장에서 설명한 바와 같이 흙 입자의 평행이동에 의한 지반아칭이 발달함에 주목할 수 있을 것이다. 따라서 인발말뚝의 인발저항력 산정에 지반아칭에 의한 이론적 접근을 시도할 수 있을 것이다.

일반적으로 말뚝의 인발저항력을 구하는 방법으로는 인발저항력 산정공식에 의한 방법과 직접인발실험에 의한 방법으로 구분된다.

따라서 제9장에서는 말뚝주변지반의 지반아칭 발달 현상에 주목하여 말뚝의 인발저항력을 산정할 수 있는 이론적 해석을 먼저 실시한다. 그런 후 실내 모형실험을 실시하여 말뚝의 인발력과 인발변위량 사이의 관계를 관찰하고, 기존의 인발저항력예측치 및 모형실험치와도 비교·분석하여 신뢰성 있는 결과를 마련하고자 한다.

끝으로 제9장에서는 인발실험을 통하여 얻은 말뚝의 하중−변위곡선을 분석하여 지반의 상대밀도를 변화시킨 상태에서 얻은 말뚝의 인발변위량 및 항복하중 사이의 관계를 조사하여 인발저항력예측치와 비교·분석하고자 한다.

9.2 기존연구

9.2.1 말뚝의 인발저항력 산정 접근법

인발저항력 산정공식에 의해 말뚝의 인발저항력을 산정할 때는 지중에 근입된 말뚝의 마찰저항력에 근거하여 인발저항력을 산정한다. 마찰저항력은 지반 혹은 말뚝 주면 사이의 마찰을 고려하는 방법에 따라 두 가지 접근 방법이 있다. 하나는 말뚝과 지반 사이의 경계면에서의 주면마찰에 주목하여 산정하는 방법이고(Meyerhof, 1973: Das, 1983),[8,19] 다른 하나는 말뚝이 인발될 때 말뚝 주변지반에 발생하는 지반파괴면에 의거한 방법이다(Chattopadhtat and Pise, 1986; Shanker et al., 2007).[5,24] 두 번째 접근 방법의 개념은 말뚝 주변의 지반파괴면에서의 마찰저항이나 지반파괴면 내의 지반아칭현상에 의해 발휘된다는 개념이다. 이들 두 개념에 대하여 구분·설명하면 다음과 같다.

(1) 말뚝의 주면마찰 개념

이 방법에서 말뚝과 지반 사이의 주면마찰력은 실내실험으로 구하거나(Das & Seeley, 1975[9]; Awad & Ayob, 1976[2]; Chaudhuri & Symon, 1983[4]; Das et al., 1977[10]; Lavachur & Sieffert, 1984[17]) 현장실물실험(Ireland, 1957[14]; Downs & Chieurzzi, 1966[12]; Sowa, 1970[25]; Vesic, 1970[26]; Ismael & Klym, 1979[15])으로 구할 수 있다. 이때 말뚝과 지반 사이의 경계면에서의 주면마찰력은 지반특성과 말뚝시공법에 따라 다르게 결정된다.

주면마찰저항력은 흙의 내부마찰각에 의존하는 인발계수에 의해 정해진다(Meyerhof, 1973[19];

Das, 1983[8]; Vesic, 1970[26]; Ismael & Klym, 1979[15]). 경우에 따라서는 인발말뚝의 인발저항력 산정에 적용되는 인발계수를 압축말뚝의 경우와 동일하게 사용하기를 권하기도 한다(Vesic, 1970[26]; Ismae & Klym, 1979[15]). 그러나 Poulos & Davis(1980)는 압축말뚝에 사용한 인발계수로 산정된 말뚝의 인발저항력에 2/3의 감소계수를 적용하였다.[23]

한편 Meyerhof(1973)는 모래에 설치된 앵커의 모형실험을 실시하여 인발계수 K_u를 그림 9.1에서 보는 바와 같이 지반의 내부마찰각에 따라 0.6에서 3.8의 사이의 값으로 제안하였다.[19]

또한 Meyerhof(1973)는 인발계수 K_u를 사용하여 말뚝의 인발저항력을 예측할 수 있는 방법도 제안하였다.[19] 이 인발저항력은 말뚝근입길이에 따라 증가하였다.

그러나 Das(1983)에 의한 모형실험에서는 말뚝깊이에 따른 마찰력의 증가에는 한계가 있음을 보여주었다.[8] 즉, 이 한계근입비(말뚝직경 d로 나눈 값)에서 주면마찰력은 어느 한계치에 도달한다 하였다. Das(1983)는 한계근입비가 지반의 상대밀도에 의존함을 보여주었다.[8] 말뚝의 주면마찰력을 결정하는 중요한 요소 중 하나는 말뚝과 지반 사이의 경계면에서의 마찰각이다(Meyerhof, 1973; Das et al., 1977; Das, 1983).[8,10,19]

그림 9.2에서 보는 바와 같이 말뚝의 주면과 지반 사이의 마찰각은 지반의 상대밀도에 따라 지반의 내부마찰각의 0.4배에서 1배 사이의 값이라고 하였다(Das et al., 1977).[10] 그러나 NAVFAC DM 7.2(1984)에서는 콘크리트말뚝의 경우 주면마찰각은 지반의 내부마찰각의 2/3이고 강말뚝의 경우는 20°로 제안하였다.[22]

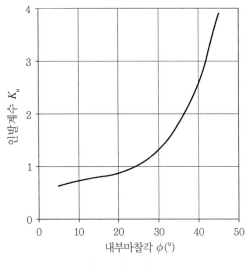

그림 9.1 인발계수 K_u[19]

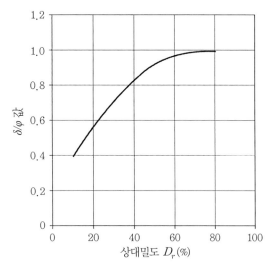

그림 9.2 지반의 내부마찰각과 말뚝의 마찰각 사이의 관계[19]

(2) 말뚝주변지반 파괴면 개념

'말뚝주변지반파 괴면의 개념'은 말뚝이나 후팅의 인발저항력은 말뚝이나 후팅 주변의 지반 속에 발생하는 지반 파괴면을 따라 발생된다는 개념에 의거한 이론이다(Matsuo, 1968[18]; Chattopadhyay & Pise, 1986[5]; Shanker et al., 2007[24]).

예를 들면, Matsuo(1968)는 후팅의 인발저항력은 후팅 주변의 지반파괴면을 따라 발생함을 설명하였다. 즉, Matsuo(1968)[18]는 지반파괴면을 후팅선단에서 시작되는 대수나선으로부터 시작하여 지표면근처의 대수나선의 접선직선부까지 계속되는 복합곡선으로 가정하여 후팅의 인발저항력을 산정하였다.

한편 Chattopadhyay & Pise(1986)[5]는 말뚝주위 지반 내의 파괴면을 그림 9.5와 같이 가정하고 그 파괴면에서 극한평형상태를 고려하여 인발저항력을 식 (9.2)와 같이 산정하였다. 그러나 이 가정된 파괴면은 실재 해석에 적용하기에 너무 복잡하다.

Shenker et al.(2007)도 지반파괴면이 말뚝선단으로부터 $\phi/4$의 각도를 가지는 원추로 가정하여 인발저항력을 산정하였다.[24]

9.2.2 인발저항력 산정법

(1) 표준법

표준법은 앞 절 제9.2.1절의 인발저항력 산정 접근법에서 설명한 '말뚝의 주면마찰 개념'에 의거하여 말뚝의 인발저항력을 산정하는 방법으로 그림 9.3의 말뚝의 인발저항 개략도에 도시된 바와 같이 말뚝의 인발저항력은 말뚝과 지반 사이의 말뚝주면의 경계면에서 발휘되는 단위마찰저항력에 의해 발생한다고 생각하는 방법이다.

이 표준법에서는 모래지반 속에 근입된 연직 원형 말뚝의 순인발저항력은 식 (9.1)과 같다.

$$P_\nu = \frac{\pi}{2} K_s d\gamma L^2 \tan\delta \tag{9.1}$$

여기서, $K_s = K_0 = (1 - \sin\phi) =$ 측방토압계수

$d =$ 말뚝직경

γ = 지반의 단위중량

L = 말뚝길이

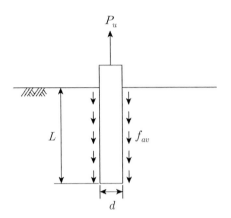

그림 9.3 말뚝의 인발저항 개략도

표준법에서는 토압계수 K_s로 정지토압계수 K_0를 적용한다. 즉, Mohr-Coulomb 법칙에 의거하면 지반은 말뚝의 인발파괴 시 정지상태에 있다고 생각할 수 있다. 일반적으로 지반은 주동상태나 수동상태에서 파괴된다. 따라서 K_0 상태의 모든 지반은 Mohr-Coulomb의 파괴포락선 아래에 존재하게 된다.

(2) Meyerhof 법

Meyerhof(1973)의 한계마찰이론에 의하면 모래지반 속에 설치된 말뚝의 인발저항력은 말뚝표면과 말뚝주변지반 사이의 경계면에서의 주면마찰력에 의존하게 되므로 원형 말뚝에 대한 인발저항력 P_u는 식 (9.2)와 같이 표현된다.[19]

$$P_u = f_{av} \cdot \pi dL = \left(\frac{1}{2}\gamma L \cdot K_u \tan\delta\right)\pi dL \tag{9.2}$$

여기서, δ = 지반과 말뚝 사이의 경계면에서의 주면마찰각이고 γ = 모래의 단위중량이다. 한편 d와 L은 각각 말뚝의 직경과 길이이며 f_{av}와 K_u는 각각 평균단위마찰력과 말뚝의 인발계수이다.

식 (9.2)에 의하면 평균단위마찰력 f_{av}는 말뚝의 관입깊이 L의 증가에 따라 선형적으로 증가하는 것으로 표현되어 있다. 그러나 이 실험식을 사용하려면 흙과 말뚝 사이의 마찰각 δ와 인발계수 K_u를 정확히 산정해야만 한다.

Meyerhof(1973)는 그림 9.4와 같이 원형 말뚝에 대한 $K_u - \phi$의 관계도를 제시하여 인발저항력을 반경험적으로 산정하도록 제시하였다.[19] 말뚝의 인발계수 K_u는 그림 9.4에서 보는 바와 같이 지반의 내부마찰각 ϕ가 증가할수록 증가하는 거동을 보이고 있다.

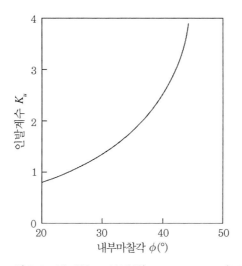

그림 9.4 ϕ에 대한 K_u의 변화(Meyerhof, 1973)[19]

(3) Chattopadhyay & Pise 법

한편 Chattopadhyay & Pise(1986)는 제9.2.1절에서 설명한 '말뚝주변지반 파괴면 개념'에 의거한 산정법이다. Chattopadhyay & Pise(1986)는 말뚝주위 지반 내의 파괴면을 그림 9.5와 같이 가정하고 그 파괴면에서의 극한평형상태를 고려하여 말뚝의 인발저항력을 식 (9.3)과 같이 산정하였다.[5]

$$P_{u(gross)} = \int_0^L dP \tag{9.3}$$

$$= \gamma \pi dL \int_0^L \frac{2x}{d}\left(1-\frac{Z}{L}\right)[\cot\theta + (\cos\theta + K\sin\theta)\tan\phi]dZ$$

$$= A\gamma\pi L^2$$

여기서, A는 식 (9.4)와 같이 정하면

$$A = \frac{1}{L}\int_0^L \frac{2x}{d}\left(1-\frac{Z}{L}\right)[\cot\theta + (\cos\theta + K\sin\theta)\tan\phi]dZ \tag{9.4}$$

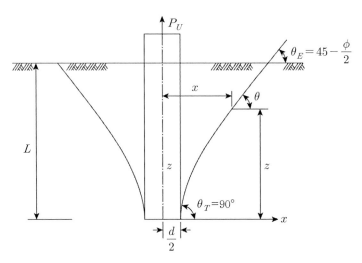

그림 9.5 말뚝과 지반파괴면(Chattopadhyay & Pise, 1986)[5]

순인발저항력 P_u는 식 (9.5)와 같이 된다.

$$P_u = A\gamma\pi dL^2 - \frac{\pi d^2}{4}\gamma L \tag{9.5}$$

$$= \gamma\pi dL^2\left(A - \frac{1}{4\lambda}\right) = A_1\gamma\pi dL^2$$

여기서, $A_1 = A - \dfrac{1}{4\lambda}$이며 말뚝의 관입비 λ는 L/d이다.

일반적으로 인발저항력 P_u는 식 (9.6)과 같이도 나타낼 수 있다.

$$P_u = 단위표면마찰력 \times 관입면적 \tag{9.6}$$

$$= f \cdot \pi dL$$

그러므로 단위마찰력 f는 식 (9.5)와 (9.6)으로부터 구하면 식 (9.7)과 같이 된다.

$$f = A_1 \gamma L = A_1 \gamma \lambda d \tag{9.7}$$

따라서 말뚝중심축으로부터 임의의 거리 x만큼 떨어진 위치에서 파괴면 및 말뚝의 순인발저항력 P_u는 지반과 말뚝 사이의 주면마찰각 δ, 관입길이 L, 말뚝직경 d 그리고 흙의 단위체적중량 γ만의 함수로 구할 수 있다.

(4) Das(1983) 법

Das et al.(1977)은 지반 내 말뚝이 인발력을 받을 때 지표면으로부터 z만큼의 깊이에서 말뚝주면에 발생하는 단위마찰력 f는 식 (9.8)과 같이 나타내었다.[10]

$$f = K_u \tan\delta\gamma z \tag{9.8}$$

따라서 말뚝의 인발저항력은 다음과 같다.

$$P_u = \int_0^L p \cdot f dz \tag{9.9}$$

여기서, p는 말뚝의 원주길이(πd)이다.

Das & Seely(1975)의 실험에 의하면 단위마찰력 f는 말뚝의 관입비 $\lambda(L/d)$가 증가할수록 선형적으로 증가한다. 그러나 그림 9.6에서 보는 바와 같이 어느 한계값 이상에서는 일정한 값에 도달한다.[9] 여기서 단위마찰력 f가 일정한 값에 도달하는 관입깊이비를 한계관입비 (λ_{cr})라고 하며 상대밀도(D_r)에 따라 다음 식으로 구하도록 하였다.

$$\lambda_{cr} = 0.156 D_r + 3.85 \qquad\qquad (D_r < 70\%) \qquad\qquad (9.10\text{a})$$

$$\lambda_{cr} = 14.5 \qquad\qquad (D_r \geq 70\%) \qquad\qquad (9.10\text{b})$$

그러므로 $(\lambda < \lambda_{cr})$인 경우의 인발저항력 P_u는 λ의 함수로 식 (9.11a)와 같이 구한다.

$$P_u = \int_0^L p(K_u \tan\delta\gamma z) dz \qquad\qquad (\lambda < \lambda_{cr})\text{인 경우} \qquad\qquad (9.11\text{a})$$

$$= \frac{1}{2} p\gamma L^2 K_u \tan\delta$$

여기서, p는 말뚝의 원주길이(πd)이다.

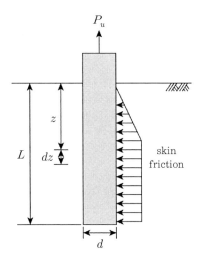

그림 9.6 Das의 말뚝주면마찰력 분포[10]

한편 $(\lambda \geq \lambda_{cr})$인 경우의 인발저항력 P_u는 식 (9.11b)와 같이 산정한다.

$$P_u = \int_0^{L_{cr}} P(K_u \tan\delta \cdot \gamma \cdot z) dz + \int_{L_{cr}}^L P \cdot f dz \qquad (\lambda \geq \lambda_{cr})\text{인 경우} \qquad (9.11\text{b})$$

$$= \frac{1}{2} p\gamma L^2 K_u \tan\delta + p\gamma L_{cr} K_u \tan\delta (L - L_{cr})$$

Das & Seely(1975)의 실험식[9]은 기본적으로 Meyerhof(1973)의 이론식과 같다.[19] 인발저항력 P_u는 ($\lambda < \lambda_{cr}$)인 경우 Meyerhof의 이론식과 같아지며 ($\lambda \geq \lambda_{cr}$)인 경우 Meyerhof의 예측치보다 다소 작게 계산된다. 한편 인발계수 K_u값은 ϕ의 관계로 정리된 그림 9.4를 활용하여 산정할 수 있다. 또한 상대밀도에 따른 내부마찰각은 Bowles(1977)의 식 (9.12)로 나타낼 수 있다 (Bowles, 1977).[3]

$$\phi = 30 + 015 D_r \qquad\qquad (9.12)$$

말뚝과 지반 사이의 주면마찰각 δ는 그림 9.7에서 보는 바와 같이 D_r과 ϕ의 관계로부터 구해지며 상대밀도가 약 80%가 되면 $\delta \fallingdotseq \phi$가 된다.

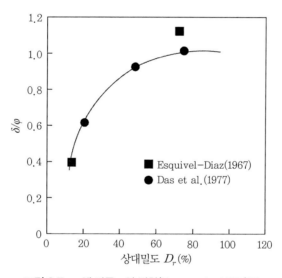

그림 9.7 D_r에 따른 δ의 변화(Das et al., 1977)[10]

사질토지반에서 지반아칭현상으로 인하여 단위마찰력 f는 어느 깊이에서 한계값에 도달하나 일반적으로는 관입비 $\lambda(=L/d)$에 따라 선형적으로 증가한다. 인발마찰표면계수 K_u는 대략 말뚝의 관입비가 11.5d 이상이면 일정하게 된다.

그 밖에도 Chaudhury & Symons(1983)[5]는 말뚝의 표면처리 및 모형지반 형성방법은 Das & Seely(1975)의 실험방법[10]과 동일하게 하고 인발실험장치 및 모형말뚝의 치수를 변화시켜 실험을 수행하였다.

(5) Shanker et al.법

Shanker et al.(2007)[24]는 말뚝 주변의 지반파괴면을 그림 9.5에서 본 Chattopadhyay & Pise (1986) 법[5]과 동일하게 생각하여, 즉 '말뚝주변지반 파괴면 개념'에 의거하여 말뚝의 인발저항력은 산정하였다. Chattopadhyay & Pise 법과의 차이점은 지반파괴면의 형상이 말뚝 선단에서 연직축과 $\phi/4$의 각도를 이룬다는 점이다.

이러한 지반파괴면으로 발생되는 인발저항력은 식 (9.13)과 같이 제시되었다.

$$P_u = \frac{C_1}{2}L^2 + \frac{C_2}{6}L^3 - \frac{\pi d^2}{4}L\gamma \tag{9.13}$$

여기서, $C_1 = \pi D\gamma \left[\dfrac{1}{\tan\theta} + (\cos\theta + K\sin\theta)\tan\theta \right]$

$C_2 = \dfrac{2\pi\gamma}{\tan\theta} \left[\dfrac{1}{\tan\theta} + (\cos\theta + K\sin\theta)\tan\theta \right]$

$K = (1 - \sin\phi)\dfrac{\tan\delta}{\tan\phi}$

$\delta = \phi$

$\theta = \dfrac{\pi}{2} - \dfrac{\phi}{4}$

$(L/D) > 20$의 경우 지반파괴면은 Chattopadhyay & Pise(1986)의 연구에 의거하여 말뚝 깊이의 75%에서 말뚝선단까지에는 말뚝표면에 접선 방향으로 가정하였다. $(L/D) > 20$의 경우 말뚝길이의 75% 깊이에서 지표면까지는 식 (9.13)을 적용하고 나머지 길이에서는 말뚝주면마찰력이 발휘되는 것으로 적용하였다.[5]

한편 $(L/D) \leq 20$의 경우는 말뚝의 전 길이에 식 (9.13)을 적용하였다. 말뚝 근입부의 인발저항력을 산정하기 위해 Shanker et al.(2007)은 Chattopadhyay & Pise 방법을 적용하여 복잡한 지반파괴면을 간단하게 적용하였다.[5]

9.3 모형실험 결과

인발말뚝 주변지반의 지반변형과 파괴선의 형상을 관찰하기 위해 Hong & Chim(2015)은 일련의 모형실험을 실시한 바 있다.[13] 또한 Chim(2013)은 말뚝의 인발저항력을 규명하기 위해 이록적 해석과 모형실험으로 이론식의 적용성을 관찰한 바 있다.[6]

9.3.1 지반변형 형상

모형실험으로 관찰된 말뚝 주변지반의 지반변형형상은 그림 9.8에 도시한 바와 같다. 말뚝 주변지반 속에 발생하는 파괴면의 형상은 말뚝주변지반 변형형상을 관찰하여 구할 수 있다. 즉, 말뚝 주변지반 속에 발생하는 지반변형은 지반조성 시 지중에 평행하게 설치한 흑색 모래의 수평선의 변형 상태를 관찰하여 파악할 수 있었다.

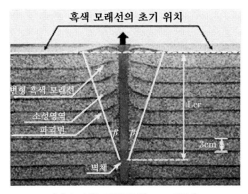
(a) 느슨한 모래지반(D_r =40%)

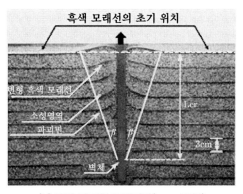
(b) 중간 밀도의 모래지반(D_r =60%)

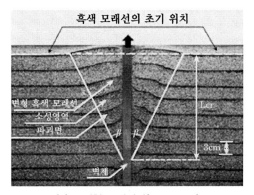
(c) 조밀한 모래지반(D_r =80%)

그림 9.8 말뚝인발시험 시 말뚝주변지반에 발생하는 지반변형 형상[13]

그림 9.8(a), (b), (c)는 각각 세 가지 상대밀도(D_r =40%, 60% 및 80%)의 지반을 대상으로 실시한 모형실험에서 관찰된 지반변형 사진이다. 사진 속에 흰색 실선으로 표시한 지반변형의 경계면은(이를 지중파괴면으로 생각할 수 있는 선) 그림 9.8에 도시한 바와 같다. 말뚝에 인발력을 가함으로써 지반 내에 마련한 흑색모래의 수평선에 변형점이 나타났다. 예를 들면, 말뚝에 인발력을 가하기 전 지반 파괴영역 내 지표면에서의 수평 흑색모래선의 초기위치는 그림 9.8 속에 수평 점선으로 도시하였다.

이 흑색모래의 수평선에서 변형되기 시작하는 점(이를 흑색선의 변곡점이라 부른다)을 연결한 실선을 말뚝 주변지반 속에 발생하는 지중파괴선으로 간주할 수 있다. 이 흑색모래 수평선의 변형하는 위치, 즉 흑색선의 변곡점이 움직이는 토사와 움직이지 않는 토사의 경계에 해당한다. 이 파괴선은 연직축과 β각을 이루고 있으며, 이 파괴선 내부의 영역이 소성영역에 해당한다. 즉, 이 지반파괴선은 지반의 소성상태와 탄성상태의 경계에 해당한다.

이 위치는 지표면에서 가까울수록 말뚝 좌우측 지반에서 멀리 떨어져 나타난다. 즉, 말뚝의 깊이가 깊어질수록 변곡점의 위치는 가까워지며 한계근입비까지 이런 경향은 계속되다가 한계근입비깊이에 이르러 말뚝 좌우측의 지반파괴선이 만나게 된다.

한편 한계근입비에 해당하는 말뚝깊이 아래에서는 말뚝주면에서 파괴면이 발생하게 된다. 이 위치가 말뚝주변지반의 소성변형이 시작되는 위치에 해당한다. 지중에서 실선으로 도시된 지중파괴선과 한계근입비 아래 말뚝 주면에서는 이 위치보다 먼 위치에 있는 지반은 변형하지 않는 위치가 되며 말뚝주변지반 속 파괴면에 해당한다.

9.3.2 파괴면의 기하학적 형상

지표면에서 말뚝의 한계근입비에 해당하는 위치까지의 영역에서는 말뚝주변지반 속에 마련해둔 수평 흑색모래선의 수평에서 벗어나게 변형된 변곡점을 연결하면 말뚝주변지중의 파괴면이 구해진다.

초기 연구(Meyerhof, 1973: Das, 1983)에서는 말뚝의 인발저항력은 말뚝주면의 주면마찰력에만 의존한다고 생각하였다. 그러나 최근의 연구(Chattopadhyay and Pise, 1986; Shanker et al., 2007)에서는 인발말뚝의 저항력은 말뚝상부의 주변지반에 발생하는 지반파괴면에서의 전단저항과 말뚝하부의 말뚝주면에 발휘되는 주면마찰력의 합으로 구성되어 있음을 파악하였다.

말뚝 상부에 발생하는 지반변형을 관찰하여 구한 지반파괴면의 β각은 그림 9.8(a)와 (c)에서 보는 바와 같이 상대밀도의 증가와 함께 증가하였다.

그림 9.9는 모형실험에서 관찰된 파괴면의 각 β와 모래의 내부마찰각의 관계를 도시한 그림이다. 파괴면의 β은 말뚝 좌우측에서 측정하였다. 이 그림에 의하면 파괴면의 β 각은 상대밀도가 증가할수록 증가하였음을 볼 수 있다. 이 측정된 파괴면의 β각는 $\beta = \phi/1.5$와 $\beta = \phi/2.5$의 두 선 사이에 존재함을 알 수 있다. 따라서 평균 β값을 지반의 내부마찰각 사이에 $\beta = \phi/2$로 선택할 수 있다.

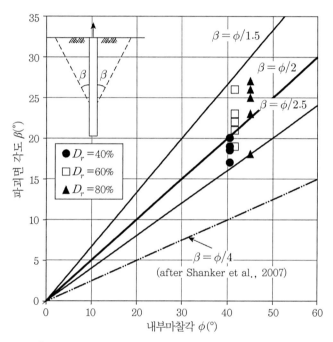

그림 9.9 지반 속 파괴면각 β와 지반의 내부마찰각 사이의 관계[2]

모형실험에서 상대밀도가 80%인 사용모래의 내부마찰각이 45.0°인 반면 파괴면의 평균각도 β는 세 번의 모형실험 결과 평균 23°로 측정되었다.

따라서 파괴각 β는 모래의 내부마찰각 ϕ의 거의 반에 해당한다. 결과적으로 파괴면은 연직축과 $\beta = \phi/2$의 각을 가진다.

반면에 Shanker et al.(2007)은 이론 접근법에서 시행착오로 연직축과 파괴면은 연직축과 $\phi/4$의 각도를 갖는다고 제안하였다.

그림 9.9에서와 같이 직접 측정한 결과 Shanker et al.(2007)은 파괴각 β를 과소예측함을 지

적하였다. 따라서 파괴면의 각도는 연직축과 $\beta = \phi/2$으로 산정할 수 있음을 모형실험에서 관찰된 지반변형으로도 확인할 수 있다.

이 파괴각 β로 말뚝 주변지반에 발생하는 파괴면을 예측할 수 있으며 이 파괴면으로 소성변형 경계영역으로 정의할 수 있다. 이 파괴면에서 발휘되는 전단저항은 지반의 전단강도에 의거하여 산정할 수 있다.

9.3.3 파괴면상의 토압계수

그림 9.10(b)는 토압을 결정하기 위해 사용된 파괴면의 상세한 도면이다. 말뚝에 가해지는 인발력으로 인하여 지반요소 A(그림 속에 실선으로 도시된 프리즘요소)의 변형괴적을 도시하였다. 소성영역 내의 세 개면(말뚝과 지반 사이의 접촉면을 단면 I로, 말뚝과 파괴면 사이의 중간위치에서의 단면을 단면 II로 및 파괴면을 단면 III으로)에 작용하는 응력을 고려해본다.

이 프리즘 요소의 변형괴적은 그림 9.8의 흑색 모래선의 변형을 관찰함으로써 알 수 있다. 모형실험 준비 시 이 흑색 모래선은 원래 수평으로 설치하였으며 흰 점선에 평행한 상태였다. 결론적으로 지반요소 A는 초기에 그림 9.10(b)에 수평실선으로 도시되어 있었다. 인발력이 작용함에 따라 그림 9.10(b)에 점선으로 도시된 지반요소 A는 그림 9.8의 변형된 흑색 모래선으로 변형된다. 수평한 직사각형의 응력요소가 아치모양의 요소로 변형되며 미소변형의 가정하에서 σ_{hw}, σ_{hII}, σ_N으로 표현되는 세 평면에 작용하는 수평응력은 각각 σ_h와 같다고 가정할 수 있다.

먼저 그림 9.10(b)에 단면 I로 도시된 말뚝과 지반 사이의 접촉경계면에서는 극한인발력이 작용할 때 지반요소 A에는 전단응력 τ_w와 수직응력 σ_{hw}이 작용한다. 이 전단응력과 수직응력이 주동상태에 있으면 $\tau_w = \sigma_{hw}\tan\delta$이 된다. 즉, $\sigma_{hw} = k_a\sigma_v$에서 σ_v는 수직응력이고 k_a는 주동토압계수이다.

한편 단면 II로 표시된 가상 평면 파괴면에서는 지반 속의 전단에 의해 전단력이 발휘된다. 따라서 전단력 τ_{II}는 $\sigma_{hw}\tan\phi$이 된다.

마지막으로 그림 9.10(b)에서 단면 III으로 표현된 파괴면에서는 지반요소 A에서는 전단응력 σ_T와 수직응력 σ_N이 작용한다. σ_T와 σ_N 사이의 관계는 $\tan\theta = \sigma_T/\sigma_N$이 된다. 미소변형의 가정하에 전단응력 σ_T는 단면 II에 작용하는 전단응력 τ_{II}과 같다면, $\sigma T = \sigma_{hw}\tan\phi$이 된다.

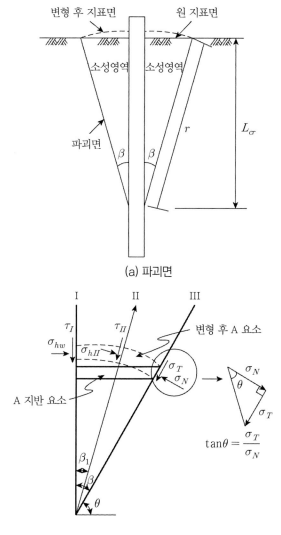

(a) 파괴면

(b) 소성영역에서 지반요소 A의 변형 괴적

그림 9.10 파괴면의 기하학적 형상

끝으로 단면 Ⅲ에 작용하는 수직응력 σ_N이 σ_h와 동일하다고 가정하면 식 (9.14)가 구해진다.

$$\sigma_N = \sigma_h = \frac{\tau II}{\tan\theta} = k_a \frac{\tan\phi}{\tan\theta}\sigma_v \tag{9.14}$$

식 (9.14)로부터 수직응력 σ_v과 수평응력 σ_h의 비는 토압계수가 되므로 식 (9.15)와 같이 쓸 수 있다.

$$k = \frac{\sigma_h}{\sigma_v} = k_a \frac{\tan\phi}{\tan\theta} = \frac{1 - \sin\phi}{1 + \sin\phi} \frac{\tan\phi}{\tan\theta} \qquad (9.15)$$

여기서 $\theta = \pi/2 - \beta$이고, $\beta(= \phi/2)$이며 β는 수직선과 파괴면 사이의 각도이다.

9.4 인발저항력의 이론해석

9.4.1 짧은 말뚝과 긴 말뚝

지중깊이 설치된 말뚝의 경우 지반파괴선은 말뚝선단에서부터 시작되지 않고 어느 한계 깊이에서부터 시작된다. 이 한계깊이는 한계근입비로 산정할 수 있다.

따라서 말뚝은 이 한계근입비에 해당하는 깊이를 기준으로 그림 9.11(a) 및 (b)에 도시된 바와 같이 짧은 말뚝과 긴 말뚝의 두 그룹으로 나눌 수 있다.

만약 말뚝길이 L이 한계근입길이 L_{cr}보다 짧으면 짧은 말뚝이라 정하고 한계근입길이 L_{cr}보다 길면 긴 말뚝이라 정한다. 여기서, 한계근입비 $\lambda_{cr} = (L_{cr}/d)$는 실험을 통하여 경험 적으로 구한다. Das(1983)는 이 한계근입비를 상대말도와 연계하여 말뚝주변지반의 상대밀도 의 함수로 결정하여 제안하였다.[8]

우선 짧은 말뚝의 인발저항력은 그림 9.11(a)에 도시한 바와 같이 말뚝 주변지반 속에 발생 하는 지반파괴면상에서 발휘되는 전단저항에 의해 산정한다.

반면에 긴 말뚝의 인발저항력은 그림 9.11(b)에 도시된 바와 같이 지표면에서 한계깊이 L_{cr}까지는 지반파괴면에서 발휘되며 한계깊이에서 말뚝선단까지는 말뚝과 지반 사이의 경계 면에서의 주면마찰저항에 의거하여 인발저항력이 발휘된다. 한계근입깊이 하부의 말뚝 부분 에서 발휘되는 인발저항력은 말뚝과 지반 사이의 경계면에서의 주면마찰저항에 의거하여 발 생한다. 이때 말뚝과 지반 사이의 마찰각은 말뚝에 작용하는 측방토압과 함께 주면마찰저항 력을 산정하는 데 중요한 요소가 된다.

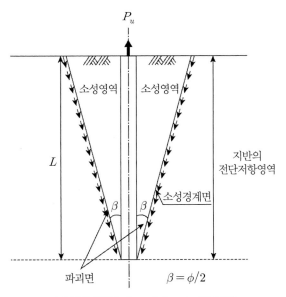

(a) 짧은 말뚝($\lambda(=L/d) \leq \lambda_{cr}$인 경우)

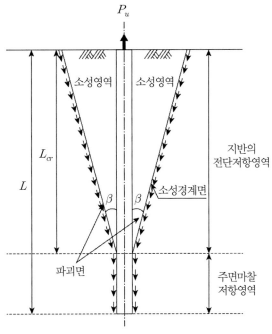

(b) 긴 말뚝($\lambda(=L/d) > \lambda_{cr}$인 경우)

그림 9.11 말뚝의 인발저항력

9.4.2 한계근입깊이 상부말뚝의 인발저항력

그림 9.12(a)는 말뚝주변에서 지반파괴면이 발달하는 경우(짧은 말뚝을 대상으로 하여 고찰함) 말뚝주변지반의 수평요소 A에 작용하는 응력과 힘을 도시한 그림이다. 여기서 Δz는 수평요소 A의 두께이고 z는 말뚝선단으로부터 수평요소 A까지의 임의의 거리이다. P와 $P + \Delta P$는 말뚝에 작용하는 인발저항력이고 q와 $q + \Delta q$는 수평요소 A에 작용하는 연직응력이다. ΔW는 수평요소 A의 중량이다. 단 ΔW에는 말뚝의 자체중량은 포함되어 있지 않다. ΔT는 지반파괴면에 작용하는 전단력이다. 그림 9.11(a)에서 보는 바와 같이 축대칭 상태에서 지중에 근입된 말뚝의 인발저항력을 예측하기 위한 해석을 실시하면 다음과 같다. 이 해석에서는 지반의 미소변형거동을 가정한다.

수평요소 A의 파괴면에서 발휘되는 전단저항력 ΔT는 식 (9.16)과 같다.

$$\Delta T = (c + \sigma_N \tan\phi)\Delta L \tag{9.16}$$

여기서, c와 ϕ는 각각 지반의 점착력과 내부마찰각이다. ΔL은 요소 A의 파괴선이고. ΔN과 $\sigma_N (= \Delta N / \Delta L)$은 각각 파괴면에 작용하는 수직력과 수직응력이다.

ΔN은 그림 9.12(b)에서 보는 바와 같이 수직력 ΔV와 수평력 $\Delta H = k\Delta V$의 파괴면의 수직 방향 성분의 합으로 식 (9.17)과 같이 구해진다.

$$\sigma_N = \frac{\Delta N}{\Delta L} = \frac{\Delta V}{\Delta L}(\cos\theta + k\sin\theta) = \frac{\gamma}{\Delta L}(L - z)(\cos\theta + k\sin\theta) \tag{9.17}$$

여기서, k는 식 (9.15)로 구해진다.

식 (9.18)은 (9.17)에 식 (9.16)을 대입하여 구한다.

$$\Delta T = [c + \gamma k_m (L - z)]\frac{\Delta z}{\sin\theta} \tag{9.18}$$

여기서, $k_m = (\cos\theta + k\sin\theta)\tan\phi$

　　　　$\gamma =$ 지반의 단위중량

L = 말뚝의 근입길이

요소 A에 작용하는 힘의 평형조건으로부터 식 (9.19)를 구한다.

$$(p + \Delta P) - P + q\pi x^2 - (q + \Delta q)\pi (x + \Delta x)^2 - \Delta w - 2\pi\left(x + \frac{\Delta x}{2}\right)\Delta t \sin\theta = 0 \quad (9.19)$$

2차항 이상은 0에 근접하므로 무시하면 식 (9.19)는 (9.20)으로 된다.

$$\partial P - 2\pi q\partial x - \pi x^2 \partial q - \partial w - 2\pi\left(x + \frac{\partial x}{2}\right)\Delta T \sin\theta = 0 \quad (9.20)$$

식 (9.19)의 ΔT에 식 (9.18)을 대입하면 이 미분방정식은 식 (9.21)과 같이 쓸 수 있다.

$$\frac{\partial P}{\partial z} = 2x\pi q\frac{\partial x}{\partial z} + \pi x^2 \frac{\partial q}{\partial z} + \frac{\partial w}{\partial z} + 2\pi\gamma x K_m (L - z) + 2\pi x q \quad (9.21)$$

기하학적 조건으로부터 식 (9.22)~(9.24)의 관계를 얻을 수 있다.

상재압: $q = \gamma(L - z)$ 혹은 $\dfrac{\partial q}{\partial z} = -\gamma$ $\qquad\qquad\qquad\qquad\qquad\qquad$ (9.22)

요소 A의 중량: $w = \left(x - \dfrac{d}{2}\right)^2 \pi\gamma z$ 혹은 $\dfrac{\partial w}{\partial z} = \left\{x - \dfrac{d}{2}\right\}^2 \pi\gamma$ $\qquad\quad$ (9.23)

요소 A의 폭: $x = z\cot\theta + \dfrac{d}{2}$ 혹은 $\dfrac{\partial x}{\partial z} = \cot\theta$ $\qquad\qquad\qquad\quad$ (9.24)

식 (9.22)~(9.24)를 식 (9.21)에 대입하면 식 (9.25)가 구해진다.

$$\frac{\partial P}{\partial z} = 2x\pi\gamma(L - z)\left(z\cot\theta + \frac{d}{2}\right)\cot\theta - \pi\gamma\left(z\cot\theta + \frac{d}{2}\right)^2 + \pi\gamma\left(x - \frac{d}{2}\right)^2 \quad (9.25)$$

$$+ 2\pi\gamma x K_m (L - z) + 2\pi c\left(z\cot\theta + \frac{d}{2}\right)$$

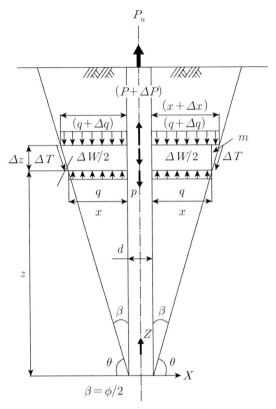

(a) 수평요소 A에 작용하는 힘

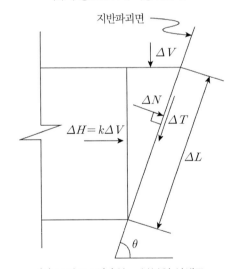

(b) 그림 9.12(a)의 m 부분의 상세도

그림 9.12 지반파괴면에서 발휘되는 인발저항력의 해석

식 (9.25)를 말뚝길이에 걸쳐 적분하면 지반파괴면에서 발휘되는 전단저항력에 의한 인발저항력 P_{SR}은 식 (9.26)과 같이 구해진다. 식 (9.26)은 말뚝의 자중을 포함하지 않은 인발저항력이다.

$$P_{SR} = 2\pi\gamma(K_m + \cot\theta q)\left(\frac{L^3}{6}\cot\theta + \frac{dL^2}{4}\right) - \gamma\pi\left[\frac{dL^2}{2}\cot\theta + \frac{d^2L}{4}\right]$$
$$+ \pi c(L^2\cot\theta + dL) \tag{9.26}$$

9.4.3 한계근입깊이 하부말뚝의 인발저항력

그림 9.8에 의거하여 한계근입깊이하부 말뚝의 인발저항력은 말뚝의 주면마찰저항력으로 산정할 수 있다. 이 주면마찰저항력은 인발계수(uplift coefficient)에 따라 변하는 단위주면마찰력에 의존한다. 주면마찰저항력은 Meyerhof(1973) 및 Das(1983)와 같은 여러 사람들에 의해 연구되었다.

즉, Meyerhof는 인발계수 K_u는 지반의 내부마찰각에 의존하며 0.6에서 4까지의 값을 가지며 그림 9.1과 9.2와 같이 제시하였다. 이 값은 앵커의 모형시험으로부터 구해 제시된 값이다.

한편 Das(1983)는 한계근입깊이가 지반의 상대밀도와 관련 있다 하여 식 (9.10)과 같이 제시하였다.

이 접근법에 의거한 한계근입깊이 하부 말뚝의 주면저항력은 식 (9.27)과 같다.

$$P_{SR} = \pi d(L - L_{cr})(c + \gamma L_{cr}k_u\tan\delta) \tag{9.27}$$

9.4.4 전체 인발저항력

짧은 말뚝의 경우 전체 인발저항력 P_u는 식 (9.26)으로부터 식 (9.28)과 같이 정리된다.

$$P_u = 2\pi\gamma(K_m + \cot\theta)\left(\frac{L^3}{6}\cot\theta + \frac{dL^2}{4}\right) - \gamma\pi\left[\frac{dL^2}{2}\cot\theta + \frac{d^2L}{4}\right]$$
$$+ \pi c(L^2\cot\theta + dL) + W_P \tag{9.28}$$

여기서, W_P는 말뚝의 자중이다.

한편 긴 말뚝의 경우는 그림 9.11(b)에 도시된 바와 같이 전체 인발저항력은 한계근입깊이 상하로 발휘되는 인발저항력을 함께 고려해야 하므로 식 (9.26)과 (9.27)을 함께 고려하여 식 (9.29)와 같이 정리된다.

$$P_u = 2\pi\gamma(K_m + \cot\theta)\left(\frac{L_{cr}^3}{6}\cot\theta + \frac{dL_{cr}^2}{4}\right) - \gamma\pi\left[\frac{dL_{cr}^2}{2}\cot\theta + \frac{d^2L_{cr}}{4}\right]$$
$$+ \pi(L_{cr}^2\cot\theta + dL_{cr}) + \pi d(L - L_{cr})(c + \gamma L_{cr}k_u\tan\delta) + W_p \tag{9.29}$$

식 (9.28)과 (9.29)로부터 말뚝의 인발저항력은 지반과 말뚝의 여러 특성과 관련이 있음을 알 수 있다. 즉, 말뚝의 인발저항력은 산정하기 위한 이론식에는 말뚝근입길이(L), 한계근입 길이(L_{cr}), 직경(d), 말뚝의 표면조도(δ), 지반의 내부마찰각(ϕ)과 점착력(c)와 같은 독립변수 를 포함하고 있다. 현재의 해석접근법에서는 지중의 근입말뚝의 인발저항력을 산정하는 데 이들 변수의 영향을 효과적으로 평가할 수 있다.

9.5 이론의 적용성

말뚝의 인발저항력 산정이론해석의 적용성을 검토하기 위해 먼저 Hong & Chim(2015)이 실시한 모형실험 결과와 이론예측치를 검토해보았다. 또한 Das(1983), Shanker et al.(2007) 및 Dash & Pise(2003)가 실시한 모든 모형실험 결과와도 비교해본다. 뿐만 아니라 현장에서의 측 정값과 비교함으로써 본 이론해석법의 현장적용성도 검토해본다.

9.5.1 이론예측치와 모형실험의 비교

그림 9.13은 Hong & Chim(2015)이 실시한 모형실험 결과와 이론예측치를 비교한 결과이 다.[13] 말뚝의 근입깊이비가 4에서 15인 모형말뚝을 세 가지 상대밀도(D_r =40%, 60% 및 80%) 의 지반에 설치하고 모형실험을 실시하였다.[6]

그림 9.13의 수평축은 실험으로 측정한 인발저항력이고 연직축은 식 (9.26) 및 (9.27)로 예

측한 말뚝의 인발저항력을 나타내고 있다. 그림 9.13에 도시한 짧은 말뚝과 긴 말뚝은 Das (1983)가 제시한 식 (9.10a) 및 (9.10b)로 평가하였다.[9] 그림 9.13의 대각선은 예측치와 모형실험 결과가 정확히 일치함을 의미한다.

그림 9.13에서 보는 바와 같이 $100N$ 이하의 낮은 인발저항력의 경우 모든 데이터는 대각선에 근접해 있다. 이는 짧은 말뚝뿐만 아니라 긴 말뚝의 경우도 말뚝의 인발저항력의 이론예측치는 모형실험 평균 측정치와 잘 일치함을 나타내고 있다. 따라서 제안된 이론해석법은 낮은 인발저항력 영역에서는 이론예측치와 모형실험 결과가 잘 일치하고 있음을 알 수 있다.

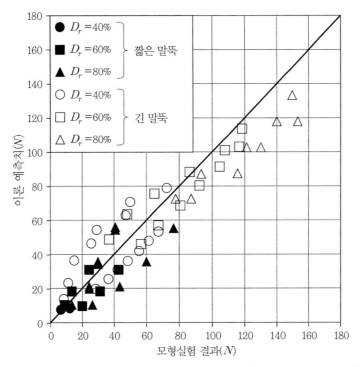

그림 9.13 인발저항력의 이론예측치와 모형실험치의 비교(Hong & Chim, 2015)[13]

그러나 높은 인발저항력 영역($100N$ 이상)에서의 이론해석치는 그림 9.13에서 보는 바와 같이 모형실험치를 약간 과소평가하고 있음을 알 수 있다. 느슨한 모래지반에 근입된 말뚝에서는 인발저항력이 $100N$보다 작은 반면에 중간 및 높은 밀도에서는 높은 인발저항력이 나타난다. 따라서 중간 및 높은 밀도의 모래지반에서는 인발저항력의 이론예측치는 모형실험측정치를 약간 과소평가함을 알 수 있다. 중간 밀도의 모래지반에서는 말뚝의 인발저항력의 이론예측치는 모형실험치와 10% 정도의 오차가 있으며 조밀한 밀도 모래지반의 경우는 20% 정도의 오차가 있다.

9.5.2 이전 실험 결과에의 이론 적용성

그림 9.14는 Dash & Pise(2003),[11] Shanker et al.(2007)[24] 및 Das(1983)[8]가 실시한 모형실험치와 앞 절에서 유도한 이론예측치를 비교한 그림이다. 이들 모형실험에서는 여러 상대밀도에서 모형실험이 실시되었다.

그림 9.14에 의하면 $100N$ 이하의 인발저항력 영역에서는 이론예측치가 Dash & Pise(2003), Shanker et al.(2007) 및 Das(1983)의 모형실험 결과와 적은 오차범위로 그림의 대각선에 도시되어 있음을 알 수 있다. 따라서 낮은 인발저항력 영역에서는 인발저항력의 이론 예측치가 모형실험 결과와 잘 일치하고 있음을 알 수 있다.

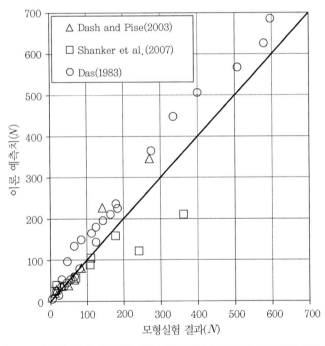

그림 9.14 말뚝의 인발저항력에 대한 이전 모혈실험 결과와 이론 예측치의 비교

그러나 $100N$과 $400N$ 사이의 인발저항력 영역에서는 Das(1983)와 Dash & Pise(2003)의 실험치가 대각선보다 상부에 도시되어 있음을 알 수 있다. 이는 이론예측치가 모형실험치를 과

다산정하고 있음을 의미한다. 반대로 Shanker et al.(2007)의 모형실험치는 대각선 아래에 도시되어 있음을 알 수 있으므로 이론예측치가 모형실험치를 과소 산정하고 있음을 알 수 있다.

한편 $400N$ 이상의 인발저항력 영역에서는 Das(1983)의 모형실험치만이 사용 가능한데, 대각선과 15%의 평균오차 내로 대각선에 근접해 있다. 따라서 높은 인발저항력 영역에서는 이론해석이 모형실험치를 과대평가하고 있음을 알 수 있다.

종합적으론 Dash & Pise(2003), Shanker et al.(2007) 및 Das(1983)의 이전 연구는 낮은 인발저항력 영역에서는 이론예측치와 모형실험치가 잘 일치한다고 할 수 있다. 그러나 이론예측치는 Das(1983)의 모형실험 결과를 과대평가하며 Shanker et al.(2007)의 모형실험 결과를 과소평가한다고 할 수 있다. 그림 9.13 및 9.14에 의거하여 제안된 이론해석법은 근입말뚝의 인발저항력을 실용적으로 잘 예측하고 있다고 할 수 있다.

9.5.3 이론예측치와 현장실험 결과의 비교

제안된 이론해석법의 신뢰성을 확보하기 위해 Krabbenhoft et al.(2008)은 현장에서 실물 말뚝에 20번의 현장인발실험을 실시하였다.[16]

현장실험은 두 위치에서 실시하였는데, 첫 번째 실험은 덴마크 Oksbol 지역의 자갈지대에서 실시하였으며 두 번째 실험은 덴마크의 Esbjerg 지역의 Aalborg 대학 캠퍼스에서 실시하였다. Oksbol 지역은 덴마크의 서쪽 해안지역에 있는 Esbjerg 지역의 서쪽 30km 지점에 위치해 있다.

Oksbol 지역에서는 직경 14cm의 말뚝 10개를 설치하였다. 말뚝의 길이는 2m에서 6m 사이였으며 Esbjerg 대학에서는 직경 14cm 말뚝 10개를 설치하였다.

그림 9.15는 Krabbenhoft et al.(2008)의 말뚝의 인발저항력의 모형실험 결과[16]와 이론예측치를 비교한 그림이다. 이론예측치는 식 (9.28)과 (9.29)를 적용하여 산정된 인발저항력이다. 이 식에 적용한 지반의 단위중량은 평균 단위중량값이다. 내부마찰각도 말뚝의 직경의 8배 깊이층 내부의 평균내부마찰각을 선택하였다. 지반과 말뚝의 사이 경계면에서의 마찰각은 느슨한 모래지반(oksbol)의 내부마찰각과 동일하게 하였고 조밀한 모래지반의 내부마찰각의 0.5배로 하였다.

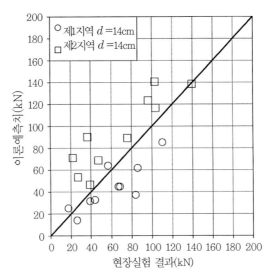

그림 9.15 Krabbenhoft et al.(2008)의 말뚝의 인발저항력 현장실험 결과

그림 9.15에서 수평축은 인발저항력의 현장실험치이고 연직축은 이론 예측치를 나타내고 있다. 모든 자료는 이 그림에서 보는 바와 같이 대각선의 상하부에 평균 ±20%의 오차 범위 내에 도시되어 있음을 알 수 있다.

| 참고문헌 |

(1) 홍원표·홍성원·이충민(2010), '모래지반 속 마이크로파일의 인발저항력에 관한 모형실험', 중앙대학교방재연구소논문집, 제2권, pp.11-26.

(2) Awad, A. and Ayoub, A.(1976), "Ultimate uplift capacity of vertical and inclined pile in cohesionless soil", *Proceeding of the 5th conference on soil mechanic and foundation engineering*, Budapest, Hungary, Vol.1, pp.221-227.

(3) Bowles, J.E.(1977), *Foundation Analysis and Design*, McGraw-Hill book Company, 2nd Edition, pp.530-591.

(4) Chaudhuri, K.P.R. and Symons, M.V.(1983), "Uplift of model single piles", *Proceeding of the conference on geotechnical practice in offshore engineering*, ASCE, Austin, Tex., pp.335-355.

(5) Chattopadhyay, B.C. and Pise, P.J.(1986), "Uplift capacity of piles in sand", *Journal of Geotechnical Engineering*, Vol.112, No.9, pp.888-904.

(6) Chim, N.(2013), Prediction of uplift capacity of a micropile embedded in soil, Master Thesis, Chung Ang University, Seoul, South Korea.

(7) Choi Y. S.(2010), A study on pullout behavior of belled tension piles embedded in cohesiveless soils, Master Thesis, Chung Ang University, South Korea.

(8) Das, B.M.(1983). "A procedure for estimation of uplift capacity of rough piles" *Soils and Foundation*, Vol.23, No.3, pp.122-126.

(9) Das, B.M. and Seely, G.R.(1975), "Uplift capacity of buried model piles in sand", *J. Geotech. Engrg.*, ASCE, Vol.101, No.101, pp.888-904.

(10) Das, B.M., Seely, G.R. and Pfeifle T.W.(1977), "Pullout resistance of rough rigid piles in granular soil", *Soils and Foundation*, Vol.17, No.1-4, pp.72-77.

(11) Dash, B.K. and Pise P.J.(2003), "Effect of compressive load on uplift capacity of model pile", *J. Geotech Geoenv Eng*, ASCE, Vol.129, No.11, pp.987-992.

(12) Downs, D.I. and Chieurzzi, R.(1966), "Transmission Tower Foundations", *J. Power Div.*, ASCE, 92(2), Apr., pp.91-114.

(13) Hong, W.P. and Chim, N.(2015), "Prediction of uplift capacity of a micropile embadedded in soil", KSCE, Jour of Civil Engineering, Vol.19, No.1, pp.116-126.

(14) Ireland, H.O.(1957), "Pulling tests on piles in sand", *Proceeding of the 4th international conference on soil mechanic*, London, England, 2, 43-45.

(15) Ismael, N.F. and Klym, T.W.(1979), "Uplift and bearing capacity of the short pier in sand", *J. Geotech. Engrg.*, ASCE, 105(5), May, 579-593.

(16) Krabbenhoft, S., Anderson, A. and Damkilde, I.(2008), "The Tensile capacity of bored piles in frictional soils", Can. Geotech. J., Vol.45, pp.1715-1722.

(17) Levacher, D.R. and Sieffert, J. G.(1984), "Test on model tension piles", *J. Geotech. Engrg.*, ASCE, 110(12), Dec., pp.1735-1748.

(18) Matsuo, M.(1968), "Study of uplift resistance of footing", *Soils and Foundations*, Vol.7, No.4, pp.18-48.

(19) Meyerhof, G.G.(1973), "Uplift resistance of inclined anchors and piles", *Proc. 8th International Conference on Soil Mech. and Found.*, Vol.2, pp.167-172.

(20) Meyerhof, G.G. and Adams, J.I.(1968), "The Ultimate uplift capacity of foundation", *Can. Geotech. J.*, Vol.5, No.4.

(21) Misra, A. and Chen, C.(2004), "Analytical solution for micropile design under tension and compression", *Geotechnical and Geological Engineering*, Vol.22, pp.199-225; 225-244.

(22) NAVFAC DM 7.2(1984), *Design manual soil mechanics, foundations and earth structures*, U.S. Naval Publication and Forms Center, Philadelphia.

(23) Poulos, H.G. and Davis, E.H.(1980), *Pile Foundation Analysis and Design*, 1st ed., John Wiley and Sons, New York, N.Y.

(24) Shanker, K., Basudhar, P.K. and Patra, N.R.(2007), "Uplift capacity of single pile: predictions and performance", *Geotech Geo Eng*, Vol.25, pp.151-161.

(25) Sowa, V.A.(1970), "Pulling capacity of concrete cast in-situ bored piles", *Can. Geotech. J.*, Vol.7, pp.482-493.

(26) Vesic, A.S.(1970), "Test on instrumented pile Ogeechee river side", *J. S. Mech. Fdtn. Div.*, ASCE, 96(2), Mar., pp.561-584.

(27) Wayne A.C., Mohamed A.O. and Elfatih M.A.(1983), "Construction on expansive soils in sudan", ASCE, Vol.110, No.3, pp.359-374.

높은 지하수위 속에 설치된
지중연속벽 주변의 지반아칭

높은 지하수위 속에 설치된
지중연속벽 주변의 지반아칭

지하수위가 높은 지역에 설치된 지중연속벽 주변지반 속에 발생되는 지중파괴면의 형상을 조사하기 위해 일련의 모형실험을 실시하였다.[1] 모형실험에서 벽체가 인발될 때 발생하는 벽체 주변지반의 변형거동을 사진으로 촬영하여 관찰하였고, 이 지반변형 결과를 분석하여 지중연속벽 주변지반에 발생되는 지중파괴면의 형상을 파악할 수 있었다. 이렇게 파악된 지중파괴면의 형상에 근거하여 지중연속벽의 인발저항력을 산정할 수 있는 이론해석을 실시하였다. 이 이론해석에는 벽체와 지반에 관한 중요 특성이 잘 반영되어 있다. 즉, 벽체의 특성으로는 벽체의 길이, 두께 및 벽면조도가 포함되어 있으며 지반의 특성에 관하여는 흙의 내부마찰각 및 점착력과 같은 전단강도정수가 포함되어 있다.

제10장의 지중연속벽에 대한 모형실험과 이론해석은 제9장에서 설명한 인발말뚝에 대한 모형실험 및 이론해석과 유사하다.

10.1 서 론

지하수위가 높은 해안지역에서 건물을 지하수위보다 아래 위치에 설치할 경우 이 건물은 높은 지하수위에 의한 부력을 받게 된다(그림 10.1(a) 참조).[14] 또한 지하도나 지하차도와 같은 지하구조물을 수중에 설치하기도 한다(그림 10.1(b) 참조). 이 경우에도 이들 지하구조물은 부력을 받게 된다. 결국 이들 구조물은 부력에 의해 막대한 인발력을 받게 된다.

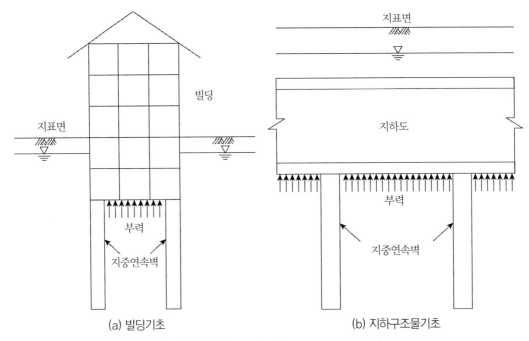

(a) 빌딩기초   (b) 지하구조물기초

그림 10.1 높은 지하수위 속에 설치된 지중연속벽

통상적으로 지하구조물에 작용하는 인발력에 저항하기 위해 앵커나 말뚝을 구조물 하부에 많이 사용하고 있다(Balla, 1961[2]; Joseph, 1982[9]; Chatophyay & Pise, 1986[3]; Choi, 2010[4]). 그러나 앵커를 사용할 경우에는 앵커의 이완을 정기적으로 관리하여야 하며 말뚝을 사용하는 경우에는 인발력에 충분히 저항할 수 있게 하려면 많은 수의 말뚝을 길게 설치해야 하는 단점이 있다(Meyerhof, 1973[11]; Das, 1983[5]).

이러한 점을 개선하기 위해 말뚝이나 앵커 대신 지중연속벽을 인발력에 저항할 수 있게 적용할 수 있을 것이다. 즉, 지중연속벽은 동일한 근입깊이와 표면조도의 조건하에서 말뚝보다 측면적이 크므로 큰 인발저항력을 가질 수 있는 특징이 있다. 따라서 말뚝이나 앵커 대신 지중연속벽을 설치하면 근입깊이를 상당히 줄일 수 있을 것이다.

지중연속벽을 인발력에 저항하는 구조물로 활용하려면 지중연속벽의 인발저항력을 정확히 예측할 수 있어야 한다. 지중연속벽의 인발저항력을 예측하려면 지중연속벽 주변지반 속에 발생하는 지중파괴면을 정확히 파악할 수 있어야 한다. 그러나 지중연속벽 인발 시의 지중파괴면의 형상이나 인발저항력은 아직까지 밝혀진 바가 없다.

따라서 제10장에서는 지중에 설치된 지중연속벽 주변지반 속의 지중파괴면 형상과 지중연속벽의 인발저항력을 조사하기 위해서 일련의 모형실험을 실시한다. 먼저 지중파괴면 형상을 조사하기 위해 지중에 모형벽체를 투명토조 속에 매설하고 그 벽체를 인발하는 모형실험을 실시한다. 그런 후 모형실험에서 파악한 지중파괴면의 형상에 근거하여 인발저항력을 산정할 수 있는 이론해석을 실시한다. 이렇게 제시된 이론해석의 신뢰성을 검증하기 위해 제시된 해석 모델에 의해 예측된 지중연속벽의 인발저항력을 모형실험에서 측정한 모형실험치와 비교한다.

10.2 기존 연구

지중연속벽의 인발저항력을 규명하기 위해서는 지중연속벽 주변지반에서의 파괴발생기구를 정확히 파악해야 한다. 지금까지 인발력을 받는 지중연속벽의 파괴발생기구에 관한 연구는 거의 수행되지 않았다. 그러나 지중연속벽 주변지반에서의 파괴발생기구는 말뚝이나 후팅의 인발 시와 유사할 것이다. 따라서 이들 분야에 대한 연구 결과는 지중연속벽 주변지반에서의 파괴발생기구를 규명하는 데 응용될 수 있을 것이다.

인발력을 받고 있는 지중연속벽의 파괴발생기구에 관한 연구는 크게 두 그룹으로 구분할 수 있다. 하나는 파괴가 지중연속벽과 지반 사이의 경계면, 즉 지중연속벽면에서만 발생하는 경우이고 또 하나는 지중연속벽 주변지반 속에서 파괴가 발생하는 경우이다. 첫 번째 경우는 지중연속벽의 인발에 대한 저항력이 지중연속벽면에서의 벽면마찰력에 의해서만 발휘되고 두 번째 경우는 지중연속벽 주변지반 속의 전단파괴면에서도 발휘된다. 즉, 이 개념은 말뚝이나 후팅의 인발저항력이 말뚝이나 후팅주변지반 속의 파괴면을 따라 발휘될 수 있다는 개념에 의거 생각할 수 있다(Matsuo, 1968[10]; Shanker et al., 2007[13]).

인발력을 받는 말뚝의 연구 결과를 대상으로 진행된 기존연구를 고찰해보면 다음과 같다. 먼저 말뚝의 주면마찰력이 인발저항력의 주된 요소가 된다는 개념으로는 Meyerhof(1973)[11]와 Das(1983)[5]의 연구를 들 수 있다. 즉, Meyerhof(1973)[11]는 말뚝이 설치된 지반을 대상으로 지반의 내부마찰각에 의해 결정되는 인발계수를 제시하였다. 이때 주면마찰력은 깊이에 따라 선형적으로 증가·발휘된다고 하였다. 그러나 Das(1983)[5]는 주면마찰력이 선형적으로 증가되는 한계깊이가 존재하며, 그 한계깊이 이하에서는 마찰력이 항상 일정하게 발휘된다고 하였다. 또한 Das et al.(1977)[6]는 지반밀도와 말뚝표면의 조도에 따라 지반과 말뚝 사이의 마찰각을 흙의 내부마찰각의 0.4~1.0배 사이로 정할 수 있다고 하였다.

한편 말뚝 주변지반 속의 전단파괴면에서 발달하는 전단저항력에 의해서 말뚝의 인발저항력이 발휘된다고 하는 연구로는 Chatophyay & Pise(1986)[3]의 연구와 Shanker et al.(2007)[13]의 연구를 들 수 있다.[12] 먼저 Chatophyay & Pise(1986)[3]는 말뚝 주변지반에 발달하는 지중파괴면을 곡선으로 가정하여 말뚝의 인발저항력을 구하였다. 그러나 Shanker et al.(2007)은 이 지중파괴면이 말뚝 선단으로부터 말뚝 주변지반 속에 깔때기 모양으로 발생한다고 가정하였고 이 지중파괴면은 연직축과 지반의 내부마찰각의 25%, 즉 $\phi/4$의 각도를 이룬다고 가정하였다.[13] 그러나 Hong & Chim(2014)은 최근 연구[8]에서 이 지중파괴면의 각도를 $\phi/4$보다 큰 지반의 내부마찰각의 반, 즉 $\phi/2$로 정하여 구한 말뚝인발저항력의 이론예측치가 모형실험치와 잘 일치함을 보여주었다.

10.3 모형실험

10.3.1 모형실험장치

그림 10.2는 모형실험장치의 개략도이다. 모형실험장치는 토조, 모형벽체, 인발장치, 기록장치의 네 부분으로 구성되어 있다. 벽체인발 시 벽체 주변지반에서 발생하는 파괴면 형상을 관찰할 수 있게 토조는 투명아크릴판으로 제작되어 있다.

토조의 크기는 길이 83cm, 폭 30cm, 높이 87cm로 하였다. 모래시료를 넣은 상태에서 충분한 강성을 가질 수 있게 2cm 두께 아크릴판으로 제작하였으며 강성을 더욱 보강하기 위해 토조 외부를 강재틀로 보강하였다.

그리고 모래시료를 채우기 전에 모형실험장치를 용이하게 이동시키기 위해 강재틀 아래 바닥에 네 개의 바퀴를 부착하였다.

모형벽체는 높이 76cm, 폭 26cm, 두께 2cm의 크기로 제작하였으며 벽체표면의 마찰을 현장상태에서의 마찰과 유사한 상태로 마련하기 위해 아크릴 벽체의 양면에 접착제를 바르고 모래 입자를 부착시켜 조성하였다. 실험 중 이 벽면에 부착시킨 모래 입자의 일부가 떨어져나가므로 매 실험 전에 모래 입자를 재부착시켜 항상 동일한 마찰조건에서 실험을 실시하였다.

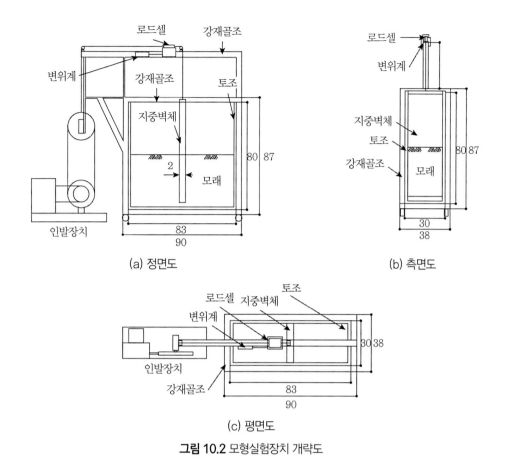

그림 10.2 모형실험장치 개략도

이 벽체의 상단에 두 개의 고리를 만들어 벽체 인발용 강선을 연결할 수 있게 하였다. 강선은 과도한 변위가 발생하지 않도록 충분한 강성을 지니도록 하였으며 그림 10.2(a)에 도시되어 있는 바와 같이 강제틀 상부에 설치한 도르래를 통하여 인발장치에 연결하였다. 벽체에 연결된 강선을 모터에 연결하여 지중벽체를 0.5mm/min의 속도로 인발할 수 있도록 하였다. 이 인발속도 0.5mm/min은 모래에 대한 직접전단시험에 통상 적용되는 전단속도 중 최저속도에 해당하는 속도로 지중벽체의 인발실험을 완속으로 실시하였다.

기록장치는 하중계, 변위계, 데이터로거 및 컴퓨터로 구성하였으며 하중계는 $490N$의 최대용량을 가지며 변위계는 10cm까지의 변위를 측정할 수 있게 하였다.[1,7] 하중계와 변위계는 데이터로거에 연결되어 있으며, 입력된 정보가 자동으로 컴퓨터에 저장되도록 하였다. 컴퓨터로 정리된 인발력과 인발변위 사이의 관계를 보면서 지반 내 파괴면의 형상을 사진 촬영하였다.

10.3.2 모래시료

북한강에서 채취한 모래 중 세립분을 제거하여 모형지반을 조성하였다. 깨끗하고 균등한 조립모래를 사용하기 위해 물로 씻으면서 #16번(1.19mm)체로 걸러 세립분을 완전히 제거한 후 오븐에서 24시간 건조시켰다.[7]

실험에 사용한 모래의 물성으로 표 10.1에서 보는 바와 같이 유효입경은 1.1mm, 균등계수는 2.32, 곡률계수는 0.91, 비중은 2.66, 최대·최소 건조단위중량은 각각 15.30kN/m³와 13.14kN/m³ 이며 최대·최소 간극비는 각각 1.01과 0.71이다.

표 10.1 사용모래의 특성

유효입경(mm)	1.1
균등계수	2.32
곡률계수	0.91
비중	2.66
최대건조단위중량(kN/m³)	15.30
최소건조단위중량(kN/m³)	13.14

세 종류의 밀도를 가지는 모형지반을 조성하기 위해 느슨한 밀도 지반으로는 상대밀도를 40%로 하였고 중간 밀도 지반으로는 상대밀도를 60%로 하였으며 조밀한 밀도 지반으로는 상대밀도를 80%로 하였다(표 10.2 참조).

모형지반을 조성하기 위해 10×5mm 크기의 개구부를 가지는 깔때기에 모래시료를 넣고 정해진 높이에서 자유낙하시켰다. 이때 낙하높이와 상대밀도의 상관관계를 예비실험을 통하여 파악한 결과 상대밀도 40%의 경우는 15cm 높이로, 상대밀도 60%의 경우는 33cm 높이로, 상대밀도 80%의 경우는 76cm 높이로 결정할 수 있었다.

표 10.2 모형지반과 모형 지중연속벽의 특성

상대밀도 D_r(%)	내부마찰각 ϕ(°)	건조단위중량 γ_d(kN/m³)	지중벽체
40	40.68	13.83	근입깊이: 30cm
60	41.25	14.32	근입비(L/t): 15
80	45.26	14.71	벽체두께: 2cm

사용된 느슨한 밀도 지반에서의 내부마찰각은 40.68°(0.71rad)이고 건조단위중량은 13.83kN/m³이었다. 중간 밀도 지반과 조밀한 밀도 지반에서의 내부마찰각은 각각 41.25°(0.72rad)와 45.26°(0.79rad)이었으며 건조단위중량은 각각 14.32kN/m³와 14.71kN/m³이었다.

10.3.3 실험계획

먼저 토조벽면을 깨끗하게 닦아 투명하게 보이도록 하였다. 그런 후 모형실험 중 토조 내부 벽면에서 발생될 수 있는 벽면마찰의 영향을 제거하기 위해 토조 내부 벽면에 오일을 바르고 비닐랩을 부착시켰다.

토조의 중앙 위치에 모형벽체를 강선에 매달아 설치하였고 벽체의 근입깊이에 해당하는 높이에 도달할 때까지 모래를 정해진 높이에서 자유낙하시켰다. 이때 매 3cm 높이의 모래 채움이 끝날 때마다 3mm 폭의 수평 흑색모래띠를 조성하였다. 흑색모래는 사용모래시료에 탄소를 착색시켜 만들었다. 마지막으로 일정한 속도로 연속벽을 인발하면서 인발력과 인발변위를 측정하였다. 시험 중 컴퓨터로 인발변위와 인발력의 관계를 조사하면서 벽체주변지반의 변형 형상을 카메라로 촬영하였다.

이 실험에서는 세 종류의 지반밀도(상대밀도 40%, 60%, 80%)에 대하여 세 번씩 모두 9번의 모형실험을 실시하였다. 모형벽체의 근입깊이는 표 10.2에서 보는 바와 같이 30cm로 하여 근입비(L/t: 벽체의 두께 t와 근잎깊이 L의 비)가 15인 경우로 하였다.

10.4 모형벽체 주변지반의 변형

10.4.1 지반변형의 관찰

그림 10.3은 모형벽체의 인발실험 중 벽체 주변지반 속에 발생한 지반변형 상태를 보여주고 있다. 지반변형거동은 지반조성 시 마련된 흑색모래띠의 이동 상태를 관찰하여 조사하였다. 이러한 지반변형 관찰로 벽체인발 시 지반에 발생되는 소성변형의 영역을 파악할 수 있었다. 이는 결국 벽체인발 시 지중에 발달하는 지중파괴면 형상을 정하는 데 도움이 되었다.

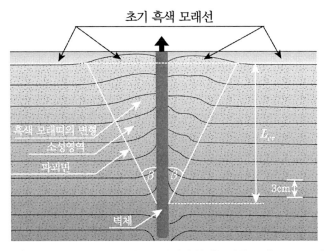

그림 10.3 지중연속벽 주변지반의 파괴면 형상(조밀한 모래 D_r =80%)

지표면에서 흑색모래띠의 원래 위치는 그림 10.3에 흰색 파선으로 표시하였다. 벽체의 인발로 인하여 벽체에 인접한 위치에서 흑색모래띠는 원래 위치보다 위쪽으로 이동하였으며 벽체에서 떨어진 구역의 나머지 부분에서는 흑색모래띠의 변화가 없었다. 이들 각각 흑색모래띠 위치에서 변형이 발생한 지점은 각각 다르게 나타났다. 즉, 흑색모래띠의 변화지점은 지표면에서 가장 넓게 발생되었고 지중으로 깊이 들어갈수록 점차 벽체에 가까워져 역삼각형의 형상으로 나타났다.

결국 지표면에서부터 어느 근입깊이에 도달할 때까지 점점 지반변형이 발생하는 영역이 좁아지고 있음을 알 수 있다. 이 근입깊이를 한계근입깊이 L_{cr} 이라 정할 수 있고 지중파괴면은 이들 흑색모래띠의 변곡점을 연결하여 정할 수 있다. 이 지중파괴면은 지반의 소성상태와 탄성상태를 구분 짓는 면이 된다. 즉, 이 지중파괴면과 벽면 사이의 지반에서는 지반변형량이 크게 관찰된 소성상태에 있게 되고 이 파괴면 외측 지반에서는 지반변형이 발생하지 않는 탄성상태에 있게 된다.

소성영역을 나타내는 한계근입깊이 L_{cr} 은 그림 10.3에서 보는 바와 같이 24cm로 나타나서 한계근입비 L_{cr}/t는 12가 됨을 알 수 있다. 이 근입깊이는 상대밀도가 다른 두 모형지반에서도 동일하게 나타났다. 결국 벽체주변지반에서 발생하는 지중파괴면의 형상은 한계근입비가 12에 해당하는 근입깊이에서 시작하여 연직축과 β의 각도를 가지는 역삼각형의 형태가 된다고 할 수 있을 것이다.

10.4.2 지중파괴면의 각도

지중파괴면의 각도 β는 그림 10.3의 사진에서 측정할 수 있었다. 단, 각도 β는 벽체의 좌우 두 쪽에서 모두 측정할 수 있었다. 그림 10.4는 전체 모형실험 결과에서 측정한 모든 지중파괴면의 각도 β값을 모래의 내부마찰각 ϕ와 연계하여 도시한 그림이다.

그림 10.4에 의하면 β는 상대밀도가 증가할수록 크게 측정되었다. 모든 측정값은 그림 10.4 속에 표시한 $\beta = \phi/1.5$선과 $\beta = \phi/2.5$선 사이에 존재하였다. 따라서 이들 두 선 사이의 평균선 $\beta = \phi/2$는 지중파괴면의 각도 β와 지반의 내부마찰각 ϕ 사이의 평균 상관관계식으로 정할 수 있을 것이다.

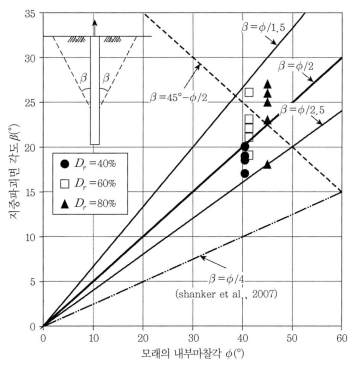

그림 10.4 파괴면과 지반의 내부마찰각 사이의 관계

10.4.3 파괴면의 기하학적 형상

그림 10.5(a)는 모형실험에서 관찰된 지반변형에 의거하여 파악된 지중연속벽 주변지반에 발생되는 지중파괴면의 가하학적 형상을 도시한 그림이다. 이 그림에 도시된 바와 같이 지중

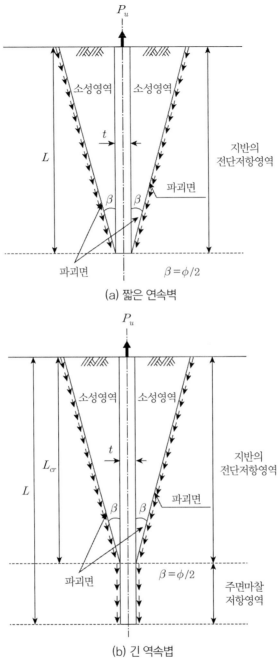

(a) 짧은 연속벽

(b) 긴 역속법

그림 10.5 지중연속벽 주변지반의 파괴면 형상

연속벽 주변지반 속에 발생된 역삼각형 프리즘 형상 내부의 지반을 지중연속벽 주변지반의
소성영역으로 정의할 수 있다. 이 지중파괴면은 벽체선단에서 연직축과 $\beta(=\phi/2)$의 각도로

발생하고 지표면까지 선형적으로 연속하여 발생하게 된다.

이 역삼각형 지중파괴면상에서는 벽체에 인발력이 작용할 때 인발에 저항하여 인발저항력이 발달하게 된다. 이 인발저항력은 지중파괴면상에 발휘되는 전단강도에 의해 발달하게 될 것이다.

그러나 만약 지중연속벽이 깊은 지층까지 근입되어 있으면 파괴면은 벽체선단에서부터 시작되지 않고 벽체의 어느 제한된 깊이에서부터 시작된다. 이 제한된 근입깊이를 한계근입깊이라 정의한다. 따라서 지중연속벽은 그림 10.5에서 보는 바와 같이 근입깊이에 따라 짧은 연속벽과 긴 연속벽의 두 종류로 구분할 수 있다. 즉, 벽체의 근입깊이가 한계근입비(L_{cr}/t)로 정해지는 한계근입깊이 L_{cr}보다 짧으면 그 벽체는 그림 10.5(a)에서 보는 바와 같이 짧은 연속벽으로 취급할 수 있으며, 길면 그림 10.5(b)에서 보는 바와 같이 긴연속벽으로 취급할 수 있다.

Das(1983)는 모래지반 속 말뚝에 대한 실험에서 말뚝의 한계근입비를 상대밀도의 함수로 제시한 바 있다.[5] 그러나 연속벽에 대한 모형실험에서 측정된 한계근입비는 앞에서 관찰된 바와 같이 상대밀도에 상관없이 일정한 값 12로 나타났다.

짧은 연속벽의 경우는 그림 10.5(a)에서 보는 바와 같이 지반 속에 발생하는 지중파괴면에서의 지반전단강도에 의하여서만 인발저항력이 발휘된다. 한편 긴연속벽의 경우는 그림 10.5(b)에서 보는 바와 같이 한계근입깊이 상부의 지중파괴면상의 전단저항력 성분과 한계근입깊이 하부의 벽면에서의 벽면마찰저항력 성분의 두 성분으로 구성되어 있다. 이 경우 벽체와 지반 사이의 벽면마찰각은 벽체에 작용하는 토압과 더불어 벽면마찰저항력의 중요한 요소가 된다.

10.5 지중연속벽 인발저항력의 이론해석

10.5.1 지중파괴면 작용 토압계수

모형벽체 주변지반의 변형거동을 관찰한 결과 밝혀진 소성영역 내 임의위치에서의 지반의 수평절편요소 A의 변형상태는 그림 10.6과 같이 도시할 수 있다. 즉, 지반요소 A는 초기에는 실선으로 표시되어 있으며 인발력의 영향으로 파선으로 표시된 요소로 변형하게 된다. 즉,

인발력에 의한 전단응력의 작용으로 인하여 지반요소 A는 그림 10.6에서 보는 바와 같이 볼록한 원호모양의 파선요소로 변형하게 된다.

여기서 소성영역 내 세 단면에서의 응력을 고려하여 토압계수를 고찰하여본다. 즉, 벽체와 지반 사이의 경계면인 벽면에서의 단면 I, 벽체가 파괴면의 중간 위치의 가상단면 II, 파괴면에서의 단면 III에 대하여 검토해보기로 한다. 세 단면에 작용하는 수직응력을 σ_{hw}, σ_{hII}, σ_N으로 표시하고 이들 응력은 미소변형 상태에서 모두 수평응력 σ_h와 동일하다고 가정한다.

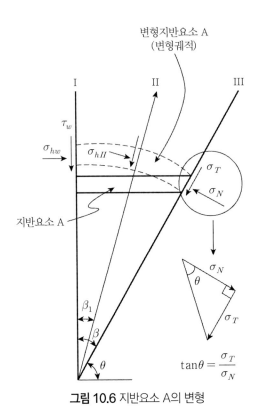

그림 10.6 지반요소 A의 변형

먼저 단면 I에서는 극한인발력이 작용하였을 때 전단응력 τ_w와 수직응력 σ_{hw}가 작용한다. 주동응력상태에서는 수직응력과 전단응력이 $\tau_w = \sigma_{hw} \tan\delta$의 관계가 성립한다. 여기서 δ는 벽면마찰각, $\sigma_{hw} = K_a \sigma_v$, σ_v는 연직응력, K_a는 주동토압계수이다.

다음으로 단면 II에 대해서는 파괴면이 지반토괴 내에 위치하므로 단면 I에서의 벽면마찰각 δ는 흙의 내부마찰각 ϕ로 된다($\delta = \phi$). 따라서 전단응력 τ_{II}는 $\sigma_{hw} \tan\phi$이 된다.

마지막으로 단면 III에서는 파괴면에 접선 방향으로 σ_T 수직 방향으로 σ_N이 작용하며 σ_T 는 $\sigma_N \tan\theta$가 된다. 접선 방향 응력 σ_T는 단면 II에 작용하는 접선 방향 응력 τ_{II}와 같으므로 식 (10.1)과 같이 된다.

$$\sigma_T = \tau_{II} = \sigma_N \tan\phi \tag{10.1}$$

앞에서 σ_N은 σ_h와 같다고 가정하였으므로 식 (10.1)은 (10.2)와 같이 된다.

$$\sigma_N = \sigma_h = \frac{\sigma_T}{\tan\theta} = \frac{\tau_{II}}{\tan\theta} = k_a \frac{\tan\phi}{\tan\theta} \sigma_v \tag{10.2}$$

식 (10.2)의 연직응력 σ_v와 수평응력 σ_h의 비가 토압계수가 되므로 토압계수 k는 식 (10.3) 과 같이 된다.

$$k = \frac{\sigma_h}{\sigma_v} = k_a \frac{\tan\phi}{\tan\theta} = \frac{(1 - \sin\phi)}{(1 + \sin\phi)} \frac{\tan\phi}{\tan\theta} \tag{10.3}$$

여기서, $\theta = \dfrac{\pi}{2} - \beta$

10.5.2 지중연속벽의 인발저항력

그림 10.7(a)는 모형실험 결과 밝혀진 파괴면의 기하학적 형상으로 벽체가 인발될 때 벽체 주변지반에는 역삼각형 모양의 소성영역이 존재함을 알았다. 지중연속벽의 인발저항력 해석 은 벽체길이 방향인 y축 방향으로 평면변형률상태를 대상으로 실시한다.

그림 10.7(a)에 수평요소 A에 작용하는 응력과 힘을 모두 도시하였다. 여기서 Δz는 벽체선 단에서 z거리에 있는 수평요소 A의 두께이고 P와 $(P + \Delta P)$는 수평요소 A에 작용하는 인발 력이다. q와 $(q + \Delta q)$는 수평요소 A에 작용하는 연직응력이며 ΔW는 수평요소 A의 흙자중 이고(벽체중량은 포함되어 있지 않음) ΔT는 파괴면에 발달하는 전단력이다.

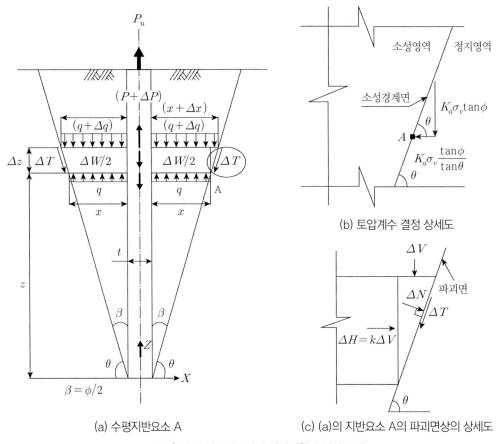

(a) 수평지반요소 A   (c) (a)의 지반요소 A의 파괴면상의 상세도

그림 10.7 지중연속벽의 인발저항력 해석 모델

(1) 한계근입깊이상부의 인발저항력

수평요소 A 부분의 양쪽 측면단부에 있는 파괴면에 발달하는 그림 10.7(a)의 전단저항력 ΔT는 식 (10.4)와 같다.

$$\Delta T = (c + \sigma_N \tan\phi)\Delta L \tag{10.4}$$

여기서, c와 ϕ = 지반의 점착력과 내부마찰각

$\quad\quad \Delta L$ = 수평요소 A 부분에 속하는 양단부 파괴면의 길이

$\quad\quad \sigma_N (= \Delta N/\Delta L)$ = 파괴면에 작용하는 수직응력

$\quad\quad \Delta N$ = 파괴면에 작용하는 수직력

ΔN은 그림 10.7(c)에서 보는 바와 같이 파괴면에 작용하는 연직력 ΔV와 수평력 ΔH $(=k\Delta V)$의 수직 방향 분력의 합이다.

$$\sigma_N = \frac{\Delta N}{\Delta L} = \frac{\Delta V}{\Delta L}(\cos\theta + k\sin\theta) \qquad (10.5)$$

$$= \frac{\gamma}{\Delta L}(L-z)(\cos\theta + k\sin\theta)$$

여기서, k는 식 (10.3)으로 구할 수 있다.

식 (10.4)에 (10.5)를 대입하면 식 (10.6)이 구해진다.

$$\Delta T = [c + \gamma k_m (L-z)]\frac{\Delta z}{\sin\theta} \qquad (10.6)$$

여기서, $k_m = (\cos\theta + k\sin\theta)\tan\phi$

γ = 지반의 단위체적중량

L = 벽체의 근입깊이

수평요소 A의 반쪽 부분에 작용하는 힘의 평형조건으로부터 식 (10.7)이 구해진다.

$$\frac{1}{2}(P + \Delta P) - \frac{P}{2} + qx - (q + \Delta q)(x + \Delta x) - \frac{\Delta W}{2} - \Delta T\sin\theta = 0 \qquad (10.7)$$

고차미계수항을 무시하면 식 (10.8)이 구해진다.

$$\frac{1}{2}\Delta P - q\Delta x - x\Delta q - \frac{1}{2}\Delta W - \Delta T\sin\theta = 0 \qquad (10.8)$$

식 (10.8)의 ΔT에 식 (10.6)을 대입하고 미분방정식 형태로 표현하면 식 (10.9)가 구해진다.

$$\frac{dP}{dz} = 2\left(q\frac{dx}{dz} + x\frac{dq}{dz}\right) + \frac{dW}{dz} + 2\gamma\left[\frac{c}{\gamma} + k_m(L-z)\right] \qquad (10.9)$$

수평요소 A의 상부 토피하중에 의한 연직응력은 식 (10.10)과 같다.

$$q = \gamma(L-z) \ \ \text{혹은} \ \ \frac{dq}{dz} = -\gamma \qquad (10.10)$$

수평요소 A의 중량은 식 (10.11)과 같다.

$$\frac{dW}{2} = \gamma\left(x - \frac{t}{2}\right)dz \ \ \text{혹은} \ \ \frac{dW}{dz} = 2\gamma z\cot\theta \qquad (10.11)$$

수평요소 A의 폭은 기하학적 관계에서 식 (10.12)와 같이 구할 수 있다.

$$x = z\cot\theta + \frac{t}{2} \ \ \text{혹은} \ \ \frac{dx}{dz} = \cot\theta \qquad (10.12)$$

식 (10.10)에서 (10.12)까지의 관계를 식 (10.9)에 대입하면 식 (10.13)이 구해진다.

$$\frac{dP}{dz} = 2\gamma\left[L\cot\theta - z\cot\theta - \frac{1}{2}t + k_m L - k_m z + \frac{c}{\gamma}\right] \qquad (10.13)$$

식 (10.13)을 벽체의 근입길이에 걸쳐 적분하여 지중파괴면 전체에서 발휘되는 전단저항에 의한 인발저항력 성분 P_{SR}을 식 (10.14)와 같이 구할 수 있다. 단, 식 (10.14)에는 벽체의 자중은 포함되어 있지 않다.

$$P_{SR} = 2\gamma\left(\frac{1}{2}L^2\cot\theta - \frac{1}{2}tL + \frac{1}{2}k_m L^2 + \frac{c}{\gamma}L\right) \qquad (10.14)$$

(2) 한계근입깊이하부에서의 벽면마찰저항력

Das(1983)는 한계근입깊이까지는 말뚝의 단위주변마찰력이 선형적으로 증가하다가 한계근입깊이 하부에서는 단위주면마찰력이 더 이상 증가하지 않고 일정하게 된다고 하였다.[5] 이 결과를 지중연속벽에 적용하면 한계근입깊이 하부에서의 벽면마찰저항력 P_{SK}는 식 (10.15)와 같다.

$$P_{SK} = (L - L_{cr})(c + \gamma L_{cr} k_u \tan\delta) \tag{10.15}$$

(3) 지중연속벽의 전체인발저항력

그림 10.5(a)에 도시된 짧은 연속벽에서 전체인발저항력 P_u는 식 (10.14)에 벽체자중 W_w를 더하여 식 (10.16)과 같이 된다.

$$P_u = P_{SR} + W_w = 2\gamma\left(\frac{1}{2}L^2\cot\theta - \frac{1}{2}tL + \frac{1}{2}k_m L^2 + \frac{c}{\gamma}L\right) + W_w \tag{10.16}$$

한편 그림 10.5(b)와 같은 긴연속벽의 경우는 전체인발저항력은 한계근입깊이의 상하부 모두에 대하여 계산하여야 하므로 식 (10.14)와 (10.15)에 벽체자중 W_w를 더하여 식 (10.17)과 같이 구해진다.

$$\begin{aligned} P_u = P_{SR} + P_{sk} + W_w &= 2\gamma\left(\frac{1}{2}L^2\cot\theta - \frac{1}{2}tL + \frac{1}{2}k_m L^2 + \frac{c}{\gamma}L\right) \\ &+ (L - L_{cr})(c + \gamma L_{cr} K_u \tan\delta) + W_w \end{aligned} \tag{10.17}$$

10.6 인발저항력 모형실험 결과

10.6.1 지중연속벽의 인발거동

그림 10.8은 모형벽체 인발 시 인발력과 인발변위 사이의 거동을 도시한 그림이다. 이 그

림에서 보는 바와 같이 초기인발시 인발력은 인발변위와 함께 선형적으로 증가하였다. 대략 3~4mm의 인발변위까지는 이러한 선형탄성거동을 보였다.

또한 동일한 인발변위에서 인발력의 증가율은 조밀한 지반의 경우일수록 크게 발생하였다. 이 탄성변위한계 이후에도 인발력은 첨두인발력에 도달할 때까지 비선형적으로 증가하였다. 첨두인발력은 대략 6~7mm의 인발변위에서 발생하였고 조밀한 밀도 지반일수록 크게 발생하였다. 이 첨두인발력이 지중연속벽의 인발저항력에 해당한다고 할 수 있다. 첨두인발력 발생 이후에는 인발력이 급격히 감소하여 잔류인발력에 도달하는 연화현상이 심하게 나타났다.

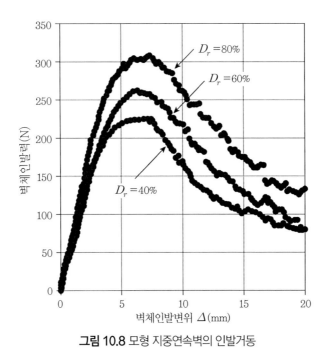

그림 10.8 모형 지중연속벽의 인발거동

그림 10.9는 첨두인발저항력과 잔류인발저항력에 미치는 상대밀도의 영향을 도시한 그림이다. 이 그림에 의하면 모형벽체의 첨두인발저항력과 잔류인발저항력은 모두 상대밀도의 증가에 따라 선형적으로 증가하였음을 알 수 있다. 따라서 모형벽체의 첨두인발저항력과 잔류인발저항력은 상대밀도에 큰 영향을 받는다고 할 수 있다.

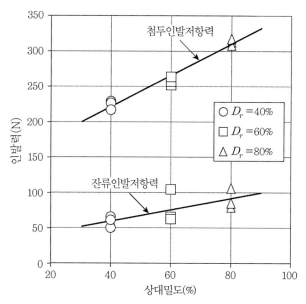

그림 10.9 첨두인발저항력과 잔류인발저항력에 미치는 상대밀도의 영향

한편 그림 10.10은 첨두인발저항력 혹은 잔류인발저항력에 도달하였을 때의 인발력과 인발변위의 관계를 도시한 그림이다.

우선 그림 10.10(a)로부터 첨두인발저항력이 크면 그때의 인발변위도 크게 발생하였음을 알 수 있다. 따라서 큰 첨두인발저항력이 발휘될 수 있는 조밀한 지반에서는 인발변위도 크게 발생한다고 할 수 있다. 그러나 잔류인발저항력과 인발변위의 관계는 그림 10.10(b)에서 보는 바와 같이 반대로 나타났다. 즉, 조밀한 지반일수록 작은 인발변위에서 잔류인발저항력에 도달하였음을 알 수 있다. 이는 모래의 전단특성과도 일치하는 결과라고 생각된다.

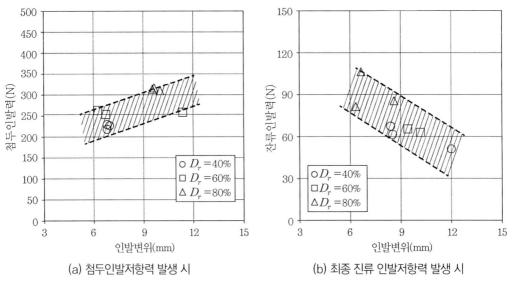

(a) 첨두인발저항력 발생 시 (b) 최종 진류 인발저항력 발생 시

그림 10.10 인발저항력과 인발변위의 관계

10.6.2 실험치와 예측치의 비교

그림 10.11은 일련의 모형실험에서 측정된 모형벽체의 인발저항력과 앞 장에서 유도·제시한 이론 모델에 의해 산정된 벽체의 인발저항력의 예측치를 비교한 결과이다. 이 그림의 가운데 대각선은 측정치와 예측치가 동일한 선을 의미한다.

모형실험에 적용된 근입비 $(\lambda = L/t)$는 15였으며 그림 10.3에서 관찰한 바와 같이 한계근입비 $(\lambda_{cr} = L_{cr}/t)$가 12 정도였으므로 본 실험은 깊은 연속벽에 해당된다. 따라서 인발저항력의 예측치는 식 (10.16)으로 산정되었다. 그러나 식 (10.16)에 의한 인발저항력 산정식에는 한계근입깊이 하부에서는 벽체와 지반 사이의 벽면마찰각 δ를 포함하고 있으므로 이 벽면마찰각 δ에 따라 예측치는 변화될 수 있다.

일반적으로 지반공학 분야의 설계애서는 벽체와 지반사이의 벽면마찰각은 지반의 내부마찰의 1/2~2/3를 사용하는 경우가 많다. 따라서 그림 10.11에서는 인발저항력의 예측치를 이 두 경우에 대하여 검토해보기로 한다.

그림 10.11에서 보는 바와 같이 $\delta = 2/3\phi$을 적용한 경우의 예측치는 모형실험치보다 15% 정도 과다 산정되었으며, $\delta = 1/2\phi$를 적용한 경우의 예측치는 실험치보다 5% 정도 과소 산정될 정도로 실험치와 예측치가 잘 일치하고 있다. 따라서 긴연속벽의 인발저항력을 예측할

때는 한계근입깊이 하부의 벽면마찰각을 지반내부마찰각의 1/2만 적용함이 타당할 것이다. 이 결과는 모형실험에서 모형벽면의 조도를 현장에 보다 접근시키기 위해 벽면에 접착제를 바르고 모래를 부착시켜서 얻을 수 있었던 결과이다. 만약 벽면이 더 부드러운 상태라면 벽면 마찰각은 더 낮아질 수도 있을 것이다.

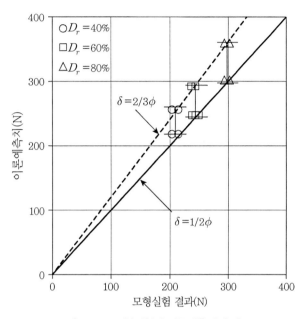

그림 10.11 모형실험과 이론예측치의 비교

이와 같이 벽체와 지반 사이의 벽면마찰각을 작게 결정해야 하는 또 다른 근거로 모형실험 결과에서 볼 수 있던 바와 같이 벽체가 인발될 때 벽체선단부에 공동이 발생하였고, 이 공동으로 주변모래가 함몰되어 채워지므로 지반이 이완되어 느슨한 상태가 된다. 따라서 내부마찰각의 2/3를 적용하는 것은 너무 과다한 적용이 될 가능성이 있다.

| 참고문헌 |

(1) 홍원표·침니타(2014), '높은 지하수위 지반 속에 설치된 지중연속벽의 인발저항력', 한국지반공학 회논문집, 제30권, 제9호, pp.5-17.

(2) Balla, A. (1961), The resistance to breaking out of mushroom foundations for pylons. Proceeding of the 5th International Conference on Soil Mechanics and Foundation Engineering, Vol.1, pp.569-676.

(3) Chattopadhyay, B.C. and Pise, P.J.(1986), Uplift capacity of piles in sand, ASCE Journal of Geotechnical Engineering, Vol.112, No.9, pp.888-904.

(4) Choi, Y.S.(2010), A study on pullout behavior of belled tension piles embedded in cohesionless soil, Thesis of Chung Ang University (in Korean).

(5) Das, B.M.(1983), A procedure for estimation of uplift capacity of rough piles. Soils and Foundations, Vol.23, No.3, pp.122-126.

(6) Das, B.M., Seeley, G.R. and Pfeifle T.W.(1977), Pullout resistance of rough rigid piles in granular soil. Soils and Foundations, Vol.17, No.1-4, pp.72-77.

(7) Hong, W.P., Lee, J.H. and Lee, K.W.(2007), Load transfer by soil arching in pile-supported embankments, Soils and Foundations, Vol.47, No.5, pp.833-843.

(8) Hong, W.P. and Chim N.(2014), Prediction of uplift capacity of a micropile embedded in soil. KSCE Journal of Civil Engineering, Vol.19, No.1, pp.116-126.

(9) Joseph, E.B.(1982), *Foundation Analysis and Design*, McGraw-Hill, Tokyo, Japan.

(10) Matsuo, M.(1968), Study of uplift resistance of footing. Soils and Foundations, Vol.7, No.4, pp.18-48.

(11) Meyerhof, G.G.(1973), Uplift resistance of inclined anchors and piles, Proceeding of the 8th International Conference on Soil Mechanics and Foundation Engineering, Vol.2, pp.167-172.

(12) Meyerhof, G.G. and Adams, J.I.(1968), The Ultimate uplift capacity of foundation, Canadian Geotechnical Journal, Vol.5, No.4, pp.225-244.

(13) Shanker, K., Basudhar, P.K. and Patra, N.R.(2007), Uplift capacity of single pile: predictions and performance, Geotecnical Geological Engineering, Vol.25, pp.151-161.

(14) Wayne, A.C., Mohamed, A.O. and Elfatih, M.A.(1983), Construction on expansive soils in Sudan. ASCE Journal of Geotechnical Engineering, Vol.110, No.3, pp.359-374.

지하구조물 주변의 지반아칭

지하구조물 주변의 지반아칭

11.1 서 론

지하구조물에 작용하는 토압은 연직토압과 측방토압의 두 가지로 간단히 구분할 수 있다. 연직토압은 지하구조물의 상부에 작용하나 이는 상재토피중량으로 산정되고 있다. 따라서 지하구조물을 설계할 때 구조물의 상단에 작용하는 연직토압은 구조물 폭에 해당하는 뒤채움 흙의 전토괴 중량이 지하구조물에 작용하는 것으로 간주하는 것이 보통이나 굴착폭이 구조물보다 대단히 넓은 경우에는 구조물폭 이외의 흙에 대한 영향도 고려해야 한다. 일반적으로 지하구조물에 작용하는 토압은 지하구조물과 주변지반(원지반, 성토재)과의 상대변위에 따라 변하게 된다.

한편 지하구조물의 벽체에는 주변지반으로부터 측방토압이 작용하게 된다. 이 측방토압은 지하구조물이 정지상태에서 받게 되는 정지토압으로서 주로 연직응력에 정지토압계수(K_0)를 곱하여 구한다.[5]

지하철구와 같은 단단한 지하구조물의 측벽과 같은 경우는 거의 변형하지 않는다고 생각되어 강성벽체에 대해서는 정지토압이 이용되고 있다. 그러나 측방토압으로 주동토압을 적용하도록 정한 일부 시방서도 있다.[12]

지하철구와 같은 지하구조물은 굴착을 하고 지하구조물을 축조한 후 되메움을 실시하게 된다. 대부분의 토사되메움은 지하구조물과 굴착되지 않은 원지반 사이의 좁은 공간에서 실시하게 된다. 즉, 단단한 벽체로 구성된 두 벽면 사이에 토사로 되메움을 하게 된다. 그러나 이 되메움 토사지반은 뒤채움 후 침하를 하므로 정확히 정지토압이 지하구조물의 측벽에 작용할 것이라는 보장을 하기 어렵다. 따라서 일본의 시방서에서는 측방토압으로 정지토압 대신 주동토압을 적용하도록 규정하기도 한다.[112] 이들 되메움토사지반의 침하과정에서 흙 입자들은 마치 트렌치 내 토사의 지반아칭이 발생할 가능성이 있어 지반아칭의 영향을 고려한 측방토압을 산정해야 한다. 이 영향으로 정지토압과 같은 큰 토압을 지하구조물에 측방토압으로 가할 수 있는지 확인이 필요하다.

따라서 지하구조물의 합리적 설계를 실시하기 위한 측방토압의 정확한 설정을 위해서는 지반의 특성, 측방구속조건, 구조물 매설깊이 등에 따라 지하구조물에 작용하는 측방토압을 실측으로 검토해볼 필요가 있다.

지하구조물에 작용하는 측방토압에 관해서는 보다 실질적인 자료가 필요하다. 이러한 토압은 지반의 강도, 측벽의 강성, 지하구조물과 흙막이벽과의 이격거리, 뒤채움 재료의 특성 등에 의해 영향을 많이 받을 것으로 생각된다.

이에 제11장에서는 서울시 지하철 건설공사 현장 중 2개소의 지하구조물에 토압계 10개와 간극수압계 2개를 설치하여 현장계측값을 지반아칭의 효과를 고려한 이론식에 의한 이론예측치와 비교해봄으로써 합리적인 측방토압 산정식을 검토하고자 한다.

특히 지하구조물에 작용하는 측방토압에 대해서는 흙막이벽 존치 시와 철거 시의 측방토압의 변화도 조사하여 지하구조물에 작용하는 측방토압의 경감효과도 정리하고자 한다.

11.2 지하구조물에 작용하는 토압

흙과 접촉해 있는 옹벽 및 가설흙막이벽과 같은 흙막이구조물과 지하철구와 같은 지하구조물은 주변지반으로부터 연직 방향 및 수평 방향으로 압력을 받게 되는데, 수평 방향의 압력을 보통토압이라고 하고 특별히 연직토압과 구별이 필요한 때는 측방토압 또는 횡방향 토압이라고 한다.

11.2.1 지중매설관에 작용하는 토압

지중매설관으로는 상하수도관, 송유관, 가스관 등과 같은 압력관과 Box 암거 등 비압력관이 있으며 일반적으로 하중은 매설관 주위의 흙에 의하여 매설관에 전달된다. 지중매설관을 설치할 때는 원지반에 도랑을 파고 매설관을 설치한 다음 흙으로 되메움을 하는 경우와 원지반 위에 매설관을 설치한 다음 그 위에 일정한 높이로 성토하는 경우의 두 가지가 있는데, 전자를 '굴착구식'이라 하고 후자를 '돌출식'이라 부른다.

강성관에 대한 Marston의 이론은 그의 논문[6]을 발표하면서 알려지기 시작하였으며 현재 이 공식은 Mraston의 하중 방정식으로 알려졌다. 지반−구조물의 상호작용에 대한 인식이 증가한 현재에도 여러 의문점을 해결하지 못한 상태로 이 공식의 대부분을 실제 설계에 사용하고 있다.

Marston의 이론은 흙채움에 의한 침하와 트렌치의 양벽면에 마찰저항이 발달한다는 생각에서 시작되었다.[6,7] 현재 사용되고 있는 지하매설물에 대한 설계토압은 Marston[6,7] 및 Spangler[9-11]의 연구에 의하여 그림 11.1과 같이 매설물의 측벽에 작용하는 마찰력을 고려하여 다음과 같이 유도되었다.

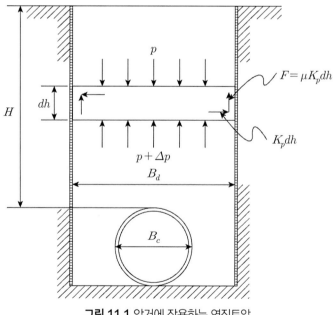

그림 11.1 암거에 작용하는 연직토압

Marston & Anderson(1913)[7] 및 Spangler(1948)[10]는 암거가 원지반을 굴착한 지반에 설치되면 지반은 트렌치 형태로 굴착되며, 이 트렌치 내의 매립토 혹은 뒤채움토사가 침하하기 때문에 단단한 원지반의 벽면과 매립토의 사이에 상향으로 마찰력이 작용하여 암거에 가해지는 연직토압은 토사의 중량보다 작게 된다. 이때 매립토의 침하에 의해 매립토에는 지반아칭이 발달하게 된다.

그림 11.1에 도시된 체적 $(B_d(dh)(1)\gamma)$의 수평 프리즘 요소는 상단에서의 하향연직응력 p와 하단에서의 상향연직응력 $p+\Delta p$에 의하여 평형을 이룬다. 수평 프리즘 요소의 폭이 B_d, 높이가 dh이면 수평 프리즘 요소의 중량은 체적에 단위체적중량 γ를 곱하여 다음식과 같이 구한다.

$$W = B_d(dh)(1)\gamma \tag{11.1}$$

지표면에서 깊이 h 위치에서 수평 프리즘 요소의 측면에 작용하는 수평하중(P_L)은 다음 식과 같다.

$$P_L = K\left(\frac{p}{B_d}\right) \tag{11.2}$$

여기서, K는 Rankine 토압계수이다.

이 수평하중에 의해 프리즘 요소의 측면에 작용하는 단위길이당 전단력 F는 다음과 같다.

$$F = K(p/B_d)(\mu)dh \tag{11.3}$$

여기서, μ는 마찰계수이다. 프리즘요소의 수직력의 합은 0이다.

그림 11.1과 같이 깊이 h 위치에서의 미소프리즘요소의 연직 방향에 대한 힘의 평형조건을 고려하면 식 (11.4)와 같은 미분방정식이 성립된다.

$$pB_d + \gamma B_d dh = B_d(p+dp) + 2\mu Kp dh \tag{11.4}$$

이것을 $h=0$일 때 $p=0$의 경계조건으로 식 (11.4)를 풀면 연직토압 P_v는 식 (11.5)와 같이 된다.

$$P_v = \gamma B_d^2 \frac{1 - e^{-2K\mu(h/B_d)}}{2K\mu} \tag{11.5}$$

$h = H$일 경우 매설관의 상단에서의 총연직응력을 구할 수 있다. 수식을 간단히 하기 위하여 하중계수 C_d를 다음과 같이 나타낼 수 있다.

$$C_d = \frac{1 - e^{-2K\mu h/B_d}}{2K\mu} \tag{11.6}$$

매설관에 작용하는 연직응력 p는 파이프와 흙의 상대적인 압축성(강성)에 따른다. 강성 파이프(콘크리트, 철골벽체 등)에 비해 흙채움재가 상대적으로 압축성이 있을 때 파이프에 실질적으로 전연직응력 p가 전달된다.

따라서 강성매설관의 하중은 다음과 같이 구할 수 있다.

$$W_d = C_d \gamma B_d^2 \tag{11.7}$$

만일 관이 연성이거나 매설관 측면이 잘 다져진 경우의 하중은 다음과 같다.

$$W_d = C_d \gamma B_c B_d \tag{11.8}$$

여기서, B_c는 관의 외경이고, B_d는 트렌치가 경사지거나 매설형태에 따라 그림 11.2와 같다.[4]

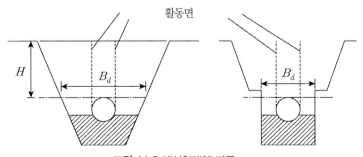

그림 11.2 매설형태에 따른 B_d

Marston에 의해 시작된 지하구조물(암거)의 토압에 관한 연구는 Spangler[9-11]와 Christensen (1967)[8]에 의해 더욱 발전되었으며 Marston의 이론을 더욱 발전시키는 결과를 가져왔다.

11.2.2 암거에 작용하는 토압

암거에는 Box 암거, 파이프 암거, 문형암거 등이 있다. 여러 종류의 Box 암거의 형상은 그림 11.3에 개략적으로 도시한 바와 같다.

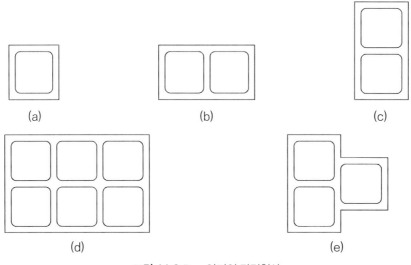

그림 11.3 Box 암거의 단면형상

Box 암거에 작용하는 토압은 일반적으로 그림 11.4와 같으며 각 기관에서의 설계기준 등에 따라 다소 차이가 있다.

노면하중에 의한 연직토압은 하중의 재하방법이 지하철구와 다르기 때문에 토피가 작을 경우에는 지하철구보다도 다소 큰 값을 이용하고 있다.

또한 토피하중에 의한 연직토압은 암거위의 전토피하중을 이용하지만 암거가 말뚝기초 등에 의해 지지되고 있는 경우는 이것을 할증하여 이용한다.

한편 수평토압은 지하철구에서는 Rankine의 토압식을 이용하는 경우가 많으나 Box 암거에서는 $K = 0.5$를 이용하는 경우가 많다. 지하철구조물을 설치하기 위한 대단면 개착터널 굴착 시에는 굴착단면을 최대한 이용하기 위하여 Box형 단면을 이용하고 있다. 구조물 외부에서 작용하는 하중은 노면하중, 토피하중, 토압, 수압 등이 있으며 구조물 내부의 하중으로는 내부의 주행하중, 자동차하중, 수로터널의 물중량 등이 있다. 구조물 저면 및 측면의 지반반력은 구조물 내외부에서의 하중에 상응한 외력으로서 구조물에 작용하는 것이다. 개착식 터널의 설계에서는 이들 하중과 지반반력과의 관계를 충분히 검토하여야 한다. 설계에서 고려할 하중은 지표면상의 하중, 토피의 하중, 토압, 수압, 양압력, 지중, 터널내부의 하중, 온도변화 및 건조수축의 영향, 지진의 영향, 시공 시의 하중 등을 들 수 있다.

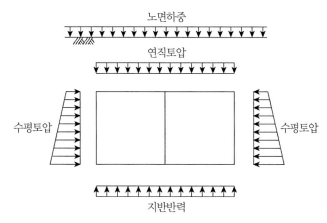

그림 11.4 Box 암거에 작용하는 토압

(1) 노면하중에 의한 연직하중

노면교통하중, 열차하중, 건물하중 등에 의한 노면하중은 토층을 통해서 암거에 전달되지만 이때의 지중응력 분포형태는 그림 11.5와 같다.

지중응력의 실제 형상에는 그림 11.5(a)가 근접하고 있지만 계산이 복잡하기 때문에 일반적으로 그림 11.5(c)가 사용되고 있다. 노면교통하중 및 열차하중에는 일반적으로 충격하중도 고려한다. 토피가 있는 경우는 지반의 변형 또는 진동 등에 의해 하중이 감소하므로 토피가 3m 정도 이상인 경우에는 그 영향을 무시해도 좋다. 토피가 3m 미만의 경우에는 식 (11.9)에 표시한 충격의 저감률 a를 적용하여 충격의 영향을 저감해도 좋다.

$$\alpha = 1 - h/3 \tag{11.9}$$

여기서, α = 충격의 저감률

h = 토피고(m)

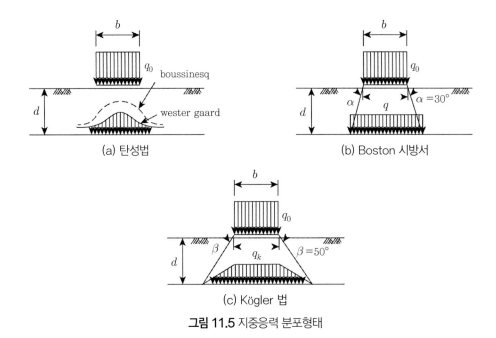

(a) 탄성법

(b) Boston 시방서

(c) Kögler 법

그림 11.5 지중응력 분포형태

노면하중에 의해 암거에 작용하는 연직토압은 환산활하중으로서 다음과 같다.

$$P_L = \frac{7.56}{2H + 0.2} \quad \text{T-20 하중의 경우} \tag{11.10a}$$

$$P_L = \frac{5.62}{2H + 0.2} \quad \text{TT-43 하중의 경우} \tag{11.10b}$$

여기서 H는 토피고이고 위 식은 일반적으로 $H \leq 3.5\text{m}$인 경우에 사용한다. 따라서 $H > 3.5\text{m}$의 경우는 H가 증가함에 따라 P_L은 1t/m^2보다 작아지는데, 일반적으로 $P_L = 1\text{t/m}^2$으로 설계한다. 노면하중에 의한 수평토압은 깊이 방향에 관계없이 노면하중 1t/m^2에 토압계수($K_0 = 0.5$)를 곱하여 암거 양측면에 동시에 작용시킨다.

(2) 토피하중에 의한 연직토압

토피에 의한 연직토압은 지표에서 암거 상면까지의 깊이, 되메움 흙 및 수압 등을 고려하여 정해야 한다.

지반침하의 위험이 있는 연약지반 중에 암거가 말뚝에 지지되거나 암거저면이 침하하지 않는 양질의 지반에 지지되어 있는 경우 등은 암거 직상부보다 넓은 범위의 흙이 토피하중으로 작용하므로 주의해야 한다. 흙의 토피준은 암거단면의 강성이나 설치상황 등에 따라 달라지는데, 암거의 상대변위에 따라 그림 11.6과 같이 구분된다.

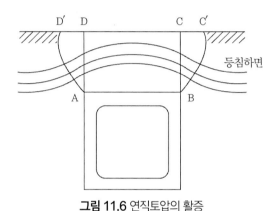

그림 11.6 연직토압의 활증

일반적으로 암거상부의 뒤채움 흙과 암거 양측에 있는 흙이 동시에 침하할 경우, 토피하중은 암거상면까지의 깊이에 흙의 단위체적중량을 곱하여 구한다. 이 경우 지하수위 이하의 흙에 대해서는 물의 영향을 고려하는 것으로 한다.

그러나 암거상부의 뒤채움 흙이 암거 양측에 있는 흙에 비하여 적게 침하할 경우는 토피하중을 다음과 같이 Marston의 이론식을 적용하여 구한다.

$$P_v = C_c \gamma B_c \tag{11.11}$$

$$\text{여기서, } C_c = \frac{e^{\pm 2\mu K(H/B_c)} - 1}{\pm 2K\mu} \tag{11.12a}$$

$$\text{혹은 } C_c = \frac{e^{\pm 2\mu K(H/B_c)} - 1}{\pm 2K\mu} + \left(\frac{H}{B_c} - \frac{H_e}{B_c}\right) e^{\pm 2\mu K(H/B_c)} \tag{11.12b}$$

여기서 B_c와 H_c는 암거의 폭과 높이이고 H는 토피고이다. 앞의 식 (11.12a)은 $H_e \geq H$일 경우에 사용하며 식 (11.1b)는 $H_e < H$일 경우에 사용한다.

일본도로협회의 '도로토공-옹벽·암거·가설구조물공 지침'에서는 암거상단에 작용하는 연직토압을 식 (11.13)으로 계산하였다.[12]

$$P_v = \alpha \gamma H \tag{11.13}$$

여기서, 증가계수 α는 암거의 지지조건 및 H_c/B_c의 값에 따라 다음과 같이 적용한다.

① 기초지반이 양호해서 말뚝기초 등을 이용하지 않는 경우

$\alpha = 1$

② 연약지반상에 암거가 구축된 경우

말뚝기초 등의 강성기초로 지지되어 있지 않고 성토의 침하와 병행해서 침하하는 경우

$\alpha = 1$

말뚝기초로 지지되어 있고 성토침하에 저항하는 경우는 α값을 표 11.1과 같이 적용한다.

표 11.1 말뚝기초로 지지되어 있는 경우의 증가계수(α)

H_c/B_c	1 미만	1 이상 2 미만	2 이상 3 미만	3 이상 4 미만	4 이상
α	1.0	1.2	1.35	1.5	1.6

한편 미국 도로교통관리협회(AASHTO)의 규정에서는 양호한 기초지반 위에 설치된 돌출형 암거의 경우 연직토압을 다음과 같이 제안하였다.

$$P_v = \gamma(1.92H - 0.87B) \qquad\qquad H \geq 1.78B \text{인 경우} \qquad\qquad (11.14a)$$

$$P_v = 2.59B\gamma(e^K - 1) \qquad\qquad H < 1.78B \text{인 경우} \qquad\qquad (11.14b)$$

여기서, $K = 0.385H/B$이고, H는 토피고이다.

그러나 암거가 흙 속 깊이 매설되어 있는 경우는 암거의 연직토압을 Bierbaumer는 다음과 같이 제안하였다.

$$P_v = \gamma H[1 - \frac{H\tan\phi\tan^2(45° - \phi/2)}{B + H'\tan(45° - \phi/2)}] \qquad\qquad (11.15)$$

여기서, H'는 암거의 전 높이이다.

(3) 수평토압

암거측벽에 작용하는 토압은 주동토압이라 여겨지기도 하지만, 일반적인 경우에는 연직토압에 정지토압계수를 곱해서 식 (11.16)과 같이 구하고 있다.

$$P_o = K_o(q + \gamma H) \qquad\qquad (11.16)$$

여기서, P_o = 정지토압(t/m^2)

$\quad\quad\quad K_o$ = 정지토압계수

$\quad\quad\quad q$ = 지표면상의 하중(t/m^2)

$\quad\quad\quad \gamma$ = 흙의 단위체적중량(t/m^3)

$\quad\quad\quad H$ = 지표면에서 토압을 구하는 위치까지의 깊이(m)

정지토압계수는 실험적으로 구해지는 상수로서 일반적으로 압밀시험 또는 측방변위를 구속한 삼축시험에서 압밀이 완료된 안정상태에서 측정되며 일반적으로 포화점토에서는 K_o = 0.5이고 정규압밀점토 및 느슨한 모래는 K_o = 0.4~0.3으로서 Jacky(1948)의 제안식 (11.17)과

거의 일치하며, 다소 과압밀된 점토 및 조밀한 모래는 $K_o = 0.5 \sim 1.0$이고 현저히 과압밀된 점토 및 인공적으로 다져진 흙은 $K_o > 0$이다.

$$K_o = 1 - \sin\phi \tag{11.17}$$

여기서, ϕ는 유효응력으로 표시한 흙의 내부마찰각이다.

실용적인 개략치로는 모래흙에 대하여 $K_o = 0.5$를 쓸 수 있고 지반심도가 15m 이상일 때는 측방토압은 일정치로 가정되고 있으며 상재하중 q가 있는 경우에는 $K_o q$가 추가된다.

수압을 포함한 경우의 토압에 대한 계산식은 식 (11.18)과 같다.

$$P = K(q + \gamma_t H) \tag{11.18}$$

여기서, $P = $ 토압(t/m²)

$\quad\quad K = $ 토압계수

$\quad\quad q = $ 지표면상의 하중(t/m²)

$\quad\quad \gamma_t = $ 물의 무게를 포함한 흙의 단위체적중량(t/m³)

$\quad\quad H = $ 지표면에서 토압을 구하는 위치까지의 깊이(m)

수압을 포함한 경우 N값이 4 이하인 토압계수는 다음과 같다.

표 11.2 연약점토층의 토압계수(K_s)

초연약점성토층($N \le 2$)	$0.7 \sim 1.0$
연약점성토층($2 < N \le 4$)	0.6

N값이 5 이상인 점성토층의 토압계수는 식 (11.19)에 의한다.

$$K_s = 0.5 \sim 0.6 \times 10^{-2} \times N \tag{11.19}$$

(4) 저판의 반력

저판에 작용하는 반력은 상판 및 측벽자중이 등분포로 작용하는 것으로 하고 저판자중은 생략하므로 다음과 같다.

$$Te' = Te + 양측\ 벽자중/L \tag{11.20}$$

여기서, Te' = 저판의 반력

Te = 상판의 반력

L = 암거의 폭

11.2.3 트렌치 모양의 좁은 공간에서의 되메움토압: Silo 내에 작용하는 토압

Silo 내의 토압은 옹벽의 뒤채움이 반무한인 경우의 해석방법과는 달리 Marston(1913) 및 Spangler(1948)[10]에 의해서 유도된 다음의 토압산정식 (11.26)을 사용하고 있다.

그림 11.7과 같이 폭 B 사이의 AB와 CD 벽체로 되어 있는 좁은 공간의 트렌치에서 지표면으로부터 깊이 h 위치에서 dh 의 두께를 가지는 얇은 프리즘층의 윗면에 작용하는 연직압력을 q, 아랫면에 작용하는 압력을 $q+dq$, 벽면에 대한 토압계수를 K 라 하면 수평압력의 크기는 $Kqdh$ 이고 벽면에서의 마찰력 F는 마찰계수 μ를 곱하여 $\mu Kqdh$ 로 나타낼 수 있다.

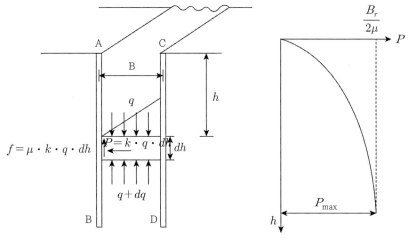

그림 11.7 좁은 공간에서의 토압

그림 11.7에서 얇은 프리즘요소에 작용하는 힘의 평형조건으로부터 식 (11.21)을 구할 수 있다.

$$\gamma Bdh + qB = (q + dq)B + 2\mu Kqdh \tag{11.21}$$

식 (11.21)을 dh항으로 정리하면 식 (11.22)를 구할 수 있다.

$$dh = \frac{dq}{\gamma - \dfrac{2\mu K}{B}q} \tag{11.22}$$

식 (11.22)를 적분하면 h항을 식 (11.23)과 같이 구할 수 있다.

$$h = -\frac{B}{2\mu K}\log_e\left(\gamma - \frac{2\mu K}{B}q\right) + C \tag{11.23}$$

여기서, C는 적분상수이며 $h = 0$일 때 $q = 0$이므로 적분상수 $C = \dfrac{B}{2\mu K}\log_e\gamma$가 된다. 이 적분상수를 식 (11.23)에 대입하여 정리하면 식 (11.24)와 같이 된다.

$$h = -\frac{B}{2\mu K}\log_e\left(\frac{\gamma - \dfrac{2\mu K}{B}q}{\gamma}\right) \tag{11.24}$$

따라서 dh 두께를 가지는 프리즘요소에 작용하는 연직응력 q는 식 (11.25)와 같고 벽체에 작용하는 측방토압 p는 식 (11.26)과 같이 된다.

$$q = \frac{B\gamma}{2\mu K}\left(1 - e^{-\frac{2\mu Kh}{B}}\right) \tag{11.25}$$

$$p = \frac{B\gamma}{2\mu}\left(1 - e^{-\frac{2\mu Kh}{B}}\right) \tag{11.26}$$

여기서, B = 흙막이벽과 구체 사이의 간격

γ = 흙의 단위체적중량(t/m³)

μ = (구체와 뒤채움흙 사이의 마찰계수) = $\tan\delta$

K = 정지토압계수

h = 깊이

$h = \infty$ 일 때 $q = \dfrac{B\gamma}{2\mu K}$, $p = \dfrac{B\gamma}{2\mu}$ 로서 일정치에 근접하게 된다.

11.2.4 기존 설계법[2,12]

현재 서울 지하철에서 사용되고 있는 Box 단면의 설계기준에서 철근콘크리트 구조물의 설계방법은 강도설계법을 적용함을 원칙으로 하고, 강재 구조물, 프리스트레스 콘크리트 구조물, 가설구조물 등 허용응력설계법이 타당한 경우는 허용응력설계법에 따른다. 강도설계법에 따르는 철근 콘크리트 구조물은 처짐, 균열 등을 고려한 사용성도 확보해야 한다.

현장실험 대상 지하철구에 작용하는 하중은 암거의 상부에 작용하는 활하중 및 사하중, 측벽에 작용하는 측방토압 및 수압, 암거 하부에 작용하는 양수압으로 나눌 수 있으며, 지하수위의 변동성을 고려하여 각 하중의 값을 지하수가 있는 경우와 없는 경우로 구분하여 계산하고 있다.

(1) 하중계산

① 상부하중 L 및 D_1 (지하수가 있을 경우)

활하중(L): 과재하중(DB-24)

사하중(D_1) = Ⓐ + Ⓑ + Ⓒ + Ⓓ

사하중: 아스팔트; $h \times \gamma$ Ⓐ

흙(지하수위 이상): $\gamma_t \times h$ Ⓑ

흙(지하수위 이하): $\gamma_{su} \times H$ Ⓒ

지하수 무게: $\gamma_w \times H$ Ⓓ

② 상부하중 L 및 D_2(지하수가 없을 경우)

활하중(L): 과재하중(DB-24)

사하중(D_2) = 아스팔트($h \times \gamma$) + 흙($\gamma_t \times H_1$)

③ 벽체에 작용하는 측방토압 Q_1(지하수가 있을 경우)

정지토압계수 $K_o = 1 - \sin\phi = 1 - \sin30° = 0.5$

Box 구조물 상단(T) = K_o(L+Ⓐ+Ⓑ+Ⓒ)

Box 구조물 하단(B) = $T + K_o(H_B \times \gamma_{su})$

④ 벽체에 작용하는 측방토압 Q_2(지하수가 없을 경우)

정지토압계수 $K_o = 1 - \sin\phi = 1 - \sin30° = 0.5$

Box 구조물 상단(T_1) = $K_o(L + D_2)$

Box 구조물 하단(B_1) = $T_1 + K_o(H_B \times \gamma_t)$

⑤ 벽체에 작용하는 수압 F

Box 구조물 상단(F_1) = $\gamma_w \times H$

Box 구조물 하단(F_2) = $F_1 + \gamma_w \times H_B$

⑥ 하부 슬래브에 작용하는 양수압 F

$\gamma_w \times (H + H_B)$

(2) 하중조합

본 현장실험 대상 지하철구의 구조해석에서는 Box 구조물 상부의 지하수위 변동을 고려하여 지하수가 있을 경우와 없을 경우를 각 하중조합에 반영하였으며, 구조물의 사용성 검토를 위한 하중조합을 추가하였다.

① 하중조합 1(지하수가 있을 경우)

활하중$(L) \times 1.8 +$ 사하중$(D_1) \times 1.2 +$ 전토압$(Q_1) \times 1.8 +$ 수압$(F) \times 1.4$

② 하중조합 2(지하수가 있을 경우)

활하중$(L) \times 1.8 +$ 사하중$(D_1) \times 1.2 +$ 반토압$(Q_1/2) \times 1.8 +$ 수압$(F) \times 1.4$

③ 하중조합 3(지하수가 없을 경우)

활하중$(L) \times 1.8 +$ 사하중$(D_2) \times 1.2 +$ 전토압$(Q_2) \times 1.8$

④ 하중조합 4(지하수가 없을 경우)

활하중$(L) \times 1.8 +$ 사하중$(D_2) \times 1.2 +$ 반토압$(Q_2/2) \times 1.8$

⑤ 하중조합 5

활하중$(L) \times 1.0 +$ 사하중$(D_1) \times 1.0 +$ 전토압$(Q_1) \times 1.0$

(3) 구조해석

지하철 개착식공법의 구조물은 통상 Box형 라멘 구조로서 이들 구조의 해석은 지지층의 지반조건에 따라 구분되며, 견고한 암반에 지지되는 구조물인 경우는 상부작용 하중에 의한 지반반력이 직접 암층에 전달되고 기초지반에 분포되지 않는다고 가정한다. 즉, 연암 이상인 암인 경우에 있어서 상부반력에 의한 지반변위가 없다고 가정하면, Box 라멘 저판에 분포가 되지 않기 때문에 이러한 경우에 구조해석은 문형 라멘으로 해석하는 방법과 Box 구조로 해석하는 방법이 있으며 본 실험현장으로 채택된 구조의 설계에서는 Box 구조로 해석하였다.

암거의 구조해석에 쓰이는 하중은 주변지반에서의 토압 및 수압, 지반반력 및 지표면 하중 등을 고려하여 부재마다 그 응력의 최대로 되는 값을 선정·조합해야 한다.

11.3 현장실험

11.3.1 현장주변 상황

현장실험은 서울 지하철 제8호선(암사동~성남)을 건설 중인 잠실동의 8-1공구와 8-2공구 공사구간을 선택하였다.[11-3] 토압 및 간극수압 계측지점으로는 석촌호수 주변 본선구간 2개소와 잠실정거장구간 2개소를 선정하였으며, 흙막이벽 구조는 매립층, 충적층으로 형성된 토사지반까지는 널말뚝(sheet pile)을 관입하였고, 그 아래 풍화암 및 연암 구간은 쇼크리트(shotcrete)를 타설하거나 엄지말뚝(H-pile) 사이에 콘크리트판을 타설하는 방법으로 시공하였다.

(1) 본선구간

본선구간 계측지점의 위치 및 주변상황은 그림 11.8에 도시된 바와 같다. 제1계측지점은 북쪽의 잠실길(도로폭 25m)에서 송파대로(도로폭 40m) 남쪽 방향으로 45m 지점에 석촌호수와의 사이에 폭 19m의 녹지공간을 남북 방향으로 폭 12.5m, 깊이 19.7m 상당을 굴착하여 축조한 지하철 구체의 우측벽에 설치되어 있으며, 남쪽에는 석촌호수 동호와 서호의 관통수로가 위치하고 있다.

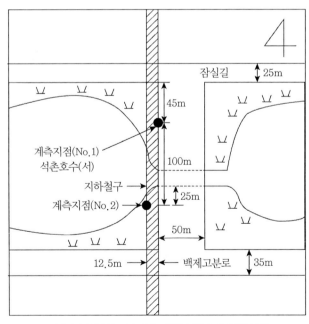

그림 11.8 본선구간 계측지점의 위치 및 주변상황

제2계측지점은 제1계측지점에서 남쪽으로 100m 지점의 지하철구체 좌측벽에 있으며, 이 측점에는 송파대로와 백제고분로(도로폭 35m)의 교차로가 있고 북쪽에는 25m 지점에 석촌호수 동호와 서호의 관통수로가 위치하고 있다.

흙막이벽은 그림 11.9와 같이 심도 15.5m까지 널말뚝을 관입하고 심도 10.5m에서 17.6m의 풍화암/연암 구간에는 쇼크리트를 타설하였으며, 버팀보는 수평 방향 2m 간격으로 설치하였다. 흙막이벽 배면에는 폭 80cm, 길이 17m의 차수벽을 고압분사주입공법(JSP)으로 시공하였다.

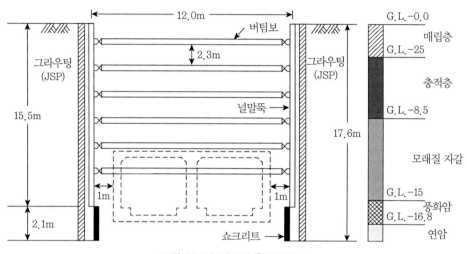

그림 11.9 본선구간 흙막이벽 구조

(2) 정차장구간

정차장구간 계측지점의 위치 및 주변상황은 그림 11.10에 도시된 바와 같다. 제3계측지점은 도로폭 40m의 올림픽로 중앙부분을 폭 34m, 깊이 23.5m로 굴착하여 동서 방향으로 축조된 잠실정차장 구체 북측벽에 있으며, 이 측점 서쪽에는 올림픽로와 송파대로의 교차로가 위치하고 북쪽에는 30m 지점에 교통회관이 위치하고 있다.

제4계측지점은 제3계측지점 서쪽으로 160m 지점의 정차장 구체 남측벽에 있으며, 구체 북쪽으로 10m 지점에 승무원사무소를 신축하고 있다.

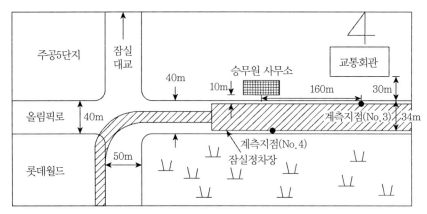

그림 11.10 정차장 구간 계측지점의 위치 및 주변상황

흙막이벽은 그림 11.11과 같이 심도 15.5m까지 널말뚝을 관입하고 널말뚝 아래 부분의 지하수가 유입되는 것을 막기 위해 심도 23.5m까지 8m 구간은 엄지말뚝을 2m 간격으로 관입한 후 엄지말뚝들 사이에는 두께 15cm의 철근콘크리트를 타설하여 흙막이벽체를 조성하였다.

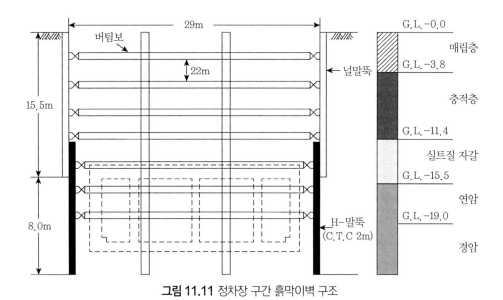

그림 11.11 정차장 구간 흙막이벽 구조

11.3.2 지반특성 및 계측상황

각 계측지점별 토질주상도는 그림 11.12 및 그림 11.13과 같다. 이들 그림에서 보는 바와

같이 본 현장은 심도 15m까지는 매립층 및 충적층으로 형성된 토사지반이고 그 아래는 절리 및 균열이 발달된 연암층을 이루고 있으며 지하수위는 지표로부터 7.1~8.0m 아래에 위치하고 있다.

지반의 맨위층은 심도 1.0~3.8m의 매립층이 표토층을 이루고 있으며 N값은 15 이내의 보통 조립한 상태이고 구성성분은 실트 및 자갈 섞인 모래층, 모래 섞인 지갈층이 주를 이루고 있다.

매립층 하부에는 한강 및 탄천의 범람이나 하상퇴적 등에 의해 지표로부터 15m 내외까지 충적층이 두텁게 분포되어 있으며, 지형에 따라 형성된 소계류에 의한 퇴적물들은 유수나 계류 등에 의하여 운반, 퇴적된 것으로 무기질 실트, 점토와 사력의 혼합물로 구성되어 있다. 운반거리와 퇴적환경의 변화 등에 의해 지역적으로 다양한 편이나 실험현장 상층부는 퇴적 모래층으로 대체로 실트 섞인 모래로 구성되어 있으며, 부분적으로 실트 혹은 자갈을 함유하기도 한다. N값은 10~20으로 보통 조밀한 상대밀도를 나타내고 있다.

하층부는 자갈층으로 주로 모래 섞인 자갈로 구성되어 있으며 지역에 따라 약간의 호박돌을 함유하기도 하고 N값은 50을 상회하는 매우 조밀한 지층을 이루고 있다.

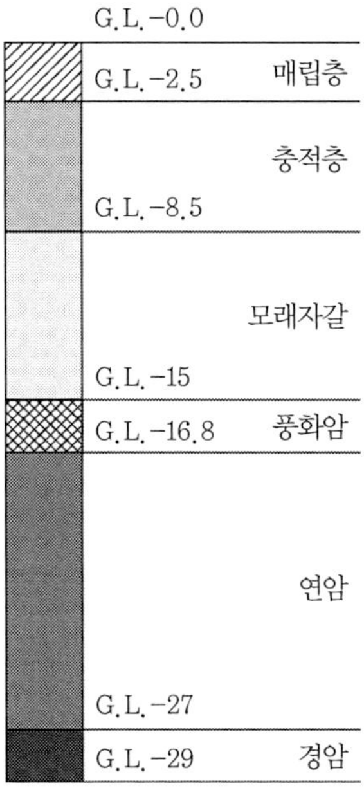

그림 11.12 제1 및 제2계측지점의 토질주상도

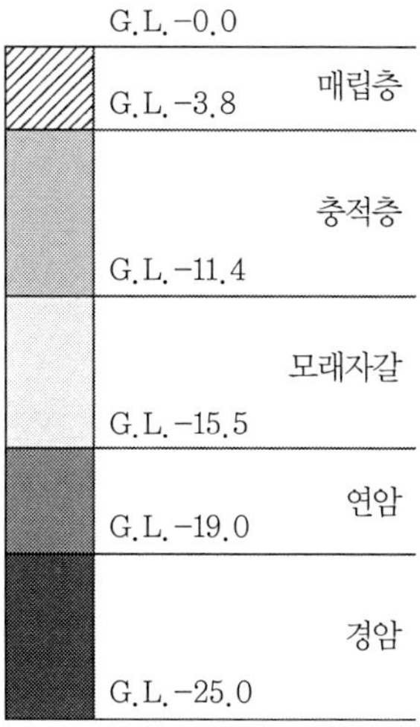

그림 11.13 제3 및 제4계측지점의 토질주상도

충적층 하부의 풍화대층은 절리 및 균열이 발달하였고 N치는 50 이상으로 매우 조밀한 상태이다.

풍화대층 아래로는 심도가 증가할수록 풍화정도가 감소되어 연암 및 경암층을 이루고 있다. 본 현장의 기반암은 호상 흑운모 편마암 및 편암으로 구성되어 있다.

그림 11.14는 제1계측지점에서의 계측기 설치 상태를 예로 도시한 그림이다. 제1계측지점의 토압계는 그림 11.14와 같이 구체동측벽에 수평토압계 4개(L-1~L-4)를 연직 2m 간격으로 설치하였고 구체 상단 중앙지점에 연직토압계(O-1) 1개를 설치하였다.

L-1토압계는 1993.9.20.에 구체동측벽 하단으로부터 0.8m 지점에 설치하였고 L-2 토압계는 1993.10.8.에 설치하였으며 L-3, L-4, O-1 토압계는 1993.11.24.에 그림 11.14와 같이 각각 설치하였다.

Piezometer는 1993.10.12.에 L-1 토압계에서 구체종 방향으로 1m 떨어진 지점에 설치하였다. 나머지 계측지점을 계측기 설치상황은 참고문헌[1-3]을 참조하기로 한다.

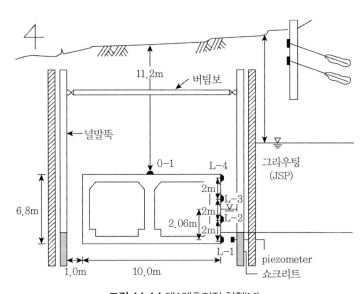

그림 11.14 제1계측지점 현황[1-3]

11.4 실험 결과와 이론예측의 비교

11.4.1 실측측방토압과 이론토압의 비교

(1) 흙막이벽 존치 시 실측측방토압과 이론토압의 비교

흙막이벽을 존치시키면 단단한 흙막이벽과 지하구조물의 측벽 사이가 좁은 공간에 해당하여 마치 silo 내의 뒤채움에 의한 측방토압과 같아지므로 제11.2.3절에서 설명하였던 silo 내에 작용하는 토압이론을 적용할 수 있다.

silo 내의 토압은 Marston(1913) 및 Spangler(1948)에 의해서 유도된 식 (11.26)을 사용할 수 있다. 식 (11.26)을 사용하기 위해서는 흙막이벽과 뒤채움토사 사이의 마찰각 δ를 얼마로 가정하느냐에 따라 이론치에 차이가 생긴다.

말뚝의 주면찰각 δ와 흙의 내부마찰각 ϕ'의 관계는 일반적으로 느슨한 모래의 경우에 $\delta \doteqdot \phi'$이고 조밀한 모래의 경우에 $\delta < \phi'$이며 Miller-Breslau에 의하면 $\delta = (1/2 - 3/4)\phi'$의 범위라고 하며, Terzaghi는 $\delta = \phi'$, Houska는 $\delta = 2/3\phi'$라고 하였다.

말뚝의 주면마찰각 δ와 흙의 내부마찰각 ϕ' 사이의 관계를 가정하여 측방토압의 현장계측치와 이론예측치를 비교해보면 그림 11.15와 같다. 그림 11.15에서 알 수 있듯이 $\delta = 2/3\phi'$로 가정한 경우의 이론토압이 실측토압과 가장 잘 일치하는 것을 알 수 있다. 따라서 $\delta = 2/3\phi'$을 사용하는 것이 합당하다.

연직토압을 제11.2.3절에서 설명한 식 (11.14a) 및 (11.14b)와 식 (11.15)에 의해 구하면 표 11.3과 같다. 표 11.3을 그림으로 도시하면 그림 11.16과 같이 된다.

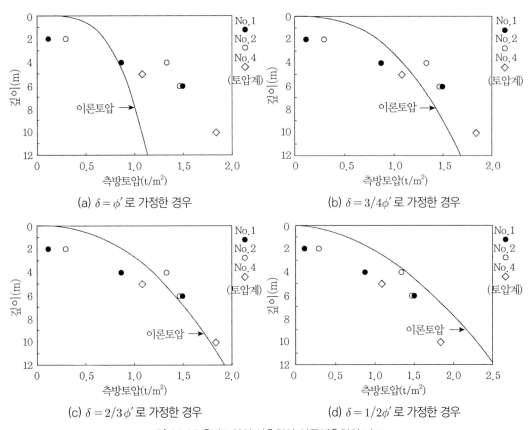

그림 11.15 측방토압의 실측치와 이론예측치의 비교

표 11.3 연직토압의 비교

계측지점	실측연직토압	AASHTO 식 (11.14a)	AASHTO 식 (11.14b)	Bierbaumer 식 (11.15)	토피(m)
제1계측지점	18.54	18.87	23.04	15.62	11.2
제2계측지점	14.75	14.16	21.13	13.00	9.0
제4계측지점	2.00		3.42	1.95	1.2

여기서 실제 현장 상황은 $H < 1.78B$로서 식 (11.14b)와 같으나 그림 11.16의 결과에서 식 (11.14a)에 가장 근접하게 나오는 것을 알 수 있다.

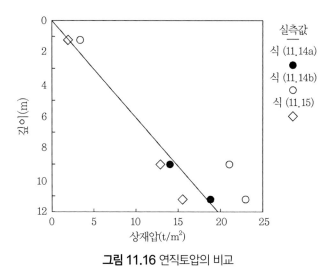

그림 11.16 연직토압의 비교

(2) 실측측방토압과 토압계수에 따른 비교

측방토압을 산정할 때 사용하는 토압계수로는 정지토압계수와 주동토압계수의 두 가지가 적용되고 있다. 여기서 정지토압은 Jacky의 식 $K_0 = 1 - \sin\phi'$ 을 사용하고 주동토압으로는 $K_a = \tan^2(45° - \phi/2)$를 이용한다.[12] 이와 같은 토압계수를 사용하여 산출한 정지토압과 주동토압을 실측측방토압과 비교해보면 각각 그림 11.17(a) 및 (b)와 같이 도시된다.

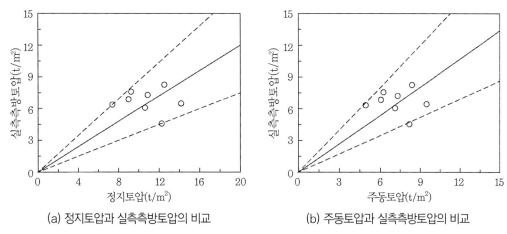

(a) 정지토압과 실측측방토압의 비교   (b) 주동토압과 실측측방토압의 비교

그림 11.17 토압계수에 따른 이론 예측치와 실측 측방토압의 비교

그림 11.17에서 보는 바와 같이 실측 측방토압은 정지토압의 60밖에 되지 않는 것을 알 수 있고 주동토압의 90%에 이르는 것을 알 수 있다.

(3) 실측측방토압과 설계토압의 비교

제1 및 제2계측지점에서의 연직토압계 및 측방토압계를 이용하여 계측한 토압과 설계에 적용하는 토압(주로 정지토압)을 그림으로 함께 도시하면 그림 11.18과 같다.

그림 11.18에서 알 수 있듯이 현재 지하철구체에 작용하는 토압이 과다한 것을 알 수 있다. 즉, 측방토압으로는 정지토압보다는 주동토압을 적용함이 보다 현장토압에 근접할 수 있음을 알 수 있다.[12]

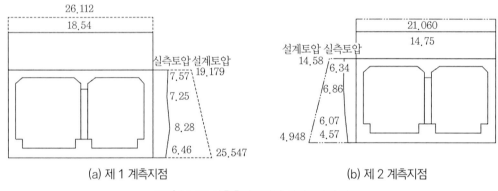

(a) 제 1 계측지점   (b) 제 2 계측지점

그림 11.18 실측측방토압과 설계토압의 비교

11.4.2 측방토압의 제안

개착식 터널은 통상 부정정구조이므로 그 부재의 응력계산은 생각하고 있는 부재에 직접 작용하는 하중 외에 다른 부재에 작용하는 하중은 실상에 따라서 최댓값이 아닌 값을 이용하는 경우도 있다.

즉 상부슬래브의 응력을 검토할 경우 상부슬래브에 가하는 연직하중이 일정하면 상부슬래브의 지점모멘트는 측벽에 작용하는 토압 및 수압이 큰 경우에 크게 되나 중간모멘트는 측벽에 작용하는 측방토압이나 수압이 작은 경우에 크게 된다.

따라서 상부슬래브의 단면을 산정할 경우에는 측방토압은 최댓값뿐만 아니라 최솟값에 대해서도 검토해야 한다. 그림 11.19는 실측측방토압과 토압계수에 따른 측방토압을 비교한 결과이다.

위의 비교에서 알 수 있듯이 측방토압계수를 주동토압계수를 사용하여 계산하였을 경우에 실측토압에 가장 가까운 결과치가 나옴을 알 수 있었다.

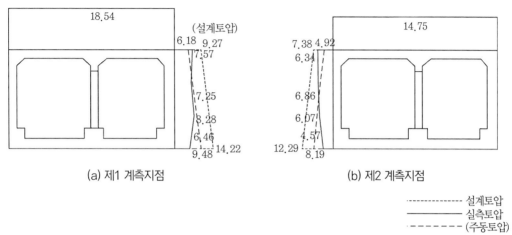

(a) 제1 계측지점   (b) 제2 계측지점

------------- 설계토압
──────── 실측토압
- - - - - - - (주동토압)

그림 11.19 실측측방토압과 토압계수에 의한 이론 예측 측방토압의 비교

| 참고문헌 |

(1) 성명용(1997), '지하구조물에 작용하는 토압거동의 해석적 연구', 중앙대학교대학원, 공학석사학위논문.

(2) 최기출(1994), '지하매설암거(지하철구)에 작용하는 측방토압, 중앙대학교대학원, 공학석사학위논문.

(3) 최정희(1995), '지하구조물에 작용하는 토압에 관한 연구', 중앙대학교대학원, 공학석사학위논문.

(4) Bulson, P.S.(1985), *Buried structures: static and dynamic strength*, Chapman and Hall, New York.

(5) Handy, R.L.(1985), "The arch in soil arching", Journal of Geotechnical Engineeringm, Vol.111, No.3, pp.302-318.

(6) Marston, A.(1930), "The theory of external loads on closed conduits in the light of the latest experiments", Proc. Highway Research Board, Vol.9, pp.138-170.

(7) Marston, A. and Anderson, A.O.(1913), "The theory of loads on pipes in ditches and tests of cement and clay drain tile and sewer pipe", Bulletin 31, Iowa Engineering Experiments Station, Ames, Iowa.

(8) Christensen, N.H.(1967), "Rigid pipes in symmetrical and unsymmetrical trenches", Danish Geotechnical Institute, Bull, No.24.

(9) Shanker, K., Basudhar, P.K. and Patra, N.R.(2007), Uplift capacity of single pile: predictions and performance, *Geotecnical Geological Engineering*, Vol.25, pp.151-161.

(10) Spangler, M.G.(1948), "Underground conduits-an appraisal of mordern research, *Trans*, ASCE, 113, 316.

(11) Spangler, M.G. and Hardy, R.L.(1973), Soil Engineering, Intext Education Publisher, New York.

(12) 土木學會(1977), 開削トンネル指針, pp.22-43.

트렌치 내 지반아칭

트렌치 내 지반아칭

12.1 서 론

Terzaghi(1943)는 지반아칭현상을 "흙의 파괴영역에서 주변정지지역으로의 하중전이"라고
정의한 후 지반아칭효과를 터널설계에 적용하였다.[9] 터널굴착이 실시되었을 때 지반 속에서
지반아칭효과에 의하여 지중응력의 재분배와 입자가 재배열되는 영역이 존재하게 되고 이
영역을 이완영역으로 취급하였다.[3]

지반아칭은 입상체 흙 입자로 구성된 지반 속에서는 언제 어디서나 발생될 수 있는 현상
이다. 따라서 토질역학에서 다루는 여러 종류의 구조물에 작용하는 토압은 대부분 지반아칭
효과에 의하여 발생되는 결과라고 하여도 과언이 아닐 정도이다.[1,2]

그러나 지반아칭의 메커니즘을 규명하는 방법은 구조물에 따라 단편적으로 몇몇 필요한
분야에만 일부 적용되고 있다.[4-7] 이를 체계적으로 정리할 수 있다면 토질역학에서 현재 사용
하고 있는 각종 이론을 한 단계 더 발전시킬 수 있을 것이다. 또한 이러한 지반아칭의 특성을
잘 파악하면 경제적이고 안전한 지중구조물의 설계와 시공이 가능할 것이다.

특히 최근 도시의 급속한 팽창과 더불어 지중매설관이나 지중구조물의 축조가 날로 증가
하고 있는 실정이다. 이들 지중구조물을 설치하기 위해서는 먼저 지반을 트렌치 형태로 굴착
하고 구조물을 축조한 후 지중구조물과 원지반 굴착측벽 사이에 되메움을 실시한다.

이때 단단한 측벽을 가진 지중구조물과 굴착을 하지 않은 원지반의 벽체나 흙막이벽체 사
이의 좁은 공간은 트렌치 모양을 하고 있으며, 이곳에 뒤채움을 하면 뒤채움토사지반은 침하
를 하게 되고 뒤채움토사와 두 벽체 사이에는 마찰이 작용하게 된다.

제3장에서 이미 설명한 바와 같이 이러한 벽면마찰과 토사되메움지반침하에 의해 뒤채움 토사지반 속에는 지반아칭이 발달하게 된다. 이미 제3장에서는 이러한 트렌치 되메움지반에서는 지반아칭에 의해 유동영역에서의 응력이나 하중이 정지영역으로 전이하게 됨을 모형실험으로 확인 관찰한 바 있다. 이들 모형실험에서는 먼저 트렌치 모형토조에 모래를 채운 다음 일정한 속도로 트렌치 비닥을 하강이동시킴으로써 트렌치 뒤채움지반에 변형을 유발시키고 트렌치 내에서 모래 입자가 평행이동을 할 수 있도록 모형실험기를 제작하였다.[3]

제12장에서는 제3장에서의 모형실험에 이어 지반 속에서 되메움 토사지반의 침하, 즉 흙 입자들이 트렌치 내에서 평행이동(parallel movement)을 하려할 때 발달하는 지반아칭현상에 대하여 제3장에서 실시한 트렌치(trench) 모형실험 결과를 재차 고찰한다.

제12장에서는 먼저 트렌치 내 지반아칭 발달 시 지중연직토압의 변화를 측정하여 지중응력 전이메커니즘을 규명하고자 한다.

또한 제12장에서는 지중응력전이 현상의 모형실험 결과에 입각하여 트렌치 바닥에 작용하는 연직응력을 산정할 수 있는 이론해석을 실시하여 이론예측치를 모형실험 결과 및 현장계측치와 비교·검토하여 연직응력 산정 이론식의 정확성 및 적용성을 검토해보고자 한다.

12.2 트렌치 모형실험 개설

트렌치 모형실험장치는 트렌치 내부 흙 입자들의 평행이동에 의한 지반변형의 모형실험을 실시하기 위한 모형실험장치이다. 이 모형실험장치는 토조 내부 뒤채움토사지반의 변형관찰이 용이하도록 투명 아크릴로 제작하였다. 이 모형실험장치는 크게 모형토조(soil container box), 지반변형제어장치 및 계측장치의 세 부분으로 구성되어 있다고 할 수 있다.

이미 제3장에서 설명한 모형실험장치를 이용하여 트렌치 모형실험을 실시하였으므로 모형실험장치에 관련해서는 제3장을 참조하기로 한다. 즉, 그림 3.3의 모형실험장치 조감도에서 보는 바와 같이 트렌치 모형실험장치는 두 부분으로 구성되어 있다. 하나는 상부의 트렌치 모형토조이고 다른 하나는 이 모형토조를 놓을 수 있는 단단한 테이블이다.

모형토조는 네 개의 벽체로 구성되어 있다. 우선 모형토조는 그림 3.4에서 보는 바와 같이 외벽, 내벽 및 바닥판으로 구성되어 있다. 외벽과 내벽은 모두 직경 16mm, 길이 400mm의 스크류봉과 너트로 연결되어 있다. 이 스크류봉은 바닥판에서 18mm, 58mm 및 108mm 높이위치에 일렬로 외벽에 고정되어 있으며, 중앙바닥판이 하부로 이동할 때 내벽을 지지하는 역할을 한다.

외벽으로 구성된 외부 토조는 네 개의 투명한 아크릴판으로 제작하였다. 즉, 전후면은 20mm 두께의 투명 아크릴판으로, 두 개의 내벽은 30mm 두께의 아크릴판으로 제작하였다. 외부 토조의 크기는 그림 3.4에 도시된 바와 같이 폭이 290mm, 길이가 700mm, 높이가 1,200mm이다.

모형토조 바닥은 세 부분으로 조성되어 있는데, 내벽의 폭과 동일하게 제작된 중앙부 재하판과 이 중앙부의 외측으로 두 개의 불투명 아크릴 바닥판으로 구성되어 있다. 이들 바닥판의 크기는 두 개 모두 두께 30mm, 폭 250mm, 길이 600mm이다.

트렌치 뒤채움토사 내부지반의 지반변형제어장치는 중앙의 토조 바닥 재하판 하부에 연결 설치되어 있다. 일정한 속도로 트렌치 바닥판을 하강시킬 수 있도록 모터로 작동하는 이 장치는 피스톤에 연결시켜 제어한다.

본 실험에 사용한 토압계(soil pressure trnducer)는 SSK tranducer technology에서 개발한 model P310(model P310V)으로 디스크 타입 압력계이다(그림 3.5 참조). 현재 건설 분야(액화시험, 원심재하시험) 및 수리 분야(파압 측정)에서 넓게 사용되는 게이지이다.

계측장치는 토압계와 데이터로거(data logger) 및 컴퓨터(laptop)로 구성되어 있다(그림 3.6 참조). 토압계는 트렌치 중앙부 바닥판 중앙에 설치하여 트렌치 바닥에 작용하는 연직토압을 측정할 수 있게 하였다.

모형실험에 사용한 지반시료는 북한강에서 채취한 모래를 사용하여 조성하였다. 채취한 모래를 #16(1.19mm)체로 쳐서 물로 세척하고 24시간 건조로에서 건조시켜 깨끗하고 균일한 건조모래를 만들었다.

준비된 시료의 비중은 2.69, 유효입경은 0.95mm, 균등계수는 0.96, 최대·최소 건조단위중량은 각각 15.58kN/m^{3}와 14.03kN/m^{3}이다. 또한 최대·최소 간극비는 각각 0.897과 0.692였다. 이 모래시료의 입경가적곡선은 그림 3.7과 같다.

36회의 모형실험을 실시하였다.[3] 이들 모형실험은 트렌치 벽면의 마찰 형태에 따라 세 그룹으로 나눌 수 있다. 즉, ① 윤활벽면(lubricated wall) 시험, ② 아크릴벽면(acrylic wall) 시험, ③ 사포벽면(sandpaper wall) 시험 - 각각의 트렌치 벽면 상태로(3회씩) - 느슨한 모래지반과 조밀한 모래지반(2회씩)에 대하여 시험 트렌치 폭을 10cm에서 35cm까지 각각 6회씩 번호를 정리하면 표 3.1에서 표 3.3과 같이 모두 36회의 모형실험을 실시하였다.

트렌치 바닥판에 작용하는 연직토압의 거동을 살펴보면 세 영역으로 구분할 수 있다. 먼저 트렌치에 뒤채움을 실시하는 동안의 거동 영역을 들 수 있다. 다음으로 트렌치 바닥판의 하강을 시작한 직후는 연직토압의 거동으로 바닥판의 하강과 더불어 연직토압은 급격히 감소하여 최소치에 도달하는 영역이다. 이때의 연직토압은 트렌치 바닥판의 하강으로 뒤채움 트렌치 벽면에서 벽면마찰이 발휘되어 토사지반 내에 '지반아칭이 충분히 발달한 상태'에서의 연직토압이라 할 수 있다. 이후 이 연직토압은 점진적으로 회복·증가하여 수렴하는 영역을 보이고 있다.

이와 같이 연직토압의 첫 번째 거동은 트렌치 뒤채움 시공 시 발생한 영역이고 두 번째 거동은 지반아칭이 충분히 발달한 시기에 발생한 영역이다. 마지막으로 세 번째 거동은 급작스러운 연직토압의 감소 후 연직토압의 거동이 회복되는 영역이라 할 수 있다.

12.3 트렌치 내 연직토압 이론해석

12.3.1 β법의 기본 개념

제3장에서 설명한 바와 같이 토압계수 K와 마찰계수 $\mu(= \tan\delta)$는 각각 적절하게 선택하기가 어렵다. 따라서 이들 두 미지변수를 하나의 변수로 합치는 것이 바람직하다. 따라서 토압계수 K와 마찰계수 μ를 하나의 단일변수 β로 식 (12.1)과 같이 합치도록 한다.

그리고 이 접근법을 β법으로 칭하기로 한다. 즉,

$$\beta = K\mu = K\tan\delta \tag{12.1}$$

식 (3.2)에 $\beta = K\mu$를 대입하면 식 (12.2) 혹은 (12.2a)가 구해진다.

$$\sigma_v = \frac{\gamma B}{2\beta}\left[1 - \exp\left(-2\beta\frac{h}{B}\right)\right] \tag{12.2}$$

$$\frac{\sigma_v}{\gamma B} = \frac{1}{2\beta} \left[1 - \exp\left(-2\beta \frac{h}{B} \right) \right] \tag{12.2a}$$

12.3.2 트렌치 뒤채움 시의 β계수

그림 12.1은 모형실험에서 측정된 트렌치 내 뒤채움 시의 β값과 트렌치 뒤채움높이 h/B의 관계를 도시한 결과이다. 여기서 β값은 그림 3.15, 그림 3.16 및 그림 3.17의 모든 모형실험에서 구해진 모형실험치가 예측곡선에 제일 근접한 경우의 K값과 μ값을 적용하여 산출하였다. 좀 더 자세한 설명은 그림 3.15에서 그림 3.17까지를 참조하기로 한다.

그림 12.1에서 보는 바와 같이 모래뒤채움 시의 β값은 모래의 밀도와는 관련 없이 0.06에서 0.19 사이의 값으로 나타났다. 또한 이들 값은 내부마찰각이나 트렌치 뒤채움고 h/B에도 의존하지 않았다. 결국 지반아칭에 의한 연직토압은 트렌치 뒤채움 모래의 내부마찰각에 의존하지 않는다고 할 수 있다.

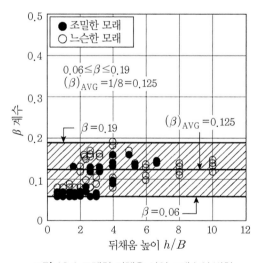

그림 12.1 트렌치 뒤채움 시의 β계수의 변화

이와 동일하게 Singh et al.(2010)도 지반아칭이 내부마찰각에 의존하지 않음을 보였다.[8] 그림 12.1에 의하면 β의 평균값은 0.125(=1/8)였다. 따라서 트렌치 바닥에 작용하는 연직토압을 산정할 때는 토압계수 K의 선택(예를 들면, $(K_a,\ K_0,\ K_k)$과 마찰계수 μ의 선택 없이 평균 β값, 즉 $(\beta)_{AVG} = 0.125 = 1/8$을 사용할 수 있다. $(\beta)_{AVG} = 0.125$을 적용하므로 식 (12.2a)는 식

(12.3)으로 다시 쓸 수 있다.

$$\frac{\sigma_v}{\gamma B} = 4\left[1 - \exp\left(-\left(\frac{h}{4B}\right)\right)\right] \tag{12.3}$$

식 (12.3)으로 산정되는 연직토압의 이론예측치는 뒤채움토사의 단위체적중량과 트렌치의 기하학적 형상에 의존함을 알 수 있다. 여기서 트렌치의 기하학적 형상으로는 트렌치의 폭과 트렌치 뒤채움토사의 높이를 들 수 있다.

12.3.3 충분한 지반아칭 발달 시의 β계수

트렌치에 모래뒤채움을 완료한 후 트렌치의 바닥판을 서서히 하강시키면 뒤채움토사는 트렌치 벽면에서의 마찰에 의해 트렌치 뒤채움토사의 하강, 즉 침하에 저항하게 된다. 이때 트렌치 측벽에서는 마찰전단력이 발달하게 되어 트렌치 바닥에 작용하는 연직토압은 감소하게 된다. 이로 인하여 연직토압은 짧은 시간에 급작스럽게 최소치로 감소하게 된다. 연직토압이 갑자기 최소치로 감소하는 이유는 트렌치 뒤채움토사 속에서 발달하는 지반아칭이 충분히 발달하였기 때문으로 생각된다. 이 영역을 제3.3.7절에서는 '충분한 지반아칭 발달 시'라고 설명한 바 있다.

여기서 지반아칭이 충분히 발달하였을 시기는 그림 3.11의 왼쪽 그림에서 연직토압이 최소치로 감소한 시기를 의미한다. 따라서 이때의 최소 연직토압을 트렌치 폭 B에 대응시켜 표시하면 그림 12.2와 같이 된다.

여기서 그림 12.2는 횡축 x축을 트렌치 폭 B로 정하고 종축 y축은 트렌치 바닥에 작용하는 연직토압 σ_v로 정하여 (a) 느슨한 지반과 (b) 조밀한 지반에 대하여 지반아칭효과가 충분히 발달하였을 때의 모형실험 결과를 도시한 그림이다. 느슨한 밀도와 조밀한 밀도의 모래뒤채움지반에 대한 모형실험 결과를 정리한 그림 12.2(a) 및 (b)의 두 그림 속에 도시된 세 실선은 β계수가 1/5, 1/3, 1/2인 세 경우에 대한 연직토압의 이론예측치를 의미한다.

그림 12.2에서 구한 β계수를 트렌치 폭 B와 연계하여 도시하면 그림 12.3과 같다. 즉, 그림 12.3에 사용한 β계수는 그림 12.2에서 트렌치 폭 B에 대응하는 경우의 모형실험 결과가 연직토압 이론예측곡선에 가장 근접하는 곡선에서의 β계수값으로 결정하였다.

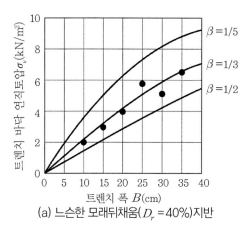

(a) 느슨한 모래뒤채움(D_r =40%)지반

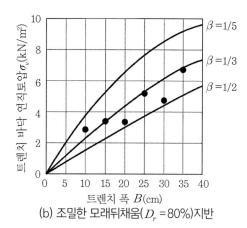

(b) 조밀한 모래뒤채움(D_r =80%)지반

그림 12.2 충분한 지반아칭 발달 시 트렌치 폭 B와 연직토압 σ_v의 관계

그림 12.3에 의하면 β계수는 뒤채움 모래의 밀도에 상관없이 0.29에서 0.46 사이에 표시되어 있다. 이는 밀도가 뒤채움 모래의 내부마찰각에 관련이 있음에도 불구하고 결국 지반아칭에 의한 연직토압은 트렌치 뒤채움토사의 내부마찰각에 의존하지 않음을 의미한다.

그림 12.3에 의하면 β계수의 평균값은 0.375(=3/8)이다. 이 값은 트렌치 벽면에서 지반아칭이 충분히 발달한 경우의 트렌치 바닥에 작용하는 연직토압을 예측하는 데 사용할 수 있다. 이는 토압계수 K와 내부마찰각 ϕ의 선택 없이(예를 들면, (K_a, K_0, K_k)의 선택과 (($2/3)\phi$나 ϕ의 선택) β계수를 사용할 수 있음을 의미한다.

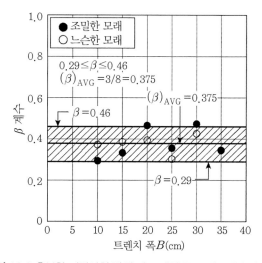

그림 12.3 충분한 지반아칭 발생 시 트렌치 폭 B와 β계수의 관계

결론적으로 평균값 $\beta = 0.375(=3/8)$을 적용하면 트렌치 내부 벽면에서 지반아칭을 충분히 발달시켰을 때 트렌치 바닥에 작용하는 연직토압은 식 (12.2a)에 $\beta = 0.375(=3/8)$을 대입하여 구한 식 (12.4) 혹은 (12.4a)로 산정할 수 있다.

$$\frac{\sigma_v}{\gamma B} = \frac{1}{2\beta}\left[1 - \exp\left(-2\beta\frac{h}{B}\right)\right] \tag{12.4}$$

$$\sigma_v = \frac{4\gamma B}{3}\left[1 - \exp\left(-\frac{3h}{4B}\right)\right] \tag{12.4a}$$

식 (12.4a)는 연직토압의 이론예측치는 트렌치 뒤채움토사의 단위체적중량과 트렌치 형상 (트렌치 폭과 뒤채움높이)에 의존함을 보여주고 있다.

결론적으로 β계수는 트렌치 뒤채움 시공기간 동안의 1/8에서 지반아칭이 충분히 발달했을 때의 3/8으로 증가한다고 할 수 있다.

한편 식 (12.4a)로 산정된 연직토압이 발휘될 때의 트렌치 뒤채움지반의 연직변위량은 그림 12.4에 도시된 바와 같다.

그림 12.4는 느슨한 모래뒤채움($D_r = 40\%$) 지반과 조밀한 모래뒤채움($D_r = 80\%$)지반에 대한 모든 모형실험 결과를 함께 도시한 그림이다. 즉, 트렌치 내 뒤채움모래지반에서 지반아칭을 충분히 발달시켰을 때의 트렌치 뒤채움지반의 변형량(트렌치 바닥판의 변위량과 동일하

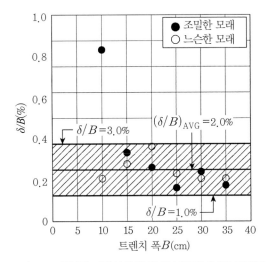

그림 12.4 충분한 지반아칭 발생 시 뒤채움지반의 변형량

다) δ_L을 트렌치 폭 B로 무차원화(δ_L/B)시켰을 때 모든 트렌치 폭과 밀도에서 1.0%에서 3.0%(평균 2.0%)이 됨을 알 수 있다.

12.4 트렌치 내 연직토압 실험치와 예측치의 비교

12.4.1 모형실험과 이론예측치의 비교

식 (12.2)에서 (12.4)까지의 식을 적용할 수 있는가를 확인하기 위하여 연직토압의 모형실험 결과와 이론예측치를 비교할 필요가 있다. 제12.4.1절에 수록된 모든 실험 자료는 사포벽면 트렌치에 대하여 실시한 모형실험의 결과이다. 사포벽면의 경우는 트렌치 벽면이 매우 거칠기 때문에 벽면마찰을 크게 기대할 수 있다.

(1) 트렌치 뒤채움 시의 연직토압

그림 12.5는 트렌치 내 느슨한 모래(D_r=40%)의 뒤채움지반과 조밀한 모래(Dr=80%)의 뒤채움지반에 대한 모형실험 결과와 식 (12.3)에 의한 연직토압 이론예측치를 비교한 그림이다. 본 고찰에는 사포벽면을 가지는 트렌치 폭이 10m에서 35cm인 트렌치에 대하여 실시한

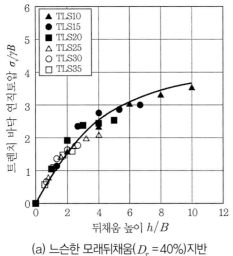

(a) 느슨한 모래뒤채움(D_r=40%)지반

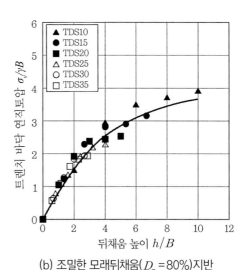

(b) 조밀한 모래뒤채움(D_r=80%)지반

그림 12.5 뒤채움구간에서의 트렌치 뒤채움 시의 모형실험과 예측치의 비교

모형실험 결과를 사용하였다. 그림 중 실선은 식 (12.3)으로 산정한 연직토압 이론예측치이다.

그림 12.5에 의하면 트렌치 바닥에 작용하는 연직토압은 느슨한 모래뒤채움지반과 조밀한 모래뒤채움지반 모두 연직토압의 이론예측치가 모형실험 결과와 잘 일치하고 있다.

모형실험 결과와 이론예측치 사이의 오차는 느슨한 모래뒤채움지반과 조밀한 모래뒤채움지반에서 각각 11%와 15%로 나타났다. 이는 사포벽면의 트렌치에서 연직토압을 예측하는데 $\beta = 1/8$을 적용하고 식 (12.3)의 적용이 가능함을 의미한다.

(2) 충분한 지반아칭 발달 시의 연직토압

그림 12.6은 트렌치 뒤채움이 완료된 후 트렌치 바닥판을 하강시키면서 지반아칭이 트렌치 뒤채움 지반 속에 충분히 발달하도록 유도하였을 때의 트렌치 바닥에 작용하는 연직토압의 예측치(β법에 의한 예측치)와 모형실험에서의 측정치를 비교한 결과이다.

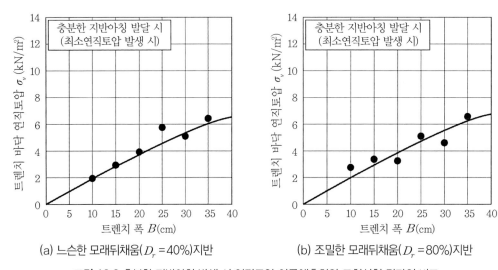

(a) 느슨한 모래뒤채움($D_r = 40\%$)지반   (b) 조밀한 모래뒤채움($D_r = 80\%$)지반

그림 12.6 충분한 지반아칭 발생 시 연직토압 이론예측치와 모형실험 결과의 비교

여기서 연직토압의 예측치는 그림 3.9에서의 연직토압의 최소치(그림 3.9의 오른쪽 그림에서의 최소치)에 해당하며 이론예측치는 식 (12.4) 혹은 (12.4a)로 산정한 값이다.

즉, 그림 12.6(a)는 느슨한 모래뒤채움($D_r = 40\%$)지반에 대한 모형실험 결과와 이론예측치를 비교한 그림이며 그림 12.6(b)는 조밀한 모래뒤채움($D_r = 80\%$)지반에 대한 모형실험 결과와 이론예측치를 비교한 그림이다.

이들 이론예측치와 모형실험 결과 사이의 오차는 느슨한 모래뒤채움지반과 조밀한 모래 뒤채움지반에서 각각 18%와 16%로 나타났다.

결론적으로 식 (12.4)는 트렌치 뒤채움지반 속에 지반아칭이 충분히 발달하도록 유도한 경우 트렌치 바닥에 작용하는 연직토압을 이론적으로 예측하는 데 유익하게 활용할 수 있음을 보여주고 있다.

그림 3.9에 도시된 트렌치 바닥에 작용하는 연직토압의 거동에 의하면 트렌치 뒤채움을 진행하는 동안 연직토압은 상재압보다 작은 값으로 비선형적으로 감소하였다. 이 구간을 '뒤 채움 시공구간'이라 칭하였다.

뒤채움이 완료된 후 트렌치 바닥판을 하강시켜 되메움 토사지반 속에 지반아칭을 충분히 발달시키면 연직토압이 최소치까지 감소하였다. 이 단계를 그림 3.9에서는 '재하판 하강구간' 이라 칭하였다.

그런 후 연직하중은 점진적으로 증가 회복하여 수렴하는 거동을 보이고 있다. 이 연직토압 의 증가회복 거동을 보이는 구간을 '토압회복(pressure recovering phase) 구간'이라 칭하였다. 토 압회복 거동은 트렌치 바닥에 작용하는 연직토압은 일정한 수렴치에 이르기까지 진행하였다.

(3) 토압회복 구간에서의 연직토압

그림 12.7(a)는 느슨한 모래뒤채움지반에서 연직토압이 증가회복하였을 때의 모형실험치 와 연직토압의 이론예측치를 비교한 그림이다. 이 결과에 의하면 모형실험치는 예측곡선에 매우 근접해 있음을 볼 수 있다. 모형실험치와 예측치의 오차는 14% 정도였다.

한편 그림 12.7(b)는 조밀한 모래뒤채움지반에서 연직토압이 증가회복하였을 때의 모형실 험치와 연직토압의 이론예측치를 비교한 그림이다. 이 그림에서도 모형실험치와 이론예측치 는 잘 일치하고 있음을 볼 수 있다. 모형실험치와 이론예측치의 오차는 16% 정도였다.

따라서 식 (12.3)은 토압회복 구간에서의 트렌치 바닥에 작용하는 연직토압의 수렴치를 예 측하는 데 사용될 수 있음을 알 수 있다.

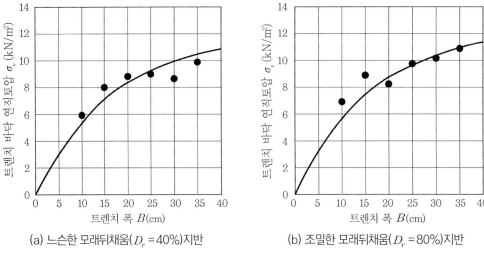

그림 12.7 토압회복구간에서의 연직토압의 수렴치와 모형실험의 비교

(a) 느슨한 모래뒤채움(D_r=40%)지반

(b) 조밀한 모래뒤채움(D_r=80%)지반

12.4.2 현장계측 결과와 이론예측치의 비교

식 (12.3)의 현장 적용성을 검토하기 위해 식 (12.3)으로 예측된 연직토압의 이론예측치를 현장에서 측정한 연직토압과 비교해볼 필요가 있다.

현장실험에 사용된 토압계는 그림 12.8에서 보는 바와 같이 Geo Korea Eng Co. Ltd 제품인 (GKE-M5300 모델)이다(serial No. M5300-00016 M5300-00017). 최대용량은 1.0kg/cm²이고 직경이 200mm인 제품이다.

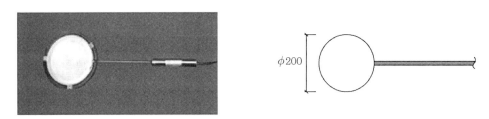

$\phi 200$

그림 12.8 현장실험에 사용된 토압계(GKE-M5300 모델)

(1) 좁은 트렌치 현장

좁은 트렌치에 대한 현장계측은 제주도에서 실시하였다. 제주도 현장 트렌치의 폭은 2.80m이고 트렌치 뒤채움토사의 단위체적중량은 19.12kN/m³였다.

트렌치 뒤채움토사의 비중, 유효입경, 균등계수 및 곡률계수는 각각 2.69, 0.425mm, 14.12, 0.88였다. 또한 제주도 현장에서 사용한 되메움 토사의 입도분포는 그림 12.9와 같다.

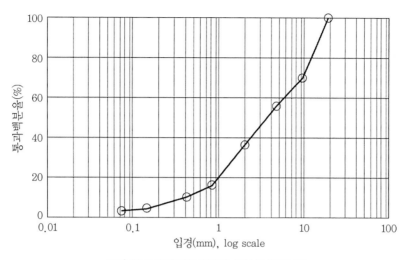

그림 12.9 제주현장 되메움 토사의 입도분포

그림 12.10은 제주도 연직토압 현장계측 결과와 예측치를 비교한 결과이다. 이 그림에서 연직토압 현장계측 결과는 검은 원으로 표시하고 실선으로 표시한 예측곡선은 식 (12.3)으로

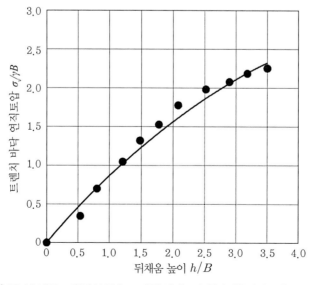

그림 12.10 제주도 현장의 좁은 트렌치 연직토압 현장계측치와 예측치의 비교

산정한 값이다. 이 그림에서 보는 바와 같이 모든 현장계측 결과는 예측곡선에 매우 근접하여 있음을 볼 수 있다. 이는 현장계측치와 이론예측치가 잘 일치하고 있음을 의미한다.

따라서 식 (12.3)의 β법은 좁은 트렌치 바닥에 작용하는 연직토압을 예측하는 데 적용 가능하다고 할 수 있다. 현장계측치와 이론예측치 사이의 오차는 8% 정도밖에 나지 않았다.

(2) 넓은 트렌치 현장

두 번째 현장은 넓은 트렌치 현장으로 충청남도 아산시에서 실시하였으며, 트렌치 폭이 3.5m이고 뒤채움토사의 높이가 4.2m인 아산시에 위치한 트렌치 굴착현장이다. 이 토사의 입도분포는 그림 12.11과 같다. 트렌치 뒤채움 토사의 현장단위체적중량은 18.14kN/m³이고 비중, 유효입경, 균등계수 및 곡률계수는 각각 2.68, 0.13, 0.16이다.

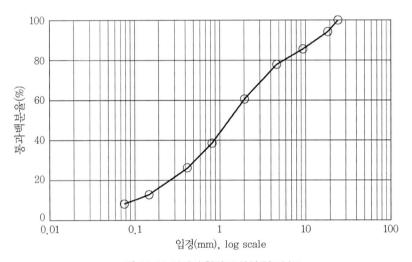

그림 12.11 아산시 현장 토사의 입도분포

그림 12.12는 연직토압의 현장계측 결과와 이론예측곡선를 비교한 그림이다. 이 그림에서 연직토압 현장계측 결과는 검은 원으로 표시하고 실선으로 표시한 예측곡선은 식 (12.3)으로 산정한 값이다. 즉, 연직토압의 이론예측곡선은 식 (12.3)의 β법으로 산정한 곡선이다. 이 비교 결과 현장계측에 의한 연직토압과 이론예측치는 서로 잘 일치하고 있음을 볼 수 있다. 현장계측치와 예측치의 최대오차는 약 9% 정도였다.

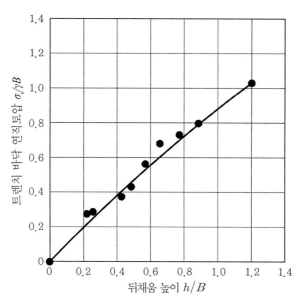

그림 12.12 아산시 현장의 넓은 트렌치 연직토압의 현장계측치와 예측치의 비교

따라서 β법은 좁은 트렌치나 넓은 트렌치의 현장에서 트렌치 바닥에 작용하는 연직토압을 이론적으로 예측하는 데 사용될 수 있음을 알 수 있다. 더욱이 $\beta = 0.125(=1/8)$도 대부분의 현장에서의 트렌치에 매설되는 강체 매설관의 설계에 적용할 수 있음도 알 수 있다.

| 참고문헌 |

(1) 백규호(2003), '평행이동하는 강성옹벽에 작용하는 비선형 주동토압: I. 정식화', 한국지반공학회논문집, 제19권, 제1호, pp.181-189.

(2) 백규호(2003), '평행이동하는 강성옹벽에 작용하는 비선형 주동토압: II. 적용성', 한국지반공학회논문집, 제19권, 제1호, pp.191-199.

(3) 홍원표·김현명(2014), '입상체로 구성된 지반 속에 발생하는 지반아칭과 이완영역에 관한 모형실험', 한국지반공학회논문집, 제30권, 제8호, pp.13-24.

(4) 홍원표·송영석(2004), '측방변형지반 속 줄말뚝에 작용하는 토압의 산정법', 한국지반공학회논문집, 제20권, 제3호, pp.13-22.

(5) 홍원표(1984), '수동말뚝에 작용하는 측방토압', 대한토목학회논문집, 제4권, 제2호, pp.77-88.

(6) 홍원표·이재호·전성권(2000), '성토지지말뚝에 작용하는 연직하중의 이론해석', 한국지반공학회지, 제16권, 제1호, pp.131-143.

(7) Song, Y.S., Bov, M.L., Hong, W.P. and Hong, S.(2015), "Behavior of vertical pressure imposed on the bottom of a trench", Marine Georesources & Geotechnology, ISSN 1064-119X, DOI: 10.1080/1064119X.2015.1076912, pp.3-11.

(8) Singh, S., Sivakugan, N. and Shukla, S. K.(2010), "Can soil arching be insensitive to ϕ", Int J. Geomech. ASCE, Vol.10, No.3, pp.124-128, DOI: 10.1061/(ASCE) G.M. 1943-5622.0000047.

(9) Terzaghi, K.(1943), *Theoretical Soil Mechanics*, John Wiley and Sons, New York, p.66.

찾아보기

저자 소개————————————————————————

홍 원 표

- (현)중앙대학교 공과대학 명예교수
- 대한토목학회 저술상
- 중앙대학교 학생처장, 건설대학원장, 대외협력본부장(부총장)
- 서울시 토목상 대상
- 과학기술 우수 논문상(한국과학기술단체 총연합회)
- 대한토목학회 논문상
- 한국지반공학회 논문상·공로상
- UCLA, 존스홉킨스 대학, 오사카 대학 객원연구원
- KAIST 토목공학과 교수
- 국립건설시험소 토질과 전문교수
- 중앙대학교 공과대학 교수
- 오사카 대학 대학원 공학석·박사
- 한양대학교 공과대학 토목공학과 졸업

지반아칭

초판인쇄 2022년 8월 1일
초판발행 2022년 8월 8일

저   자 홍원표
펴 낸 이 김성배
펴 낸 곳 도서출판 씨아이알

책임편집 박영지
디 자 인 윤지환, 박진아
제작책임 김문갑

등록번호 제2-3285호
등 록 일 2001년 3월 19일
주   소 (04626) 서울특별시 중구 필동로8길 43(예장동 1-151)
전화번호 02-2275-8603(대표)
팩스번호 02-2265-9394
홈페이지 www.circom.co.kr

I S B N 979-11-6856-043-7 (세트)
           979-11-6856-082-6 (94530)
정   가 25,000원